# ブラック・チェンバー

## 米国はいかにして外交暗号を盗んだか

H・O・ヤードレー
平塚柾緒（訳）

角川新書

ＭＩ８の人々と、「アメリカの機密室」にこの本を捧げる。
秘密外交のカーテンの後ろで今なお活躍するわれらの敵手と、
外国の暗号解読者たちに本書を捧げる。

# 原著者序

これまでに書かれた世界史の中には、各国外交の舞台裏、ことに秘密戦に視線を向け、ほんの数行でも記したものはない。では、その舞台裏とは何か？　その代表例の一つがアメリカ政府の「機密室（ブラック・チェンバー）」である。わかりやすくいえば「暗号局」だ。そこでは暗号解読の専門家が、眼を皿のようにして外国政府が発信する暗号電報を注視している。そこでは化学者たちが外交文書の封印を開封し、偽造し、外国全権や駐在大使たちに宛てられた文書を写真に撮っている……。

この著書は、私がアメリカ政府に創設し、そして育ててきたこの秘密機関の内容を冷静に、そしてそのすべてを暴露するのが目的である。このアメリカ政府の秘密機関は、その全盛時には百六十五名の男女職員が働いていた。私はこの「機密室」を創設し、その神秘的な活動の采配を振ってきたが、十二年後、新国務長官〔訳者注、ヘンリー・L・スティムソン〕の命令によって「機密室」のドアはある日突然、閉鎖されてしまった。

すべての列強が第三国の外交暗号文書を解読する「機密室」を持っていることを知りなが

ら、外交文書は不可侵のものだとあえて声明し、自分の暗号解読室を閉鎖した勇気（純朴さといったほうが適切かもしれない）を持った最初の外交官は、実にこのわが新国務長官だったのである。かくして合衆国暗号局の秘密の活動は休止したのだ。「機密室」が解散されたのだから、その秘密を秘めておく理由はなくなった。私が手記を執筆した動機はここにある。

読者の皆さんは本書の中でイギリス、フランス、ヴァチカン教皇庁、日本、メキシコ、キューバ、スペイン、ニカラグア、ペルー、ブラジル、その他の諸国の言葉や秘密指令文に接することでしょう。

また皆さんは外国公館の金庫が開かれて、その中の暗号帳が写真に撮られるのを見るでしょう。魅惑的な女性が某大使館の書記官とダンスをする。彼女は彼に甘い言葉をささやき、二人は親しい関係になる。やがて書記官が働く大使館の金庫は密かに開けられ、彼の暗号帳の内容は彼女とそのグループに知られてしまう。「機密室」は専門家を使って外国の外交文書を開封して内容を写真に撮り、専門家が巧みに封印を偽造して閉じ、素知らぬ顔でポストに投函することも知るでしょう。

さらに皆さんは、暗号解読専門家が一つの暗号を解くのに数カ月間も苦闘し、神秘のベールを一つ一つ剝いでいく姿も見るに違いない。そこでは化学者たちが試験管や奇妙な薬品を使って隠されている平文の文字や暗号文字を現像し、それを暗号解読家たちが必死に頭をひねって文字の正体を暴いていく。そして文書が解読される。その文書は外国政府がアメリカに送り込んでいるスパイたちへの指令書であるかもしれないし、パナマ運河の設計図であるかもしれない。美人の工作員や腕利きのスパイたちが逮捕、投獄され、やがて秘密裁判にかけられ、そして最後に死刑を宣告される……。

日本の読者ならワシントン会議に興味を示すかもしれない。この会議では海軍軍縮問題が討議されて列強の海軍力が決定される。日本やイギリスの外交暗号電報を解読した「機密室」の伝書使は連日、ワシントンのホワイト・ハウスへと飛んでいく。そして米国政府はまんまと勝利を手にした。

「機密室」は厳重に警護されている。私たちには称賛と名誉とが雨のごとく降り注がれた。陸軍長官は殊勲章を私の服の襟にピンで止めて、「でかした」とばかりに意味ありげなウインクをした。だが、それもこれも今は泡沫（うたかた）の夢のような出来事である。

ハーバート・O・ヤードレー

# 復刊によせて　『アメリカのブラック・チェンバー』とヤードレー

平塚柾緒(ひらつかまさお)

## 「日米諜報戦」の原点

日本にとって一九四五年（昭和二十年）八月十五日の〝終戦の日〟は、対米英諜報(スパイ)戦敗北の日でもある。日本が大東亜戦争と呼び、欧米が太平洋戦争と呼んだ戦争は、実は熾烈(しれつ)な諜報戦だった。その諜報戦の対象となったのが各国政府と軍部が大使館や領事館、前線の部隊と交わす暗号の解読と通信解析だった。

とはいえ、諜報戦は一方的だった。日米が開戦した一九四一年（昭和十六年）当時、アメリカは陸軍通信隊情報部ＳＩＳと海軍通信部ＯＰ‐20‐Ｇが中心となって日本の外交暗号解読と通信解析をほぼ完成させていた。人員も大幅に増え、第二次世界大戦中の海軍通信部は五千名を超えていたという。

大戦中の成果も甚大で、まず日本政府が駐米日本大使館に発したアメリカ政府に手交する

「最後通牒」の暗号電報もいち早く解読していたし、開戦劈頭の南雲忠一中将指揮の第一航空艦隊によるハワイ真珠湾攻撃をはじめとする、以後の作戦暗号もことごとく解読していった。日本軍が中止を余儀なくされたポートモレスビー攻略や珊瑚海海戦、完敗したミッドウエー海戦、ガダルカナル島の敗北、ダンピール海峡の悲劇、山本五十六大将機撃墜などなど、日本を「八月十五日」へと一直線に追い込んでいったのも、すべては日本の暗号解読と通信解析の成果によるものだった。

だが、ロシアのウクライナ侵攻でも見られるように、現代の戦争は前線の一兵卒でさえスマートフォンを持ち、上層部からの命令と共に詳細な敵前情報も刻々と伝えられる時代である。正確な情報は強力なミサイルにも劣らない最強兵器である。それには相手の情報送信の手段の一つである暗号を解読しなければならない。この国家間諜報戦の主役でもある暗号解読や通信解析といった無電諜報を、軍部が戦略や戦術に利用するようになったのは第一次世界大戦からであり、日本も欧米もスタートはほぼ同じであった。

ではアメリカは日本をはじめとする各国に対して、いかなる「諜報戦」を展開していたのか……。ここに、その内幕を暴いた恰好の証言書がある。ハーバート・O・ヤードレー著『ブラック・チェンバー』である。

## 世紀の「暴露本」成立の経緯

アメリカの暗号解読秘密組織「機密室（ブラック・チェンバー）」の存在と、その活動内容が初めてアメリカ国民の前にさらけだされたのは一九三一年（昭和六年）の初夏であった。かつて米陸軍情報通信部の管轄下にあったＭＩ８の責任者（課長）だったハーバート・Ｏ・ヤードレー〈Herbert O. Yardley〉少佐が内幕を発表したのである。このヤードレーの著書は『アメリカのブラック・チェンバー〈The American black chamber〉』という標題で一九三一年六月一日付でインディアナポリスのボブス・メリル社から刊行されたのだが、発売に先立ってその抜粋（といってもかなりの長文だったが）が「サタデー・イヴニング・ポスト」に掲載された。記事は大反響を巻き起こすと同時に、政府や陸軍情報部の関係者を震えあがらせた。

ヤードレーはこの記事で一枚の暗号表の写真を掲載した。写真には「一九二一年に英国外務省と駐米英国大使が使用したコード」だと説明が付されていた。すなわちアメリカは、第一次世界大戦を共に戦った最大の同盟国であるイギリスの外交暗号を解読していたという事実だけではなく、アメリカがイギリスの海底ケーブルの通信を常時盗聴していたことを証明するものでもあり、第三国の外交行嚢（こうのう）（外交封印袋）の封印を無断で剝（は）がす違法行為を日常的に行っていたことまで暴露されてしまったのである。

一八八九年四月十三日にインディアナ州ワージントンで生まれたヤードレーが、年俸九百ドルで国務省の暗号係官として就職したのは二十三歳のときだった。それからの活動についでは本書に詳しいので省くけれども、スタートは三人の助手だけだったＭＩ８は、翌年には早くも年間予算十万ドル、スタッフ百五十人の大組織に膨れ上がっていた。ところが一九二九年にハーバート・フーバーが大統領に就任し、ヘンリー・Ｌ・スティムソンが国務長官に就任したことでヤードレーとブラック・チェンバーの運命は一変してしまった。

かなりの自信家で自己顕示欲の強いヤードレーは、スティムソンが国務長官に就任して間もなく、それまでのブラック・チェンバーの実績と、彼の秘密組織がいかにアメリカ合衆国にとって必要であるかなどをレポートして長官に提出した。大戦後の「機密室」は陸軍情報部から切り離されて、組織上は民間の一機関にすぎなかったが、経費は国務省と陸軍の機密費でまかなわれていた。その民間組織の〝経営者〟でもあるヤードレーは、新国務長官に自分の組織の重要性をアピールすることで組織の温存をはかり、できうれば経費の増額を狙ったのかもしれない。

ところが、ヤードレーのレポートは裏目に出てしまった。やたらと伝統を重んじる仕事熱心な良識派の代表選手ともいえるスティムソンは、卓上に置かれたヤードレーのレポートと、彼が自分の実力を誇示するために見本として添付した解読済みの日本の外交暗号を見た途端、かんかんになって怒り、歴史に残る有名なセリフを口にした。

「紳士たるもの、みだりに他人の信書を盗み見するものではない！」

もっともこのセリフ、スティムソンの回想録によれば、その場でいったのではなく「後でいった」のだという。ともあれ、ブラック・チェンバーのような秘密機関の存在など予想もしていなかったスティムソンは衝撃を受け、国務省関係の暗号解読作業をただちに中止させ、ヤードレーの組織に出していた年間四万ドルの支出も即座に打ち切るよう命令したのである。こうして一九二九年（昭和四年）十月三十一日、ブラック・チェンバーは悲痛の中で重い扉を永遠に閉じたのだった。

ヤードレーに雇われていた六人のスタッフは、わずかな退職金を懐に新しい職場を求めて去っていった。だが、暗号解読専門家としてのプライドがあるヤードレーには、そうそう仕事はなかった。故郷のワージントンに帰ったヤードレーは、折からの経済恐慌もあってその日の生活費にも困るほど追い込まれてしまった。一九三一年一月、ＭＩ８時代の古い友人に二千五百ドルの借金を申し込んだものの断られている。彼が『アメリカのブラック・チェンバー』を書き始めたのはこの直後からといわれている。

**戦前の日本でベストセラーに**

ヤードレーの暴露本はアメリカに衝撃を与えただけではなく、日本政府をパニックにつつんだ。一九二一年（大正十年）に行われたワシントン軍縮会議の際には、東京とワシントンを行き交った約五千通の外交暗号電報がすべて解読され、アメリカ政府に交渉を弄ばれていたことが白日の下にさらされてしまったのだ。日本は激怒した。幣原喜重郎外相（軍縮会議当時の駐米大使）は「信義に反する」とアメリカを非難する談話を発表した。
ところで、ジャーナリスト出身のイギリスの軍事史家ロナルド・ルウィンは『日本の暗号を解読せよ〈THE OTHER ULTRA〉』（白須英子訳・草思社刊）の中で、こんな記述をしている。

日本が激怒した理由は何か？　日本側のファイルには、ヤードリーが『ブラック・チエンバ』を出版する前に、ワシントンに出入りして、日本の暗号読解についての秘密を日本側に七千ドルで売りつけた事実を強く匂わせる証拠がある。日本側が腹を立てたのは、実はヤードリーのこの裏切り行為に対してだった。こっそり買い取ったはずのものが、世界中でベストセラーになってしまったからである。

ルウィンがいうように『アメリカのブラック・チェンバー』の売れ行きはすさまじく、デーヴィッド・カーン（アメリカのジャーナリスト）の『暗号戦争』（秦郁彦、関野英夫訳・早川書房刊）によれば、当時のアメリカでは考えられない一万七千九百三十一部を記録し、イギリス版が五千四百八十部以上、このほかフランス、スウェーデン、中国などでも翻訳されたが、「最も売れたのは日本で、三万三一一九部というベストセラーを記録したのである。これは人口当たりにすれば、アメリカのほぼ四倍にあたる売れ行きであった」という。

アメリカで『アメリカのブラック・チェンバー』が発売されるのとほぼ同時に、日本の新聞は連日のごとくその内容を伝え、外務大臣になっていた幣原には「責任をとるべきである」と激しく迫っていた。同時に大阪毎日新聞は急遽翻訳を進め『ブラック・チェンバ：米国はいかにして外交秘電を盗んだか？』という標題で緊急出版をし、前記のように大ベストセラーになったのである。本書は、この大阪毎日新聞社版を参考に現代語訳したものである。

自著のベストセラーに気をよくしたヤードレーは、翌一九三二年、『日本外交の秘密』という第二作を書いた。すでに第一作でアメリカに対して敵愾心を増幅させている日本への影響を懸念したアメリカ政府は、出版社のマクミラン社からヤードレーの原稿を押収して発行を阻止するという強硬手段に打ってでた。それではとヤードレーは、今度は『日本の旭日』とか『金髪の伯爵夫人』と題した小説にして、国務省への〝復讐〟を続けた。

その後のヤードレーは、日中戦争の勃発とともに中華民国の蔣介石総統に招かれて中国に渡り、日本軍の暗号解読に協力したあと、ワシントンでレストランを経営したりしていたが、一九五八年八月にメリーランドの自宅で脳卒中で倒れ、波乱の生涯を閉じている。

## 繰り返される「機密流出」

二〇二三年（令和五年）六月はヤードレーが『機密室（ブラック・チェンバー）』の内幕を暴露して九十三年目で、八月七日はヤードレーが没して六十六年目を数える。昨今のマスメディアを眺めていると、二〇一三年の「スノーデン事件」をはじめ、この九十余年前の〝アメリカのお家騒動〟を再現したかのような騒動が世界の耳目を集めている。その一つに二〇二三年四月十三日にガーランド米司法長官が発表した、「空軍州兵による最高機密文書流出事件」がある。

この日逮捕されたのは米マサチューセッツ州の空軍州兵ジャック・テシェイラ士官で、報道によると二十一歳の「テシェイラ被告はゲーマーと銃オタクのオンライングループの管理者だった」という。司法省や米メディアによると、テシェイラ被告は二〇二二年一月頃からロシアの侵攻を受けていたウクライナの戦闘状況の他、韓国やイスラエルなど同盟・友好国に関する情報も仲間のゲーマーたちに流していたといい、国防情報を不当に保持して拡散させたとしてスパイ防止法違反容疑に問われた。

その初公判が去る六月二十一日に東部マサチューセッツ州の連邦地裁で開かれた。司法省によれば、「最高機密」や「機密」に指定された国防に関する文書を被告は不当に持ち出し、ゲーム愛好者らが利用するSNS「ディスコード」のチャットルームで拡散させたとしている。テシェイラ被告の弁護人は「投稿した機密情報が拡散するとテシェイラ被告は思っていなかったと主張。国家安全保障に与えるリスクも、司法省が誇張していると批判している」（ワシントン共同・毎日新聞、二〇二三年六月二十三日）。

スノーデンやテシェイラによる機密流出が世界史にどう記録されるかは分からないが、ヤードレーの告発は九十余年の時空を超えて、国際関係の変わらぬ現実を教えてくれる。

二〇二三年七月

目次

# 第一章　米国務省の暗号室

## 米国務省の機密室

私の管理したアメリカ合衆国のブラック・チェンバー（機密室）の秘密活動は、私が若い電信技手として国務省にやって来てから十六年後の一九二九年に終わりを告げた。

初めて国務省に奉職した当時の私は、外国の外交暗号を解読する術（すべ）などまったく知らなかった。私ばかりではなく、米国中に暗号解読などということを知っている者はいなかったはずである。一九一三年のワシントンは見るからにのどかな散文的な都であった。ところが、私はまもなくこの暗号室が、いかなる昔の大陰謀にも匹敵すべき歴史のページを保管していることを知った。天井の高い広々とした暗号室はホワイト・ハウスの南庭を見下ろすようになっており、机から目を上げると、数年前ルーズヴェルト大統領が「テニス内閣」と言われた彼の閣僚と毎日のようにテニスをやったコートで、相変わらずゲームが行われているのが見える。

室内の壁に沿って樫で作った長い電信台が置かれ、カチカチと気ぜわしい音を立てている。日々の電報を入れてある戸棚がほとんどこの部屋の入口をふさいでいる。部屋の真ん中には頭の平たい二つの大きなデスクが背中合せに並んでいて、その周囲には三、四人の暗号係がときどき巻煙草に火をつけるのに手をはずすだけで、しきりにコード・ブックをめくりながら筆早やに何かを書きつけている。一時に電報のコピーが十五枚作られる特製タイプライターのひびきが、電信機のカチカチいう音にもつれてひびく。それから世界中の領事館や大公使館と往復した電報のコピーの束でギッシリつまった古風な戸棚が、壁が見えないほど立ち並んでいる。部屋の一隅には大きな金庫が据えられ、厚い扉がわずかに開いたままになっている。

室内の空気は和気あいあいで、私はすぐにアット・ホームになることができた。だが、私はこれらの疲れたコード係の呑気な態度に不思議を感じずにはいられなかった。日々の歴史は一つの長い流れとなって彼等の手を通るのに、彼等はそれをベース・ボールのスコアほどにも思わない。マデロ大統領（メキシコ革命後の大統領）の暗殺、ベラクルスの砲撃、遠雷のように気味悪くひびいてくる世界戦争の脅威――それらの事件は、彼等にとってはただ単なる電報にすぎず、執務時間が延長されるだけの素材以外の何物でもない。

　ところが夜勤に移されて、私は異なった雰囲気の中の自分を発見した。下級職員や、ときには国務長官さえもこの暗号室をブラブラする部屋にしていたのだ。外交官を含むたくさんの官吏――南米、ヨーロッパ、近東、極東通の専門家連中も時折入ってきて電報を読んだりする。また外交上の会議などでしたたかに葡萄酒の瓶を空けた後などは大変な勢いで暗号室になだれこみ、数時間にわたって国務長官の「べらぼう外交」を論じたりする。そのうちの一人で、常連随一の酒豪であり、同時に最も頭の冴えたある役人は、毎晩帰宅前に入ってきてメキシコの首都から来る電報を必ず読む習慣があった。そして読み終わると、きっと厳かな口調で私に某の字は「C」で綴られていたか、「K」で綴られていたかと尋ねた。

　ピチッとした隙のない彼等の服装や、外国の首府における彼等の恋の経験談などから、田舎出の私の頭は相当の印象を受けた。しかし、どう見ても彼等が偉いとは思えず、暗号係兼電信技手という低い地位の自分ではあるが、ひそかに彼等を「愉快な阿呆ども」と見るようになっていた。のちに私が対等の地位に立って彼等に対するようになって、私の初期の印象が誤りでなかったことが確かめられた。彼等はただのお人好しで、粋な服装をして、付け焼き刃のヨーロッパ風の身ごなしでばたばたする一寸法師にすぎないのだった。

ひとり国務省のラテン・アメリカ局長だけはまったく別なタイプの人間だった。政治家でもなければ外交官でもない。彼の訓練はヨーロッパの宮殿内の客間で受けたのではなく、南アメリカにおける実生活的体験からきているのだ。彼は客間とか恋の陰謀にはてんで興味がないかのようで、ただ南中米の軍隊や将軍や大統領を意のままに踊らせる糸をつかむことに余念がなかった。彼が利口か馬鹿か、それはわからない。しかし意志強固であることと、ドル外交の元祖であることだけは事実だ。ところがブライアンが国務長官に任命されるとともに、彼はその政策から蹴り出されてしまった。以来、私は「ドル外交」の語を耳にしなくなった。けれども、それと同時にアメリカの対南中米政策の新聞報道を見るにつけ、いっこうにドル外交が変化したとは思われない。

この人は、閑なときには大きな声を出して物を考えることが好きだった。私は努めて彼との交友をはかり、次々と陰謀談を聞くのを楽しみにした。彼は常にだいたいの日取りを私に話してきかせた。彼が国務省を去った後、彼の陰謀に関する確実な記録を読もうとして埃にまみれた電報の綴りの何冊かを引っ張りだしてみた。期待にそむかず、そこにはパナマ運河の占領とか、英米戦争が今にも起ころうとしたベネズエラ事件とか、その他アメリカのたどってきた危機が一巻の絵巻物となって繰り広げられていた。私は一種の電気がからだを流れるのを覚えた。その後、ある機会に私は片田舎のパン屋で粉桶に腰をかけて、亡命のドイツ貴族で、当時のパン屋さんから生彩に富む過去の陰謀談を聞かされたことがある。

## 暗号解読こそ私の天職

いったいアメリカの外交暗号電報は、過去において好奇の眼から免れ得たのであろうか？ 私は歴史の頁を繰って、軍事的、外交的電報の秘密を解いた解読者がところどころに散見するのを知った。他の国は暗号解読者を持っているのに違いないのだ。もしそうだとすれば、ひとりアメリカのみが何故に外国政府の暗号電報を解読する機関を持たないのであろうか？ 人生の目的を探し求めていた私の若い頭に、その答えがありありと浮かんでくるのを覚えた。よし！ 私は一生を暗号の解読に捧げよう。あるいは私もまた外国の解読者同様に、世界の首都という首都の秘密を開くことができるかもしれない。

私はその目的のために、私自身を訓練すべく規則的プランをたてはじめた。大急ぎでコングレッショナル・ライブラリーにある限りの暗号解読術に関する書物をあさった。それらの書物は面白いには面白かったが、実務的価値にいたってはほとんどゼロに等しかった。

そこで今度はエドガー・アラン・ポーの作品によって、暗号解読術の科学的取り扱いを探ろうとした。ところがこれもまた巧みな、しかし茫漠（ぼうばく）たるホラ以外の何物でもなかった。今日（こんにち）、科学的見地から暗号解読術を見るに（実際アメリカン・ブラック・チェンバーは世界独自のものである)、ポーなどはただ暗夜を彷徨するのみで、暗号術の根底となっている偉大な原則については何も知らなかったことがわかる。

最後に私は軍事的暗号を解く術に関する陸軍のパンフレットを手に入れた。レベンワース要塞の信号隊が暗号解読法のテキスト・ブックに使用していたもので、いろいろ変わった形式の解読例が載っていたが、困ったことに、そこに説明されてある暗号の種類がいかにも単純で、少し頭のよい小学生なら特別の訓練なしに読める程度のものであった。ここにおいて私は先人の歩いた道の終点に到達したのであった。もうこうなれば私自身が開拓者として基礎工事から始めるよりほかはない。私はただちに取りかかった。

これまでに築き上げた交友関係を利用して、各国大使館がワシントンから打つ暗号電報のコピーを私は容易に手に入れることができた。ただ電報の解読にはおびただしい事務的作業が伴うので、進行ははかばかしくなかった(後になって私は複雑な反復度数表を作るのに五十人のタイピストを忙しい目にあわせた)。

かようにして判読のできる通信もあり、できないのもあったが、とにもかくにも私は今先人によって足跡の印されていない、新しい科学を学びつつあるのだと思うと、自ら好奇心が湧いてくるのを感じていた。

ある晩、仕事も閑だったのである秘語の解読に没頭していると、ニューヨークの電信局がホワイト・ハウスの電信局に、ハウス大佐から大統領に宛てた五百語の暗号電報があると知らせるのが聞こえてきた。やがて受信が始まった。私はそのコピーをとった。大統領とその信任する代理人との間に交換される電報といえば、さだめし難解な暗号が使われていることだろう、これは屈強の研究材料が手に入るなと思ったからだ。ところが驚くべし！　私はその電報を二時間たらずで解読してしまった。もっとも私は、いわゆる大人物の所業に対して敬意を払わない。一つには毎日そういう人たちの文書を取り扱ったり、あるいは、それらの人物にあまりにも接近しているせいでもある。それにしてもこれは少々ひどすぎる。ハウス大佐は今ドイツにいる。そしてドイツ皇帝に会ったばかりである。しかもその信書はイギリスの電線を通ってワシントンに送られるのだ。イギリスの電線を通る以上、すべての信書とともにイギリス海軍省の暗号局にストックされるのはわかりきったことである。

ハウス大佐は連合国にとって、なんとも大した報道官であることよ！　連合国は、大佐から皇帝や皇族や将軍や大工業家などとの会見報告が来るかぎり、ドイツにスパイを送る必要はない。それに平和運動とは恐縮する。一人の男がホワイト・ハウスに座りこんで他愛（たわい）もない夢を見ながら、歴史の創造者、国際政治家、世界平和の媒介者としての自分を心に描きつつ、小学生用暗号を持たせて密使を国外に派遣するなどということがいったいあり得ることであろうか？　こんなことが、彼のために他日失敗の因となったのではなかろうか。

私は大きな秘密を知って戦慄（せんりつ）した。私はその秘密をどうしたらいいか。もちろん私としては上司に報告することはできる。しかし、それでどうなるか。大統領は他人の忠告など馬鹿にしきっている。それに、こうしたことが知れようものなら彼の立場は面白くなくなるのに、彼は不愉快な批判はまったく受けつけない質（たち）である。必ず犠牲の首を他に求めるであろう。そしてそれは僭越（せんえつ）にも秘密電報を読んだという廉（かど）で他ならぬ私の首でなければならない。私の首はまだ他のことに使わなければならない。私は何枚かのコピーに火をつけて、残った灰は棄（す）ててしまった。大統領と大佐はこの道化芝居をつづけるがいい。

## 政府高官のずさんな機密認識

どうもウィルソン大統領は小学生用暗号に特別の愛着があるらしい。アメリカの大戦参加直後、私がアメリカン・ブラック・チェンバーの組織化に取りかかったころ、大統領は彼のもう一人の信任者であるジョージ・クリールを首席とする使節をロシアに送ったことがある。このころ各電信会社を通る暗号電報はすべて日常の仕事の一部分として私の手元に送られてきたが、クリール使節の打つ秘密電報の単純さときてはまことに話のほかで、暗号電報解読練習生が初歩の文例として使ったくらいである。

　このころの私は、もう数カ月間アメリカの外交暗号の解読を研究していた。進歩の速度は遅々たるものであったが、確実に成果が上がっていたことは事実である。解読にともなう事務的作業にはうんざりせざるをえなかったけれども、不幸にしてそれは必要なことであった。また私はここかしこから鑿(のみ)で切りだすようにして文字を抽(ひ)き出しながら克明にノートを作った。というのは、私はこの問題について一大論文を書き上げて上司に提出する目的を持っていたからである。私の採用した方法を説明することは避けよう。それはとりもなおさず国務省のコード・ブックの性質を暴露することであり、それは現在といえどもできないことである。それよりも、我々は外国政府の暗号および解読を見ることにしよう。

一九一三年から一七年にかけてたくさんの顔が私の前を通った。そのうちで、のちに国務長官になったランシング氏が特に目立った。申し分ない服装、半白の頭、短い口髭(くちひげ)、カード奇術者のような無表情な顔。私は考えた、この顔なら荒狂うポーカー・ゲームで私の村のインチキ・ポーカー師のモント・マル、少なくともソルティ・イーストに拮抗(きっこう)しうるに違いないと。たいした顔である。もし彼が暴君的小学校先生（ウィルソン大統領を指す）に縛られず、そしてアメリカがロンドンにおいてイギリス心酔家（ページ大使を指す）によって代表されなかったならば、歴史は別なものになっていたかもしれない。

私がこう書くのは、一匹の小ネズミが王と貴族をながめながら、その感想文を綴ろうとするのではないが、いやしくもページ大使の名を出した以上、もう少し筆を続けなければならない。世界大戦史家が好んで弄する議題の一つは、ドイツ政府の文書庫のどこを探してもドイツの罪を立証する文書が発見されないので、ドイツに罪なしとすることである。発見されないということは、かつても存在しなかったということになるのか？　いや、そうではない、私は国務長官ブライアン氏の洋服屋が、あるとき米国の外交文書の一部分を発見したのを面白いことだと思う。

　ブライアン氏は電報の原文を燕尾服やモーニングの尾の中に入れて忘れてしまう癖があった。また何年も経って何千という重要文書が破棄されることはよく聞くことである。私自身も直接国務長官から命令を受けた直属長官の言いつけで、ページ大使から来た多数の秘密通信をまったく跡形もなく処分したことがある。それは大統領が目を通したことさえないものであった。その後ロンドンに行ったとき、ときとしてページ大使の譫語は大使館の建物外に出すことさえもってのほかの代物だったので、ワシントンに送るどころか館員の手で処分したという話さえ耳にした。こういったのが一通でも大統領の手元に着いていたなら「ウォルター・H・ページ伝と書簡」（Life & Letters of Walter H.Page）などが世に出る機会はなかったであろう。歴史と政府の文書についてはこれくらいにしておこう。

　国務長官ブライアン氏は、よく暗号室に入ってきた。彼の深い幅のある声に私は一種の魅力を感じていた。そして彼の滑稽な国務長官ぶりを、私も他の人たちと一緒になって笑ったものだが、その人のよさには抵抗できなかった。ときどき至急電報の回答文を口述し、その翌日にはまるで反対の訓令に署名したりする彼であった。一朝感ずるところがあったりすると、彼は市内の電信局に飛び込んで、大使か誰かに宛てて暗号を用いず平文で書いた電報を差し出したりする。そうすると必ず翌日は「ブライアン署名の非暗号無日付の電報を受け取った。真正電報なりや」と照会がくる。

またあるとき、彼はメキシコ駐在公使ヘンリ・レーン・ウィルソン氏に宛てて祝電を送ったことがある。ウィルソン大統領（第二十八代）はウィルソン公使と相当不和の間柄だったので、これを見ると真っ赤になって怒った。翌日、ブライアン氏は在メキシコ公使館に電報して「昨電は誤りにつき取り消す」とやったものだ。とにかく彼は国務省の全員にとって失望の大塊であったが、省員は彼の背後で嘲笑（ちょうしょう）しつつも温厚な彼を愛した。

かなり事情に通じているはずの某記者が、かつて日本大使が国務省を訪問して案内を乞うたところ、彼が「あの小猿を通せ」というように命じたとかで、大いに彼を攻撃したが、ヘーウッドブラウンはそういうことはブライアンにはありえないこととした。まったくその通りで、非常識の言葉を弄したのはブライアンではなくて、一人の若い官僚であったのだ。その役人はかつて大学時代に、ブライアンが聴衆のために危うく演壇から怒鳴り下ろされようとしたとき拍手喝采の音頭をとった報酬で、国務省の役人にのし上がった男なのである。

その他いろいろな人物が国務省の暗号室にやってきた。ある晩のこと、閣僚の半数近くが入ってきて、メキシコがアメリカの国旗に敬礼するかどうかを報ずる電報の解読が見たいという（この問題はその後ベラクルスの砲撃まで進展した）。暗号時間は午後の七時に始まる。こういう大物見物人を前にしているので、私は国務省の名においてガルヴェストンからワシントンまでの電線、ガルヴェストンからベラクルスまでの海底電線およびベラクルスからメキシコ・シティーへの線を全部開放するよう要求した。

七時過ぎ、数分にしてガルヴェストンの電信技手が、

「そうら！　メキシコ・シティーから四十語」という。

「何かね？」と海軍長官のダニエルス氏。

「あなた方の待っている通信ですよ」

と答えて私はタイプライターに向かった。

電信機の響きにつれて一つ一つ暗号が綴られて行くと、ダニエルス氏は厳かな口調ではじめた。

「諸君！　ただいま我々はこの政府が直面した最も重大な通信を受けつつあるのです」

私は電報を平文に直して彼等に渡した。メキシコは米国の要求を拒絶したのである。一同は文字通り蒼くなったが、それでも大統領のもとに駆けて行くだけの機転は持ち合わせてい

た。

### 暗号専門家へのステップ

　こういう間にも、外交文書解読に対する私の努力は遅々としてではあるが進んでいった。そしてついに百枚ばかりの解説文例をタイプライターで打って、直属部長の前に持って行った。


「何だね、これは」

　彼は尋ねた。

「合衆国の外交暗号解読の解説です」

「君が書いたのか」

「そうです」

「合衆国の暗号が安全ではないというのかね？　それは信じられないことだ」

　と彼は私の方に向き直った。

「ああそうですか」と私は答えた。

「この記録は一千時間以上にわたる精魂を込めた分析と、煩雑きわまりない細かい作業との結晶です。私はほとんど二年の月日をこれに投じました。ただ部長が読んでくれさえすればそれでいいのです」
私が部長の部屋を辞そうとすると、彼は気味の悪い絶望的な目で私を見た。そのはずである、その暗号こそは彼が組み立てたもの、したがって秘密通信の責任は一にかかって彼の肩にあるのだから。

このほかに私は一年ばかり前、彼に対してちょっと意地の悪い神秘的なトリックを用いたことがある。彼は私が何か魔術でも使うもののように思ったに違いないと今でも信じている。彼はある土曜日にコード・ブックを保管する金庫の番号組み合わせをクスクス笑いながら変えたことがある。ところが私は日曜日に金庫を開けなければならなかったのに、彼は私に変更した番号を教えるのを忘れ、私も聞くのを忘れてしまった。翌朝登庁して初めて気がついた。彼は組み合わせごとにかけては驚くべき頭脳の所有者であった。そして普段から我々に組み合わせ番号の指示表を持たせずに一つの名前を覚えさせた。すなわち電話帳に記された名前の反対側にある番号数字をいろいろに置き換え、ひねくり回したものが組み合わせ番号であった。

何によらず未知の事柄に興味をもつ私は、彼に尋ねずに金庫が開けられたらさぞ痛快だろうと考えた。それに電話をかけるということは、彼がいやいや出てきて、また番号の組み合わせを変えることになってしまう。私は腰を下ろして考えはじめた。前日、組み合わせを変えるときに彼は何をクスクス笑っていたのだろうか。笑わずにはいられなかった誰かの名前をキーに使ったに違いないんだが……。そこで私は滑稽な名前を考え出すことにした。

第一に頭に浮かんだのはヘンリー・フォード。ちょうどそのころフォードは「クリスマス以前に塹壕(ざんごう)から」という彼一流の喧嘩(けんか)腰の平和運動に夢中になっていた。ところがヘンリー・フォードの名前は電話帳にない。フォード自動車会社の番号を探したがそれも見つからない。

私は部長の思考の軌道を追って行きさえすれば金庫が開けられることを信じていた。彼はクスクス笑った。何を笑ったのだ？　人間の名前を笑ったのか？　何か名前に関連したものだろうか？　すべての人の口の端に上っていた名前はどれだろう？　突然「ゴールド夫人」の名が電光のように私の脳裏に閃(ひらめ)いた。ウィルソン大統領は彼女との婚約をそのとき発表したばかりであったのだ。よしとばかりに、私はただちに電話帳をめくって夫人の番号を凝視しながら、おののく指先で金庫の文字盤を回した。はたせるかな、二秒とたたないうちにカッチと鳴って、勢いよく扉が開いた。それとほとんど時を同じくして電話のベルが鳴った。

それは部長であった。

「ヤードレー君、君に組み合わせをいうのを忘れたが……」

「いや結構です、金庫は開いていますから」

「金庫が開いている⁉」

彼は叫んだ。

「誰が開けっぱなしにしておいたのかね？」

「誰も開けっぱなしにはしておりません、私が開けたんです」

「どうして？　わしは組み合わせを教えなかったじゃないか」

「それはそうですけれども……なあに私がグルグル回しているうちに開いたんですよ」

私は勤勉な、能率的な努力によるよりも、何かほかの方法で彼に印象を与える必要があった。将来の成功を夢みつつある私にとって、彼はいずれ必要になる男なのである。この際、ちょっと神秘のにおいを嗅がせておくのもまんざら悪くないと考えた。彼が私を金庫破りの専門家と思ったか、それとも人心読破術の権威者と思ったか、私には今にいたるまでわからない。

合衆国の外交暗号解読に関する、例の百枚記録書を手渡してから数日経つと、私は部長の事務室に呼ばれた。彼は慇懃（いんぎん）な目つきで私を見た。

「君はこういうことを、いつからやっているのかね」

「ここに雇われてからずーっとです、もう四年以上になります」

彼は慎重にいった。

「君以外に、誰がこの記録書について知っているのかね」

「誰も知りません」

「これが由々しきことだということは君にもわかっているね？」

「もちろんです」

部長は何を狙っているのだろう？　いずれにしても、私はあのウィルソン、ハウス通信のことについては沈黙を守らなければいけないと思った。彼は突然私を立ち去らせようとして立ち上がったが、

「我々はすでにロンドンからの電報で、イギリスが外交電報を解読するために長い期間を充(あ)てていることを知っている」

と部長は言葉を切って、また私の顔を見た。

「君は我々の暗号を彼等が解読できると思うかね」

彼はいま勇気を奮い起こすために自問自答しているか、イギリスの解読者が経験によって得た分析力よりもはるかに偉大な分析力を私に許すことによって、私の機嫌をとりつつあるか、そのいずれかである。私はすぐには答えなかった。自分の知識を軽々しく取り扱いたくなかったし、そうかといって自惚(うぬぼ)れにも見られたくなかったから、

「お話だから、私も言いますが」と私は答えた。

「一人に出来ることは、ほかの人にも出来るというのが常日頃の私の考えです」

「仮に君がこういう仕事に当たったら、どのくらいの時間がかかるかね？」

「そうですね」

私はおもむろに答えた。

「十人の助手がいたら一カ月でできましょう」

「もうこの話はこれまでにしておこう。どうなるか一つ考えて見よう」

部長はそう漠然といって歩き出した。そして振り返り、

「オイ君、ヤードレー君！」と彼は私に呼びかけた。

「冴えた分析ぶりだねー」

アメリカの参戦が喧伝（けんでん）されだした。私は満を持して待たなきゃならんと思った。戦争は常に機会を提供するものだ。

## 失敗した国務省脱出

右の事件があってから一カ月後に、部長は秘密通信の暗号化のための新しい方法を案出した。私の指はそれを引き裂きたさに疼（うず）いた。暗号電報を翻訳したり、普通文を暗号電に組んだりという日常の仕事を続けながらも、私の脳裏は、新しい暗号化の方法を案出した彼に対

して、私自身をどう認識させるかでいっぱいだった。寝ても起きても、まず考えることはそのことだった。

かくて数週間を経たある夜中、私は突然目を覚ました。「答」はやさしい算数の問題のように、はっきりと私の頭にひらめいたのであった。私はやにわに起き上がった。今得たばかりの「答」が再び夢の中に溶け入る前に紙に認めておこうと、タイプライターに向かった。

翌朝、部長が出勤したとき、私は彼のデスクの前に座っていた。

「もし部長が誰かに数通の文書を暗号化させて下すったら……」

私は始めた。

「一両日のうちに私は部長の新方法の解読の記録書をお渡しすることができます」

いまや私の能力に対して深甚な敬意を払っている彼であるのに、私がこういうと格別気にかける様子もなく、さっそく私の挑戦に応じてきた。もっとも彼の新方法なるものは、実際、なかなかの天才的考案だったから、彼が自信たっぷりだったのも十分うなずけた。

アメリカの宣戦は数日の間に迫り、世界の四隅より電報の洪水が殺到していた。その数日間は長く、そして苦しい時間だった。私に関する限りでは、彼の問題などとうの昔に解いてしまっていたから、今さら興味もなければ時間もない。よくあることだが、暗号解読術ではいったん原則が発見された以上、実際の解読は不必要になる。つまり原則が解読そのものの価値をもつのである。

　宣戦布告後五、六週間たって、とうとう私は幾通かの解読した暗号電文と数頁からなる解説書とを彼の手元に差し出した。それまでに二人の間に交わされた会話によって、彼はかねてこの事があることを予期していたのであろう、目のあたりに書類を突きつけられても、ただ何事も判読し得ないものはないという、絶望的見解をとって脱帽してしまった。

　あとから聞いたことだが、政府の役人は全部ブラック・チェンバーから同様の衝撃を受けたのであった。一口でいえば、我々のやったことは、彼等にとって奇術としか思えなかったのだ。彼は私の記録書を一読して感嘆し、心地よさそうに笑った。そこで私はこの機をはずさず、彼に、国務省を去って軍隊の任務につきたいから、私のもっている暗号解読者としての資格を証明する一札を書いてもらいたいと申し込んだ。

　ところが彼は、私の解雇を申し出る勇気がないし、また申し出たところで、私はもうかなり国務省の政策に通じているので、国務次官はとても承諾すまいということであった。

「私が国務省の使用人であることを、どうかちょっとの間忘れてくれませんか」

　私の将来は彼の書く一札にかかっている。私はどうしてもそれを手に入れなければならない。そう思うと自然に震えてくる声を努めてコントロールしながら、私はつづけた。

「部長と私は今諒解(りょうかい)しなければなりません。部長もかつては私同様一使用人であったはずです。私が終生暗号室に隷属すると決まっていないことは、部長も私も知っていることではありませんか。私は、今日知っていることを研究するために四年間額に汗したのです。私に機会を与えて下さい。そして今言った一札を書いて下さい。国務次官の方は適当な時期に私が何とかしますから」

「オーライ、ヤードレー君」

部長は約束をした。そして力をこめて握手をした。

「君が行ってしまうのは淋(さび)しいな」

翌日、私は貴重な一札を手に入れると、さらに推薦状を書いてもらうべく昵懇(じっこん)の陸軍および海軍将校の間を走り回った。推薦状はどれも大体において「ヤードレー君はいかなる場合にも、将校および紳士にふさわしい行動に出るものであることを信ずる」という風に終わっていた。陸軍や海軍の人たちは「将校」とか「紳士」とかいう文字が無性に好きなのである。あともう一札手に入れれば、私は何も知らない陸軍省の上に持って行って暗号局を開設させる。そうなったら陸軍省には金がうなっており、たちまち全国を支配することができる……。

部長から一札の推薦状をとることにさえ四年かかった、今ここで手札をうまく使わなかったら、国務次官フィリップス氏から解雇の承諾を得るには十年かかるかもしれない。しかも国務省は雇用中の人間が他に志願するなどといったところで、てんで相手にしないときている。

フィリップス氏はアメリカ外交団の花形である。資産があり、春秋に富み、好男子で、教養があって、動作が優雅で、人をそらさず、快活な笑いと低い音楽的音声と、スラッとして運動家らしい体軀と、計りしれない深さをもった眼の持ち主である。会ってみると、まあ座れという。煙草を吸えという。もう私については随分聞いているという。暗号室の鬼才について国務長官自身に話さにゃならんという。間もなく俸給もあがるらしい……ここで一言いったら……ああ、しかしどうなることだろう。「なるほど……君の俸給は……フウなるほどね。もとより国務省は傑出した職員の身の上については十分考慮しなくてはならんが、またそれと同時にたとえ戦時に際しても国務省の機能は完全に発揮されるようでなくては困る。それに今、君が去ったらどうして機能発揮が望めよう」というようなわけで、目下のところ解雇は考えられないという。私にとってはまことに遺憾千万なことだった。しかし私は気を取りなおした。まあまあ、そのうちには……と。

私は涼しい廊下に出て汗をふいた。一体全体、なんという男だろう。鬼才だとか傑出した職員だとか、俸給を上げなきゃなどともいい、国務長官にまで私のことを話すなどという。こりゃ話が少々難しくなってきたわい、と思った。こうなったら私自身を陸軍省にとって欠くべからざる人間にして、解雇を陸軍省から要求させるよりほかに方法はないらしい。恐ろしく大仕掛けになってきたものだ。なに、かまうものか、国家の軍隊が暗号解読者を必要としないことがあるものか。

### 陸軍省への売り込み成功

私は毎日午後四時まで出勤しなくてよかったので、運動方法を計画するのに十分の時間があった。しかるべき方面にさぐりを入れると、信号隊のギッブス大佐に会って希望を述べたらよかろうとのことであった。

私は頭の中で、これから言わなければならないことを整理しながら、長い廊下の向こう端にある大佐の事務所に向かった。大佐の部屋に入ろうとすると平服の事務員が私を呼び止めて、何の用だとつっけんどんにいう。やむをえず、お門違いでしたというような顔をしながら長い廊下をブラブラして、事務員が昼食に出かけるのを見すまして、続き部屋になっている小さい大佐の部屋に忍び込んだ。

大佐は折りよく一人で、何か行政上の問題について思いを練っているらしかったが、けげんな面持ちで私を見た。重大な瞬間が到来したのだ。私は頭の中の霧を払い除けようとした。そして興奮のあまり、震えがちな声をコントロールしながら、ポツリポツリとはじめた。

「ただいま国務省の暗号室に雇われております……四年以上暗号の解読を科学的に研究して

きました……私が何かお役に立つというようなことをお考え……」

「君はヴァン・デマン大佐に会ったかね」

　と大佐は遮った。

「いいえ、ヴァン・デマン大佐ってどなたですか？」

「今のところ格別どうという人ではないが、そのうちに名の出る人だ。陸軍の情報部の創設者さ。あの人なら君の使い道があるだろう、会ってみるがいい。私から言われて来たといいなさい。陸軍大学校にいる。そして大佐が何と言ったか私に知らせなさい」

　私は辞去しようとした。

「ああ君、持って来た書類を持って行きなさい」

　私は電車に乗って陸軍大学校へと急いだ。それは練兵場から四分の一マイルも引っ込んだところにあった。衛兵が「ヴァン・デマン」の名を聞いて通してくれた。そして数分の後に私は陸軍の情報部創設者の前に立っていた。

　彼は何やら口述していたが、私を見て「座れ」と手真似をしてみせた。一見したところ彼の助手としては、蒼い顔をした大尉と秘書だけだが、ほとんど一夜にしてこの小勢力は数千の将校と事務員と密偵からなる一大組織に膨張し、長い蔓を出して全地球を抱擁しようとしているのである。

深い皺を持つ彼の顔は、私にリンカーンを連想させた。私はすぐに彼の気の長いこと、同情心の篤いこと、人間味のあることなどを好くようになった（米国は彼に酬いることが甚だ薄かったが、それでも最後は陸軍少将として退役した）。大佐は老けて、そして疲れて見えた。がしかし、深い眼を私に向けたとき、私はこの人の力を感じた。震えのとまった私は、自信のある口調で語り出した。

ハーバート・O・ヤードレー

大急ぎで身の上話の大体を述べた上で、隠語と秘語、およびその解読に関する私の知識を彼に納得させるに足るだけの事実を示した。彼は乗り気になった。私は勇気を奮い立たせて大切なポイントに直行した。

「我々国務省の者は列強が外国の外交的文書を読むために多数の人員を養っていることを知っております。合衆国にとって私がそういう機関をつくるか、他の何人かがつくるかは問題ではありません。ただそうした機関は作られなければならない、すぐに作らなければなりません。合衆国は誰が味方で、誰が敵であるかを知らなければならないのです。外国政府の文書を読まずに、どうしてそれが分かりましょう？　そして、やがて合衆国の軍隊が、一部を受け持とうとしている西部戦線において、ドイツは隠語や暗号の無線電信をもって軍隊の駆け引きを指揮しております。これらの電報は是非とも横取りしなくてはなりません。しかし何人が解読の任に当たりますか？　パーシング将軍はフランスに解読者の派遣を要求するでしょう。しかし何人がこの事業のために解読者養成の任に当たりますか？」

大佐は私の持参した書類を取り上げて素早く読んだ。

「君、何歳かね」

「二十七です」

「なかなかの大事を思い立ったものだね。それに君はやすやすとやってのけられそうな口吻でしゃべっている」

私はそれに対して何とも答えなかった。大佐は何やら紙に書き付けていたが、

「君の自信は大いに気に入ったが、どうも年がねえ。しかしこの書き付けをギップス大佐に持って行きたまえ。そして私ができるだけ早く君の任命を見るように努めると言伝（ことづて）してくれたまえ。君は月曜日に出発できるかね」

私は淋しく微笑(ほほえ)んだ。

「できるともいえますし、できないともいえます。実はこのことから先にお話しすればよかったのですが、次官のフィリップス氏が私の解雇を承知しないのです」

大佐は大きく手を振った。

「それもギッブスにいいたまえ。次官に会うようにいいたまえ。どうにかなるだろう」

どうにかなるの段ではない、それから一時間後の私はギッブス大佐と連れだって次官の事務所に入っていったのだ。

「ああそうだったね、ヤードレー君」

大佐が来意を告げると、次官はそういって上機嫌で微笑した。

「陸軍省が君を必要として貰(もら)いに来たんじゃや、私も君を手放さなくてはなるまいね」

# 第二章　MI8〔陸軍課報部第八課〕

## ドイツに盗まれていた米軍情報

暗号解読所創設は、実際に当たってみるとそれほど難しいことではなかった。仮に五千のベッドを持つ病院建設の全権が諸君に与えられたとしよう。そして、まず病院の建物を建築し、五千のベッドを担ぎ込み、五千人の患者を収容したとする。ところが見回したところ間に合う医師は諸君一人とする。だが一人でそんな多数の患者を診るわけにはいかない。問題はいかにして医師を集めるかにある。

私の「ベッド」もみるみる満員になった。暗号電報の洪水は大学校に押し寄せた。この場合、行動の方向はただ一つしかない。それは医師は少なくても、看護師が養成されるまでは患者は死ぬがままにさせておくことである。

私はヴァン・デマン大佐の名において、ただちにロンドン、パリおよびローマの大使館に打電して、ドイツの軍事暗号解読を教えてくれる〝教師〟をワシントンに派遣してくれるよう、連合国政府に圧力を加えるよう要請した。同時に数百通のドイツの軍事暗号電とその解読の解説とを行嚢(こうのう)に入れて送るよう依頼した。返事によると、後者の分は取りそろえて発送したが、解読の教官は一人も手放せる者がいないという。実際、大戦中のヨーロッパの戦場での暗号解読者の活躍は素晴(すば)らしいものであった。のちに私が渡英して、イギリス人とともに暗号解読を研究していたとき、ある軍の大佐は言った。英軍のもっとも優れた暗号解読者ヒッチングス大尉は、英軍にとって優に四個師団の値打ちがあると。

大学構内に積み上げられた書簡を見るに、当時、アメリカ人はほとんどの者が暗号をかじっているらしく、暗号解読所に雇われたいとか、あるいは新しい絶対に解読できない暗号を考案したから、政府はただちに買収すべきだなどといってきていた。

私は前者に属するグループから、とりあえず幾人かの多少暗号に関する知識のある者を選抜して、それぞれ任命させた。蒼(あお)い顔をした中尉殿（小生）が、学者肌の大尉の一団に取り巻かれる光景はかなりの見物(みもの)であったに違いない。私はこの連中から随分と悪気のない揶揄(やゆ)を浴びせられたものである。しかし、彼等は私の見事な無学ぶりを楽しむかのように、それを「天賦の聡明」などと命名した。私はまた私で、解読術を会得しようとする彼等の熱心さを楽しんでもいた。

ただしかし、ここでは学校の教室では見られない問題が提供され、これに及第することは尋常一様ではなかった。ふとしたはずみで発見したことだが、学問があるということは、単にいろいろな知識を吸収する能力があるということに過ぎないということだ。だからたいして吸収するもののないここでは、学者どもはまったく新しい問題にぶちあたった。つまり彼等は、各人が自分だけの発見をしなければならないのだ。この理由で彼等の大部分は目もあてられない失敗の連続に終わった。

大尉連中の中で一番早くやってきたのはジョン・M・マンリ博士といって、シカゴ大学英文科の教頭をしていた小柄で物言いの静かな学者だった。我々にとって幸せだったのは、マンリ大尉は解読術の方面で「暗号頭脳」と称するほど独創に富んだ頭の持ち主で、わが解読者中もっとも老練で才幹に富んだ専門家となるべき資格を備えていたことである。私が陸軍省暗号解読所長として収めた成功の重要な部分は、このマンリ大尉に負うべきところが少なくなかった。

私はちょうどそのころ、暗号解読法の教案を作成し始めていたのだが、国務次官から陸軍諜報部に達した覚書によって、その計画は一挙にひっくり返されてしまった。イギリス政府は米陸軍省の電報暗号化がまったく不完全で、秘密に対する由々しき脅威であるのみならず、ドイツが電線によるすべての通信を横取りしつつあるということであった。

これは一大事であった。ジョン・J・パーシング将軍（第一次世界大戦中のアメリカ海外派遣軍司令官。のち参謀総長になり「アメリカの将軍」という称号を与えられた）と陸軍省との間に往復する通信は、自国民にさえ厳秘に付されているのである。アメリカ遠征軍の勝敗は、一に報告、訓令の秘密が厳に保たれているか否かにかかっているのだ。ところが、こともあろうに敵国のドイツがそれを横取りして読んでいるとあっては、苦心惨憺の結晶であるアメリカの戦略戦術も徒労に帰してしまう。

ジョン・J・パーシング将軍

英米を連結する海底電線によって、これらの秘密通信は往来する。しかも電線の傍らには大西洋の水中深くドイツの潜水艦が身を潜めている。なるほど海底電線そのものからは直接通信を盗むことはできないが、数百フィートの間、海底電線と平行に別に電線を敷きさえすれば、潜水艦内の電信技手は感応作用によって通信を横取りすることができるのである。国務次官からの覚書を見て陸軍省が愕然としたのは不思議ではない。参謀総長は個人の名においてさっそく調査を要求した。

私は調査を開始した。その結果、一九一六年に米国がメキシコに懲罰遠征軍を送ったとき、陸軍の暗号コード・ブックが一冊メキシコで盗まれたことがあり、その写真が現在ドイツ政府の掌中にあることを知った。さらに私は、実験によって陸軍省の暗号が組み立ての技術上の欠陥から、コード・ブックがなくても容易に解読され得ることを発見した。そこで私は調査、研究に基づいて覚書を作成して提出したが、それが本気で扱われたかどうかはしらない。しかしながら、意見が尊重されているイギリスから、再び秘密通信の安全性が欠けていると報告してきたので、私は現在やっている仕事を全部中止して、陸軍省の暗号組み立てをすべて改訂するよう命令を受けた。

## 大戦の最中に発見された暗号漏洩(ろうえい)

ここにおいて、私は国務省暗号室の一員で、もっとも適当な者を選び、陸軍の官位を餌(えさ)に引き抜いた。そしてただちにこの人間に暗号編纂(へんさん)係になってもらった。なぜならば、私は他にもたくさんの仕事をもっていたので、そういう仕事のくどくどしい細目事項に煩(わずら)わされるのを好まなかったからである。まもなく編纂係は十人の事務員の助けを得ながら非常な勢いで活動し始めた。組織がうまく構成されたこともあって仕事はどんどん進捗(しんちょく)し、私は比較的重要な細目に目を通すために、毎日一時間ばかりの時間を割くだけですんだ。この係は諜報将校、特別密使、兵器部密使、大公使館付武官、最高軍事評議会のブリス将軍、ロンドンにいるアメリカ遠征軍の司令官およびパーシング将軍との通信用隠語、秘語表などを作成した。隠語、秘語の編纂は元来通信隊の任務であるが、戦争が始まって通信隊にその用意がないことが明らかにされた。いかに不用意であったかはちょうどこのころ、ある連合国の大使館付武官に任命された通信隊のある高級将校と私の会話で明らかである。

公使館付武官がいちいち自分の電報を暗号化したり、平文化したりする必要はないが、一種の常識項目としてこの両作用については一応の知識を備え、通信の安全を保障するために警戒を厳重にすることは当然要求されている。陸軍の古参である件(くだん)の武官が、我々の事務所に現れたので、私は一冊の仮綴本(かりとじ)を渡して手っとり早く秘密通信の方法を説明した。ところが彼はどんな態度をとったと思いますか？

彼はもどかしそうに耳を傾けていたが、唸(うな)り出した。

「くだらないことじゃ！　こんなご大層な真似をしとるとは思わなんだ！　米西戦争当時、我々はそんなことをしたことはない。ただ一八九八年を数字暗号に加えたのみじゃ！　それでスペイン人にはチンプンカンプン、何のことかわからなかったのじゃ」

武官がこうした言動を吐いたのには、一応の理由はある。実際のところ米西戦争当時に用いられた、いわゆる加減法という代物（しろもの）は、秘密を保つ上で私どもが子供のころ読んだポーの『ザ・ゴールド・バグ』の中に出てくる置換暗号ほどの効果はたしかにあった。しかし、もし彼がはるかに私の上級官でなかったら、「我々は中世紀式のスペインと戦っているのではない、世界空前の大武力を背後にし、国中の能力を集中するドイツと戦争をしているのだ」といい返してやりたいくらいだった。

この武官の態度は驚くべきものではあるが、決して異例というのではなく、むしろアメリカの陸軍に普遍的なものであった。ヨーロッパ遠征軍ももちろん例にもれなかった。我々の訓練した一人の若い将校が、フランスのアメリカ軍総司令部に赴任してその事実を確かめた。本国で通信法が改定されなければならないことを見た彼は、着任するやいなや戦場で用いられているパーシング将軍の暗号が安全であるかどうかを知ろうとし、上官たちを説得してそれを横取りした。

いうまでもなく、パーシング将軍の打つ暗号電報は最も機密に属するものだったから、これを扱う人たちはその安全性に絶対の信頼を置いていた。ところがどうだろう、その暗号の組立法についてまったく知識のない青年将校が、わずか四、五時間でそれを解読してしまったのである。実に不完全きわまる組立法で、秘密を保障する手段として滑稽も滑稽、道化芝居の域を出ない種類のものであったのだ。

ドイツの暗号電報を横取りして研究した結果、アメリカ遠征軍付暗号班は、ドイツが有力な暗号隊を持っていることを知った。彼等は連合国およびアメリカの電報を片っ端から横取りして、暗号局に送っていたのである。まだ研究中の若いアメリカの将校にさえ容易に解読できる程度のアメリカの暗号など、老練なドイツの解読者にとっては日常の茶飯事であっただろう。しかも一度キーが看破されたら最後、すべての信書の内容は受信人に知れるのと同じ速度をもって敵にも知られる。それはいいが、件（くだん）の若い将校によって解読された電報の内容は、特に秘密を要するものだったので、その解読解説は総司令部を非常な恐慌の中に放り込んだ。内容というのはほかでもない、サン・ミーエルの突角に沿う我が軍の位置、師団数、師団名、それから最後に我が軍の大攻撃開始の時刻である。しかも敵軍がもうちゃんとそれを知っているのだ。

フランス軍によって守られている線に深く食い入って、あたかもポケットの形をしたサン・ミーエルの突角は四年にわたってヴェルダン、ツール間の通信線、鉄道を遮断した。今アメリカ軍はそのポケット内のドイツ兵を殲滅（せんめつ）し、戦線を一直線に張り直すべく超人的努力を試みようとしている矢先である。ところが当の敵は計画の全部を先刻承知しているというのだ。なんというバカバカしさだろうか。アメリカ軍の司令部が仰天したのも無理はない。

ドイツ軍は突角の形勝（要害の地）を不落と考えた。それに第二線のシュレータ・ゾーン、第三線のヒンデンブルク・ラインというふうに、いくつもの防御線を持っていた。まことに堅実無比の陣容である。この敵がもしアメリカ軍の攻撃を予知して、これに備えたらどうする？　それよりも守備の手薄を感じて攻撃が始まる前に撤退を開始するかもしれない。

推理は後者が的中した。敵は悠々と引き揚げてしまった。若い解読将校によって真相が知らされたとき、すでに戦機は去っていた。一九一八年九月十二日のアメリカ軍の攻撃は、大勝利ということになっているが、もしドイツ軍が横取り電報を読まなかったら、あれくらいの敗北ですむはずはなかったのだ。それも不完全な暗号を固守した結果で、アメリカ軍は〝通信の開放〟という驚くべき行為によって、すべての計画をドイツ軍に予告していたのと同じであったのである。不意打ちなどとはもってのほかである。こんなふうで我が遠征軍の将校連は、ワシントンの当局同様、一見して読めないものでさえあれば、それで立派な暗号だと心得ていたのである。まことに他愛もない話ではないか。

複雑な秘密の陰謀や、危険や、発見などが後になって一般に知られる機会というものははなはだ少ない。世界大戦におけるわが若い解読将校のことなども、きわめて簡略に一般報告の中に含まれているにすぎない。彼は戦線で使われている暗号が全部改訂されなければならないことを痛感したが、彼にできたのは暗号の不備を立証することだけであった。しかし立証はしたが、時すでに遅く、また陣中のこととて外部に漏れることも稀である。世界大戦史はこの重大なエピソードによって、ただ次の一文を載せているにすぎない。「サン・ミーエル線の秘密を保つべくパーシング将軍は万遺漏なきを期待したにもかかわらず、独軍は攻撃を予知して退去を開始した」と。

## 速記解読係発足の真相

我々はすでにウィルソン大統領、ハウス大佐、国務省、ジョージ・クリール、陸軍省、フランスにおけるパーシング将軍などが、小学生用暗号を使って外交と戦争とを成功に導こうとした噴飯に値する姿を見た。さらに後半になって、私は一九二九年にアメリカ政府の外交秘密を保護する責任が、青二才の双肩におかれた珍話を披瀝するであろう。

前に述べた暗号編纂係は陸軍省から何回か書面をもって感謝された。私に宛てた一通の書面には、係員一同に対しその任務のためにつくした創意と熟練と精勤とは十分に感謝され、且つ陸軍長官と参謀総長とに対し、特に陸軍課報部第八課（私どものセクション）の任務に留意されるよう伝えよとあった。

陸軍課報部第八課（ＭＩ８）は暗号解読所の公称になったが、時とともに拡大、膨張して、ついに五つのセクションを持つようになった。それは、

一、暗号編纂

二、暗号通信
三、速記（速記文の解読）
四、隠しインク実験室
五、暗号解読

である。暗号編纂係が組織されるのと同時に、陸軍諜報部も自分の暗号を所有しなければならないことに我々は気がついた。部長のヴァン・デマン大佐は特別任務に就く密使、または自由密使のたぐいを全世界に派遣し、情報網をもって地球を覆ってしまおうとしていた。密使はたとえささいな断片といえども、敵国に関する情報はすべて集めてヴァン・デマン大佐の許に連絡する。そして大佐の手を通った情報は助手に分配され、そこで評価されて各方面に伝えられる。こうした情報の中には中立と称する国々や連合国などの行為に触れるものなどもあって、ときどきセンセーションを起こしたものである。

それはともかく、陸軍省各部局からの電報は、省令によってすべて局長が暗号化し、平文化することになっているが、諜報部のような特殊機関は、その重要な秘密に対して責任を持たなければならない以上、自分自身の暗号を持つのは自明のことである。

そこで私は国務省の暗号室からまた一人引き抜いて通信係に任命し、組織の筋書を作り、各方面に直通の電話線を設け、暗号係員、電信技手等の一団を雇い入れ、わずか五、六週間で有力な通信機関を作りあげた。こうして迅速と正確と節約において優にアソシエーテッド・プレス通信社の通信部に拮抗するにいたった。

またこの係は国外に派遣する密使、密偵の訓練や諜報部付密使に対する暗号使用上の教育なども担当した。私は暗号に興味を持つ多くの男女を雇って自分の周囲に置き、それの教育法について教案を書き上げたりしたが、戦争というものによって、私はいつの間にか暗号解読者から行政官に変えられてしまったように思えてならなかった。これではいけないと思い、再び暗号解読に関心を向けようとしていると、司法省から奇妙な手紙が来て、出鼻をくじかれてしまった。

私はヴァン・デマン大佐の部屋に呼ばれ、数枚からなる不思議な手紙を渡された。

「ヤードレー君、これは何かね？　秘語かね？」

私は慎重に手紙を検分した。

「どうも速記のようですね」

「秘書にも見せたんだがね、グレッグ式でもビットマン式でもないっていうんだが」

「どこでそれを手に入れました？」

私は尋ねた。

「これはチスマ夫人に宛てたもので、多分、亭主のワーナ・チスマが書いたんだと思う。彼はいまフォート・オグルソープ監獄につながれているが、きっと他の監獄に移されることになった同囚に託し、それがまた誰かが拾って郵便局に投げ込んでくれるものと思って道に放り出したものと思う。ところが拾った人間はポストに入れないで、司法省に送ってきたんだ。司法省ではチスマについて相当調べあげたものもあるんで、さっそくこれを解読してもらいたいというんだがね」

そのころ政府のスパイは全国いたるところに配置されていた。彼等が手に入れたもので読めないものはすべてＭＩ８に送りつけてきた。我々はそうした無数に送られてくる隠語や秘語を解読し、種々雑多な言語で書かれたものを翻訳したが、速記はまったく未開拓の分野であった。

「どうかね、読めそうかね」

ヴァン・デマン大佐は尋ねた。速記に違いはないのだが、いったい何式っていうのだろう。そして何語で書いてあるのだろう？

「いや、しかしどうにか読んでみましょう」

「頼む。それでは明日までに」

それがヴァン・デマン大佐の流儀だった。決してガンガン怒鳴ったりしないかわりに、明日といったが最後、明日のことで、明後日のことでも、その翌日のことでもない。

ワーナ・チスマはドイツ人である。私はそれがドイツ語の速記であることは当然だと思った。だが何をテーマに書いてあるのかはさっぱりわからなかった。いま考えてみれば実にシンプルなことなのだが、そのときはいささか面食らっていた。

私は大急ぎで自動車に乗り、コングレッショナル・ライブラリーに駆けつけた。そして、ちょっと調べただけで、ドイツで最も広く使われている速記はガーベルスベルガ式であることがわかった。それから一八九八年に、ある雑誌がこの式の研究に多くのスペースを割いたこともわかった。さっそく雑誌の綴込みを借りてめくってみた。なるほど、ガーベルスベルガ式の書体がたくさん出ていて、チスマの速記がそれ等の輪郭と同一であるのを発見するのに大して骨は折れなかった。

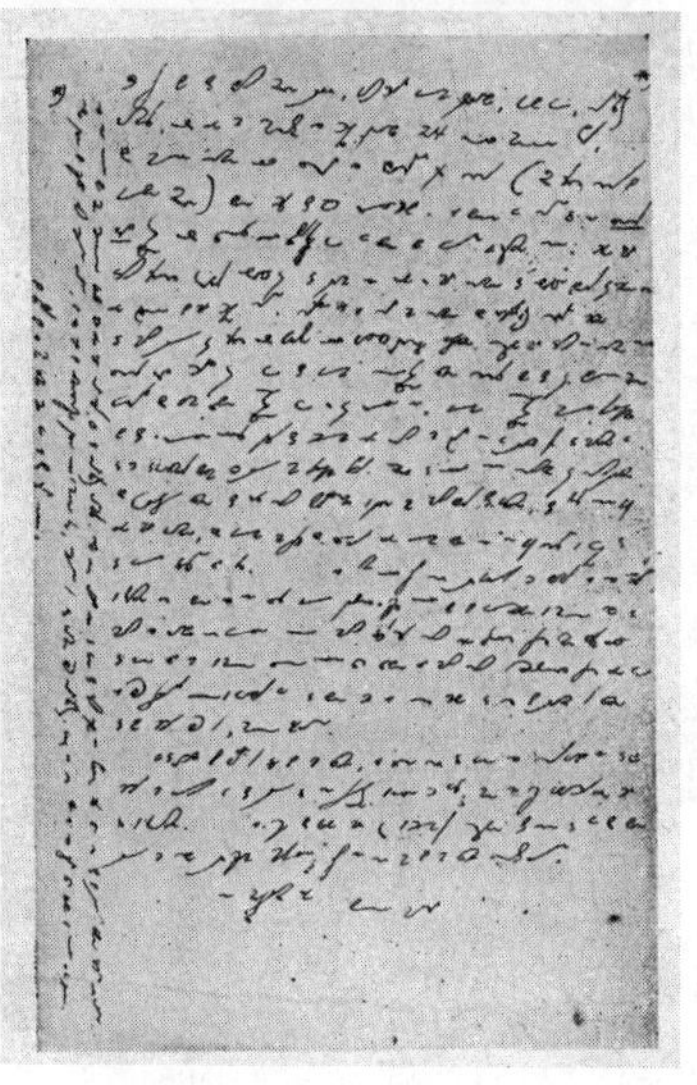
チスマの速記で書かれた手紙

この調査については後から話すことにするが、最後の解決をみるまで私はまる一日を潰したのであった。いったい翻訳者をどこに求めたものか？　例の雑誌は「余はガーベルスベルガ式を六週間研究し、すでに一分間に五十語を速記し得る」なんてのを初めとして、自家広告やら、式の証明やらでいっぱいである。

　私は雑誌のすべての号をめくり、ワシントンに居住する五人の翻訳者をリストアップした。ただし十九年前に住んでいた人たちだから、今その中の一人でも見つかるかどうか実は心細い次第であった。私は大急ぎで一九一七年のワシントン人名録を借りて、五人の名を探した。すると幸いなるかな、一人だけ出てきた。その名は電話帳にあった。寸時も失うべからず。すぐさま電話をかけると、これはまた二度びっくり、ご当人は現在私のいるコングレッショナル・ライブラリーに勤めているというのである。事実にしては話があまりにうますぎる。ともかくも図書館の書記に面会を求めて事情を打ち明けると、書記の曰く、

「そうです、貴方の探している人間はここで働いております。だが、その手紙にドイツの間諜の行動について何か重大なことが書いてあるというお考えだったら、あの男にはそれを見せん方がいいと思います」

「それはまたどういうわけですか」

「あれは、ドイツ系アメリカ人です」という答えであった。

「この間も司法省の役人が来て、監視付だということでした」

「一度会って見たいですな」

私は迫った。

制服姿の私を見ると、その男はブルブルと震えだした。二口三口彼と話した上で、電話で司法省を呼び出してその男について聞いてみた。すると彼の最大の罪悪は、アメリカが参戦する前、あるドイツ系の協会に入っていたというだけである。私にはそれがたいして悪いことには思えなかったし、一つは手紙も訳したかったしで、彼を使うことにきめて図書館の一室を借りうけた。

手紙が全部翻訳されたときには、夜はもう深かった。翻訳させながら、ニューヨークに住む他のガーベルスベルガ式速記者の住所を聞いておいて、翻訳が出来上がると同時に複写をその男の許に送って証明させることにした。翌日の正午に間違いなく仕上がるといってきた。では手紙の抜粋をここに掲げよう。

私のいとしい妻よ

兵隊はぞくぞくここを立って行きつつある。この機会に内密のことを書き送ります。目に見えないように互いにレモンの汁で封筒の内側に書くことによって、私はおまえと秘密通信を始めたいと思う。レモンの汁で書いたものはアイロンで熱すると見えるようになる。検閲官も封筒の内側までは調べまい。

今度はたった四日でお前の手紙が着いたところを見ると、また郵便が早くなったらしい。そんなに便利になったのなら、今度は古い毛織りの肌着と一緒に透き通ったガラス瓶に林檎(りんご)か梨か、そんなようなものの漬けたのを送ってくれないか。そして十ドルか二十ドルの紙幣を適当に出して黄色い方を外にして巻いて、細い試験管に入れて果物の中に立てて置けば、なかなか外からはわからない。瓶が透き通っていて果物はまる見えだから、まさか金が入っているなどとは思うまい。できるならレッテルのついている本式の瓶を使ったほうがいい。そうすれば缶詰工場から出て来たままだと思うだろう。

平和が早く来ないようであったら、我々同志は一緒にどこかへ落ちつくことにしよう。そのときはお前にも行くところを知らせる。ここから一番近くにある大きな町のチャタヌーガでは今ストライキが行われ、暴動が起こっている。こんなところには来ない方がいい。人間があまりに興奮している。

兵隊がみんな出払うと、そのあとにはＩＷＷ（世界産業労働者連盟）の連中や、その他のくだらない奴らが千五百人ばかりこのキャンプにやって来るそうな。そうすればここはいよいよもって悪い所になってしまうだろう。で、私はここから出たいが、詳しいことは秘密通信ができるようになってからいろいろと教えてやろう……。

それからお前が着いたとき「南部に旅行中の主人と待ち合わすのだ」といってセント・ルイスのホテルの名を知らせてくれ。私から出発しろという電報を受け取ったら、電報に書いてある他の文句にいっさい関係なく、これからお前と手紙で約束する地点に向かって静かに出発しなさい。ハリやアリが警察に調べられたら、お前が、私に頼まれて水夫のポストに放り込んだ手紙を受け取って、私に会いにチャタヌーガに行ったと言ってさしつかえない。それ以上あれらは何も知らないように。そのうちに私がそういうふうにやるかもしれないから、今からお前にその用意をしておいてもらいたいんだ。というのは平和が回復すると、意地の悪いその筋のことだから、私をニューヨークに帰さずに国外に放逐するかもしれないし、またもっと意地悪くやろうと思えば、この前いたホンジュラスに送らないとも限らない。そんなことにでもなろうものなら、金はなし、お前には会えず、とてもやりきれないからねえ、お前。

これが私の手元に来た最初の速記の翻訳であった。それにはレモン汁の使い方や、送金法に関する説明以外、彼が当時掘りつつあったトンネルによって監獄から脱出する計画まで詳細に説明してあった。

このことがあって間もなく、司法省から家宅捜索によって没収したものだが「ひとつ目を通してもらいたい」といって、おびただしい速記帳を運んできた。それからまたしばらくすると郵便検閲官が我々の器用ぶりを聞いて、郵便物の中から発見したという数百通の速記手紙を送ってきた。そうなると、そうした書類を検査して、何語で書いてあってもただちに速記の式を発見することのできるような科学的方法を研究するために、別の新しい係を設けなければならない。それが速記解読係の起源であった。

しばらくして、この係ではすべての言語を通じて三十有余の式を読みこなすことができるようになった。そのうち最も普通に使われていたのがガーベルスベルガ式、シュライ式、シュトルツェ・シュライ式、マルチ式、ブロッカウェー式、ジュプロア式、スローン・ジュプロイアン式、オリラナ式などであった。

# 第三章　ドイツの隠しインクを暴け

## 白紙に現れた隠し文字

暗号編纂係、暗号通信係、速記解読係など、それぞれ必要な機関であったが、本当に血の湧くような活動は、私どもがドイツの諜報員用秘語と秘密の隠しインクで書かれた文書に接してからのことである。

暗号解読者としての私が、いま言ったような機関を次から次へと組織して行ったのも、思えば不思議な巡り合わせであった。だが、私がもっとも驚いたのは、ある日、ヴァン・デマン大佐に呼ばれて、小さく折りたたんだきわめて普通の白紙の書簡用紙を渡されたときであった。

私は紙を広げて陽にすかしてみた。物を書いたと思われる痕跡(こんせき)はない。つい二、三日前、私は司法省の密偵が一羽の死んだ鳩を持ってきて、羽根に穴のあいているのは何かの秘密暗号ではないだろうかというのを相手にしたばかりである。それが、またこれだ。次の秘密は？　と自問せざるをえないではないか。

私に解けという問題の種類には、およそ限りというものがない。この一枚の白紙は、あの死んだ鳩のように単なる意識過剰、考え過ぎと理解するべきだろうか？　そして、どしどしその正体を解明したものであろうか？　私は迷わざるをえなかった。あの鳩にしたところで、一応慎重に検査した上で、念のために穴のあいていない羽根を数本ぬきとり、翌日試験するつもりで机の引き出しに入れ、翌日取りだしてみると、これは不思議！　一本残らず一夜のうちに穴があいているではないか！　けれどもそれは秘密文書とは縁もゆかりもなかった。実は虱(しらみ)の仕業だったのだ！

今、私の前には一枚の白紙がおかれてある。ヴァン・デマン大佐は人払いをし、やおら私の方に向き直った。

「それを何とかできるかね」

「何ともできませんなあ」

私は正直に答えた。

隠しインク実験室

「ところが、それは何物かである」

大佐の口調は真剣だった。

「我々はある期間、メキシコである女を監視していたのだ。女にはあの国で活躍していたドイツ諜報員と密接な関係を保っている疑いがあったのだ。そのうちに女は国境を横切ろうとして捕らえられ、身体検査を受けたんだが、そのとき彼女の靴の踵(かかと)から出たのがこの紙なんだ」

「秘密の隠しインクですかな?」

「そうだろうと思うのだ。ともかく、ひとつ調べてみてくれたまえ」

いかにもヴァン・デマン式だ。彼の成功は主として部下に対する信任が篤(あつ)かったことにある。私たちは誰もが彼を敬愛していた。我々の仲間には彼のいい出すことに水をさす者など絶対にいなかった。私だって隠しインクについては、かつてイギリスにおけるスパイ活動の報告書中でちょっと読んだくらいで、隠しインクで書いた単純なものは熱を加えると現れる程度のきわめて一般的な知識以外、まったく無知であった。ただイギリスの報告書に、ドイツの最も優秀な化学者はスパイ用として熱をもってしても、また、その他どんな化学的試薬をもってしても現像することのできない秘密の隠しインクを発明したとあったので、最初から熱処理には信用をおかなかった。

しかし、そんな第一流のインクはまだアメリカやメキシコまでは来ていないのではないか。とにかく私はただちに国立研究所に電話をかけて、ワシントン在住の最も優れた化学者の名前を尋ねた。一時間とたたないうちにその人は私の事務所に座っていた。私が例の白紙を見せて一応の説明を終わると、その人は言った。

「私は化学はやっておりますが、秘密文書のことは一向に存じません。なぜ貴方はこれをイギリスの国立試験所に送らないのですか」

「そんなことをしていては三週間もかかります。ヴァン・デマンさんはぐずぐずするのが大嫌いなんです。紙の一部に熱を加えてみてはどうですか、私がやったんじゃ、紙を焦がしたり焼いたりする懸念がありますから……、あなたならやれるでしょう?」

「紙を損じないように焙(あぶ)るぐらいのことならできますよ」

「どうです、それではひとつ地下に行ってやってみましょうか」

私はせきたてた。

「ローソクの火でいいですか。それとも熱い鉄台がいいですか？」

化学者が、しかるべき器具が自分の実験室にあるというので、使いの者にそれを渡すようにと、さっそく助手宛の手紙を書かせた。

三十分ばかりで道具はきた。秘密の隠しインク即席実験室における我々の実験ははじめられた。

彼の馴れた指が紙を持って、焔（ほのお）の上をあちこち動かしながら紙の一部分に熱を加えるのを私は熱心に見つめた。何度も何度も彼は試みた。しかし努力が実を結びそうな様子はない。紙は依然として白紙のままである。仮に何か書いてあるにしろ、焙って出すことは絶望だと私は心の中で断念した。

すると突然、彼は叫んだ。

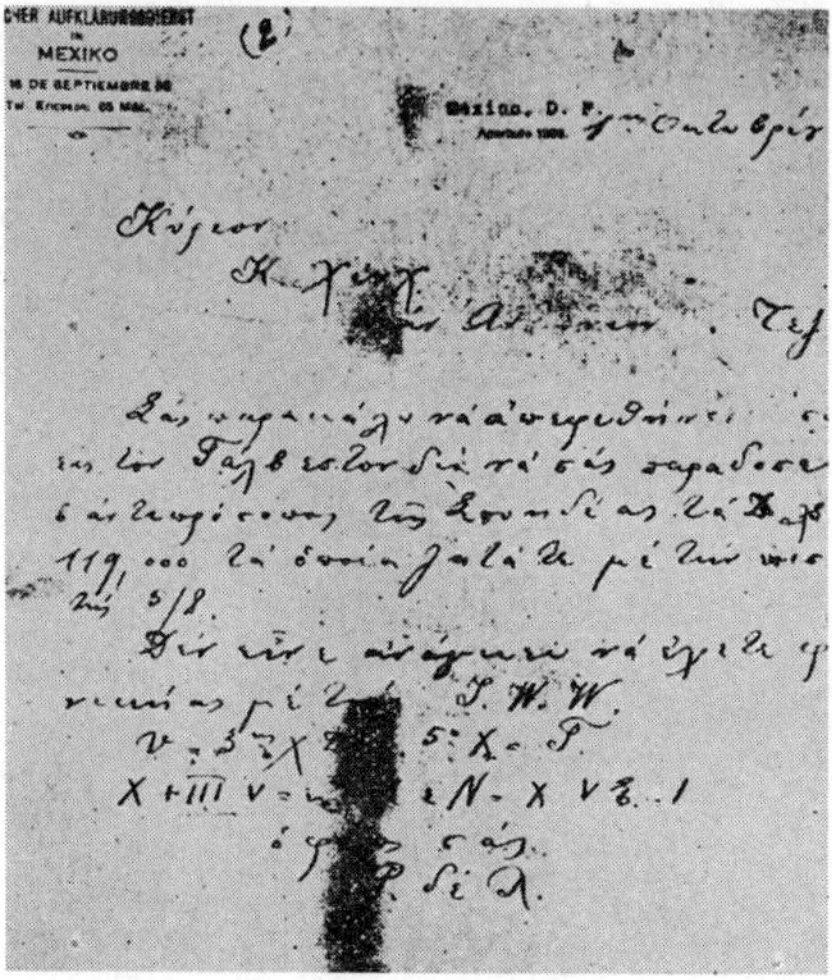
MEXIKO

Mexico, D. F.

焙り出された隠しインクの手紙

「何か書いてある！」

彼は一段と紙を火の近くにやってから、さらに電灯の下に持って行って、あたかも妖術（ようじゅつ）によって現れたかのような奇妙な文字を、私と二人であれこれ推測し合った。しかし我々の一心不乱な努力にもかかわらず、わずかな部分に現れた文字は見分けのつかないほど薄いものだった。多分ドイツ語か、スペイン語か、英語かで書いてあるだろうとは思われるが、はたしてどれであるかは見当もつかなかった。

夢か現（うつつ）か、ほんのり浮きだした線をたよりに、我々はなおも判読をつづけた。あるいは暗号かもしれない……。と突然、その紙の上に顔を差し出した瞬間、私の心臓はとまった。

「あっ、字が消えて行く！」

私は思わず大声をあげた。

しかし化学者はだいぶ自信がついたらしく、情けなさそうな私を見て笑い出した。

「焙ればまた出ますよ」

彼は私を安心させて「ここに複写室はありますか？」と聞いた。

「あります」

「カメラの用意をさせて下さい。もう少し強く焙っておいて写真に撮りましょう」

私はカメラの用意をさせると、希望と危惧（きぐ）とで胸をわくわくさせながら地下室に駆け降りた。あの男はああいうが、もう文字はあれっきり永久に消えてしまったのではあるまいか？　それとも一層濃く出てくるだろうか？

私は紙の上に顔を突き出して、危惧よりも希望の正しかったのを確かめた。たった今の今まで白紙であった上に、ありありと文字は現れてきたが、さて何の字であるかは見当もつかない。我々はそれをもって複写室に駆け込んだ。

「ギリシャ文字で書いてありますよ。カメラの用意はいいですか」

「ええ、いいです、いいです。いったい何と書いてありますか？」

私は興奮していた。

「わかりませんな、ギリシャ語の先生にでも読ませるんですな」

五、六分たつと複写室の鈍い緑光を浴びて、死人のように見える技手は、この不可思議な信書のコピーを数枚私に渡してくれた。

一見、あり得べからざるこの作業を完成した上は、ギリシャ語の先生を探すことぐらい物の数ではない。化学者が言明した通りの現代ギリシャ語で書かれた手紙は、たちどころに翻訳された。ヴァン・デマン大佐から白紙を受け取って数時間の後に、私は早くも回答を手にして彼の前に立つことができた。

手紙の内容はこうである。

「……君（ママ）
テキサス州サン・アントニオ
五―八日付ご書面をもってご請求になった十一万九千ドルは……（ママ）代表からお手渡しするでしょうから、即刻ガルヴェストンにおいで下さい。なおＩＷＷとの関係でご迷惑になるような儀は万々ありません。
貴方の友人　エル・ド・アール（L.deR.）より」

### ドイツ諜報員の隠しインク

私は興奮しきって自分の部屋に馳（は）せ帰り、ヴァン・デマン大佐の名で在ロンドン大使館付武官に打電し、隠しインクの実験に要する人員、設備について十分の指示を電報するとともに、この方面の教官として最も優秀な化学者を一人、大至急アメリカに出発させるようイギリス政府に要請させた。

武官からは折り返し返事がきた。イギリス第一流の隠しインク専門家エス・Ｗ・コリンス博士ができるだけ早く出発するという。実験室の設備に関する詳しい指示も電報してきた。そこで私はアメリカで最も優れた化学者数名をただちにＭＩ８付に任命させ、イギリスから受け取ったプランに従って実験室をつくる指図をした。

コリンス博士の到着するまでに、これらの化学者たちは隠しインクについてできるだけのことを知っておこうと努力していた。しかし古典や錬金家の手記にわずかに言及してあったり、百科事典に短い記述が出ているくらいで、たいしたことはわからない。やっとわかったことは、熱を加えさえすれば必ず現像されるところの果汁とか、牛乳とか、唾液とか、尿で書くといったふうの小学生程度の知識以上のものではなかった。だからアメリカの化学者が、すでに四年の経験を積んだドイツのそれと対抗しようとするならば、教師として隠しインクのことに通ずるばかりではなく、複雑なドイツの諜報網についても一応の知識をもつ人を迎えなければならなかった。

我々はこの要求にぴったり当てはまるコリンス博士の到着を今か今かと待ち受けていた。博士はイギリスの郵便検閲局に分析化学者として雇われ、すでに数年間恐ろしく度胸のいい敵国スパイの隠しインク文書を取り扱ってきた人である。

博士が到着すると同時に我々の訓練がはじまった。そして暗号解読係のような暗中模索もなく進んでいった。というのは、暗号の方では特定の仕事に対する適不適をあらかじめ知った上で人選を行うことはまったく不可能であったが、コリンス博士の助手になる者は、いずれも十分に化学的知識を備えた人たちであったからである。

博士は敵のスパイによって行われる隠しインクの使用と、それに対する実験室の必須条件などについて、明瞭な、そして興味津々たる講義をはじめた。

「皆さんご承知のように戦争の勃発当時、ドイツの化学は世界をリードしていました。そのドイツは、偵察にかけても戦闘同様完璧を期すために、国内の化学者を動員して連合国側化学者の分析を尻目に、さまざまな隠しインクを発明したのです。そして長い間ドイツの成功は絶対的でありました。そのありさまは、イギリスにしろフランスにしろ、一挙手一投足がことごとくドイツのスパイによって敵国の司令部に通報されていたので、十分おわかりのことと思います。イギリス、フランスもともに国境を通過する郵便物に対しては厳しく検閲を行っていたにもかかわらず、ドイツの必要とする情報は依然国外に出ているのです。隠しインクこそは、まさにドイツ諜報員の最も恐るべき武器だったのです。

彼等の通信法はなかなか複雑をきわめております。第一に何千という中継アドレスが用意されておりまして、隠しインクで書かれた手紙は中立国または連合国のうちでまだ諜報員に疑われていない国々にある中継アドレスに発送されるのです。我々の諜報活動に疑われないように巧みに工夫されたたくさんの中継アドレスを彼等は暗記させられるのです。そしてこの恐るべきインクを使って手紙を書くとき、必ず一度に三、四通書くことにしています。

インクが乾くと、今度は普通のインクで今まで書いたのと交差させて、あたりさわりのない社交的内容の手紙とか、商用文とかを書いて、三通なり四通なりを別々のアドレスに宛てて出すのです。つまりこうしておけば一通は必ず着くという計算なのです。中継を務める人間がそれを受け取ると、すぐドイツのしかるべき筋に差し出すのはいうまでもありません」

　博士は出席者を見回し、話を続けた。

「さらにドイツの諜報網に複雑性を与えるのは、例の中継アドレスが常に注視され、比較研究されていることです。つまり三通出した手紙のうち二通は首尾よく到着したが、残りの一通は到着しなかったとすると、彼等はたちまち第三番のアドレスが監視されているのを悟って、それを使わなくなります。そして代わりに別なのを選定します。ただ一例を挙げたにすぎませんが、それで全貌を推察することができようかと思います。

　宣戦布告後間もなく、ドイツにおける我々の密偵から——その男はすばしこくも敵国の密偵になりすましていましたがね——何千というおびただしい隠しインクで書いた手紙が検閲官の手を素通りしていることを聞かされたとき、実際我々は目がくらむほど驚きました。それに対抗する用意がなかったので、まことに重大な危機に陥ったわけです。そこで大急ぎで国内の化学者を動員して、ドイツの学者と頭の較べっこをすることになったのです。そうして苦心惨憺の結果、長いことかかって隠しインクの試薬を発見しました。ところがどうでしょう、発見してみるとドイツではもうまた別な、そして一層難しいインクを発明して使っているという始末です」

博士は「何か質問はありますか？」と言葉を切ったが、質問どころではない、一同は自分に負わされた責任の重大さを改めて感じたかのようで、質問などより博士に講義を続けてもらいたい気持ちでいっぱいだった。博士は続けた。

「そこでインクの携帯問題ですが、スパイがその筋の疑いを惹かないように持ち歩くには、なかなか巧妙をきわめた方法があるのです。あるときイギリスに上陸した二人の男が偽造旅券を持っていたので、その所持品を厳重に調べたことがあります。そして結局二人は密偵には間違いないが、秘密の隠しインクは持っていないという結論になった。ところが最後のどたんばになって、我々は彼等の天才ぶりを看破しました。

もし彼等がコバルト塩とかフェロシアン化カリとか、その他隠しインクの原料を公然と所持していれば、もちろん苦もなく没収できたのですが、一人は練り歯磨きの管の中に入れており、もう一人は石鹸の中に入れており、二人ともインクを高い濃度の形にしておいて所持していたのです。この経験によって、胡散臭い人間の所持品はこれまでより一層厳重に取り調べることになり、それがやがて驚くべき発見をする端緒となりました。

いったいにドイツの隠しインクは厳密に研究された化学的反応に基礎を置くものですが、同時に実際的であるべき点も十分に考慮してあります。ドイツの化学者はあらゆる知恵を絞って、発覚した場合に他の品物として通るようなインクの発明に努めたのです。だからその

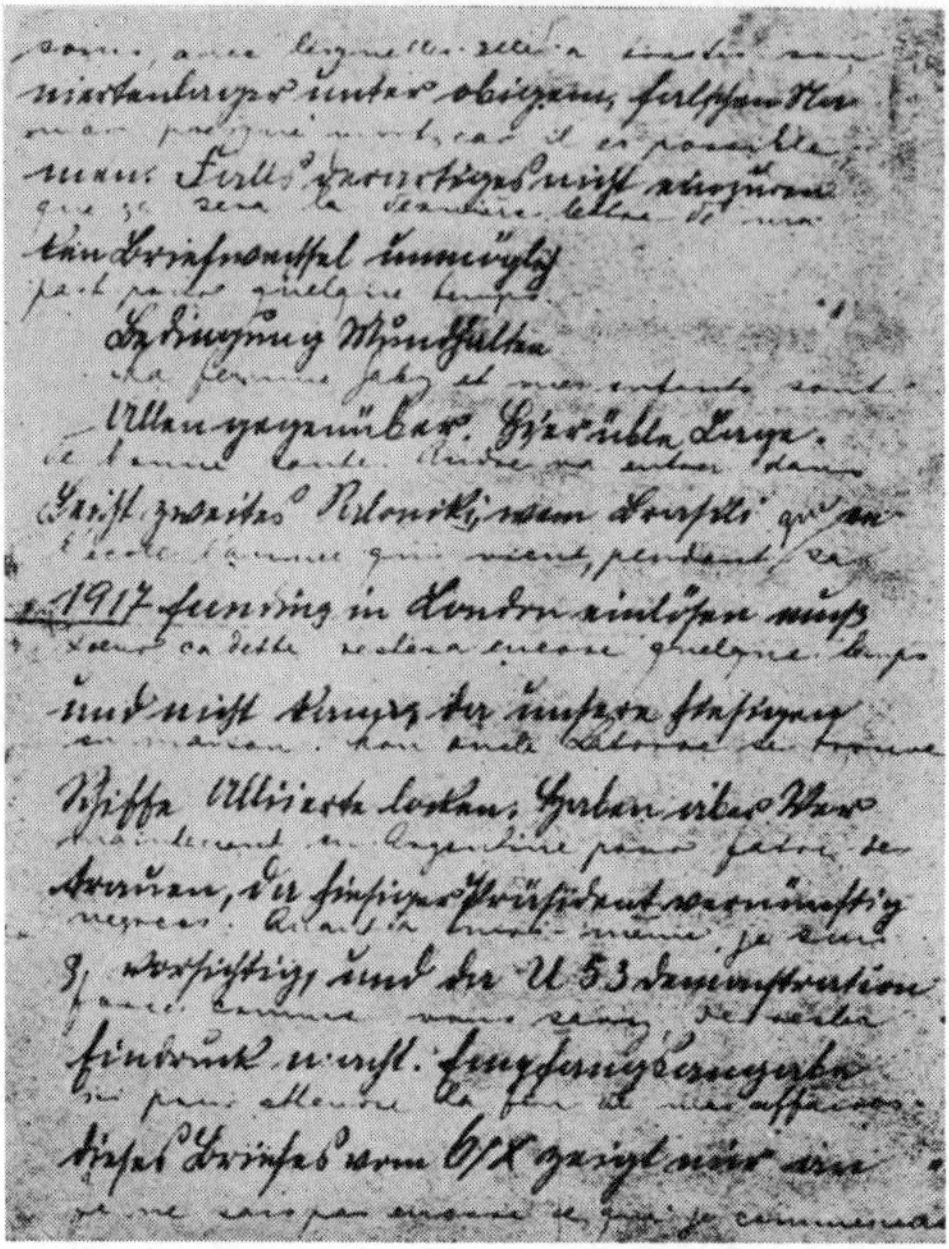

普通のインクで書いたフランス文の行間に隠しインクで書いたドイツ文の通信が現像されたもの（潜水艦戦について、ブラジルにいるスパイがドイツに送った文書）

インクのうちには大変に濃度の低いものもあって、分光器による分析で初めて銀の存在が発見されるようなのもあります。

またあるとき発見されたインクは香水の瓶に入っていました。つまりその瓶には十五立方センチメートルの無色の液体が入っていたのですが、液体は一見してよくある香水と見分けがつかず、あまつさえ希薄ながら香水の香りさえするのです。試験の結果、辛うじてそれが固形体を一万倍の溶液に溶かしたものであることがわかりました」

　博士の話は一同の関心と興味を完全に奪い取っていた。

「隠しインク製造術が進むに従って、ドイツのスパイが瓶の中にインクを入れて持ち歩くことは稀になった。今やその製造術のテクニックは異常な発達の域に達し、絹シャツ、ハンカチ、ソフト・カラー、綿製の手袋、絹襟巻き、ネクタイといったものにインクを染みこませて（もちろん変色しない）持ち運びできるようになったのであります。スパイはただそれらの品物を蒸留水または特定の溶液にひたしさえすれば、インクは自然に液体に溶け入るのです。そしてそれをインクとして手紙を認め、認め終われば液体を棄て、その着物を乾かし、次に必要が生ずるまでになおしておくというやり方です。ときにはインクを染みこませた服を着ている場合もあります。

　こんな例もありました。いくら調べてもインクを所持している様子がない。ところが男の黒いネクタイの一カ所に玉虫色の小さい斑点があるのが目についたので、蒸留水に斑点の一つをひたしてみた。すると蒸留水はみるみるうちに黄色に変わりました。そこで顕微鏡分析と分光をやってみると、銀の存在が証明されました。このスパイの持っていたインクは、普通の銀に対するイオンの反応ではどうしても現像することのできないものでした。

　我々はまた別の場合に、これと同じインクが靴下、黒い靴紐、燕尾服用チョッキの布で包んだボタンなどに染み込ませているのを発見しました。

　こうして発見をするたびに、インクの成分を断定するために非常に慎重な化学的実験を行わなければなりませんでした。十分に分析を行った上でなければ、最良の試薬は作れないからです」

　このときコリンス博士は、隠しインクについてドイツ諜報員の受ける命令、使用するペンと紙、隠しインクで書く場所などについて質問を受けた。

「ドイツの諜報員はインクの使用法について実に詳細な命令を受けるのです。しかしインクの成分などについてはまったく知らないし、諜報員の多くは自分の発送する信書がどんなふうにして現像されるのかも知りません。それからペンですが、彼等はペン先に玉のついたのを使うようにいい渡されております。そして滑らかな面の紙を避けて、ザラザラしたのを使います。

　よく彼等は封筒の糊代(のりしろ)や、切手の下などにも書きます。また封筒の裏付の薄紙に書いたものなどもありましたが、検閲官は手紙を再封するとき封筒の裏付を全部取り捨てることにしたので、彼等もその無効を悟ったでしょう。

　また中には念の入ったのもあって、絵葉書を器用に割いてその中に書き込んだり、写真の裏に書いたり、レッテルや新聞の切り抜きや、新聞切りばり帳に書いたりと、いろいろな芸当をするものです」

## ジョージ・ベークン事件の真相

博士の話は尽きることがないように思われた。そして博士はここで一息入れると「またインクの話に戻ります」と続けた。

「あまり古いことではありませんが、ドイツの化学者たちはとても素晴らしいインクを作り出しました。ところがイギリスがすぐにその現像液を作り出して驚かしたことがあります。その結果として、ドイツはイギリスにおける多数の諜報員を一挙に失いました。

この場合におけるドイツの化学者の目的についてお話ししましょう。そのときまでドイツのインクを現像するにはいくつかの試薬があって、いずれも有効でしたが、今度彼等は濃度をできるだけ薄くして、ただ一種類の試薬によってのみ現像されるインクを作り出したのです。そのためにイギリス側は非常に困難な立場におかれました。このインクをイギリスでは勝手にFインク、Pインクと名づけました。Fの方は濃度が非常に低いものでした。Pも相当低く、プロテーン銀を含んでいましたが、それに似た物質が膠状銀の名のもとに防腐剤として市井で売られている点で始末の悪いものでした。

さて、イギリスにおけるドイツのスパイ事件で最も有名な一つは『ジョージ・ヴォークス・ベークン事件』です。彼はイギリス、アメリカ、オランダと三国にまたがって活動し、なかなかの曲者(くせもの)でしたが、やはりPインクの使用者でした。

軍法会議で行った私の証言は、その男が死刑の宣告を受ける直接の原因になりました。彼は相当長い間注意人物でして、オランダのシュルツという者と通信をしていました。彼は自分で使っているインクの現像法も、その成分も知りませんでした。すべての書き方の訓令は、オランダのシュルツから簡単な暗号で来ていました。

そこでベークンはまたまたオランダからイギリスに旅行することになりましたが、彼に嫌疑のかかっているのを知ったシュルツは警告を出した。どんなことがあっても、例のインクを染み込ませた靴下を持っていっちゃいけない、と。そしてイヴニング・ドレスのチョッキの布で包んだボタンだけを使うことになっていました。このボタンも、やはりPインクを染み込ませてありました。

これを受け取ったのはニューヨークで、そのときの命令は『水の中で靴下の上の方を絞って薄いウイスキー色に変色してきたら、ある種の薬品を使う』とありました。手紙の中には靴下の溶液で書いたものもあり、さらにディナー・ジャケットのボタンの煎(せん)じ汁で記したものもありました。

その薬品というのは、わが当局がベークンを拘引するときに判明しました。『アージャイロール』と記した瓶が薬棚にあったのが運の尽きでした。そこで分析してみると、少量の銀成分が含まれていることがわかりました。だがベークンは否定しました。持薬兼防腐剤に持っていたんだと主張するのです。しかし退引きならぬPインクが靴下の中にあったので、ついに泥を吐きました。

実際、ベークンが不服を申し立てるときは大真面目でした。Pインクの化学成分について、私たちはそれ以前になにも聞いたことはないし、それがカラーゴールないしアージャイロールに類似しているなんて知るわけがないから、これは本当に防腐剤以外の何物でもないと思われました。

私はベークンの持ち物すべてについて試験をしてみましたが、靴下の溶液では濃度が恐ろしく低く、化学分析は不可能でした。最後に分光器試験をやったところ、初めて銀の成分を発見したのです。

そこでジョージ・ヴォークス・ベークンは一九一七年一月に死刑の宣告を与えられました。しかし自白の中では、自分は秘密のインクを顕色した覚えもなければ、その成分も知らないといい張りました。なお彼はこんなことを言いました。

『自分がニューヨークでサンダの事務所にいたとき、デンマークからの秘密通信を現像するのを見た。まず手紙を写真現像皿に入れる。それから二つの鳶色の瓶に入った無色の液体を注ぐ。すると二秒で字がはっきりと黒く浮かんでくる。そんな溶液を混ぜ合わすと、ぷすぷす白い煙が立った』

だが、ベークンはディナー・ジャケットの中のＰインクは白状しなかったので、公判後まで発見されませんでした」

以上がコリンス博士が語ったアメリカ人ジョージ・ベークン事件の真相で、世に出たのはこれが初めてであった。彼はイギリスの公訴によってアメリカが大戦に参戦する数カ月前に死刑の宣告を受けたが、合衆国政府の強硬な態度のため解放されて帰米し、改めてアトランタ刑務所で一年の禁錮刑に処せられた。

このジョージ・ヴォークス・ベークンの話は、私が一九三一年四月四日発行の「サタデー・イヴニング・ポスト」紙上に発表した一文中に使ったものだ。その数日後、私はベークンから非常に興味のある手紙を受け取った。これは事件の違った一面を語るもので、その内容は次のようなものである。

親愛なるヤードレー君

四月四日の「サタデー・イヴニング・ポスト」紙上に君が発表した『隠しインク』と

題する記事、誠に面白く拝見。しかし、ちょっと苦言を呈したいのは、ほんのわずかながら私に関するコリンスの報告中に正確を欠くところがある。

ついでだが、私は問題のイヴニング・ドレスの上衣の方を今も持っている。家内が先日、ズボンの方を作りかえて長男の半ズボンにした。もしできることなら、私がイギリスからオランダに出した手紙が「あぶり出され」て読まれたかどうかが知りたいものだ。それを書くとき、ヘイニーの連中に私が真実だと思わせておくため随分でかでか書き立てたものだが、本当のことなんか何一つ通信しやしない。知ってはいるが胸にたたんでおくだけで、手紙に書かなかったことが山ほどあるとはイギリス人も気がつかなかったのだ。

私はアメリカ人だが、元を洗えばイギリスの流れを汲む身なんだ。本心からいえば、自分以外のイギリスの血に繋がる人々の誰をでも危険に導くような真似を何を好んで私がしたろう。私としたことが、つまらないことをして危うく一命を棒に振るところだった。

当時の思い出は、あれ以来ずっと幽霊のように身辺を去らない。まったく偏執狂的な冒険で、うまくやりおおせたら探偵記事としての近頃の好読物が書け、これをどこかへ売り込むことでもしたら大変な人気で、洛陽の紙価を高からしめたかもしれない。だが私は決して秘密を漏らすまいと堅く自分に誓っていたから、記事などにすることはできなかった。

アトランタ刑務所を出たのが一九一八年一月、それからシカゴで陸軍に志願したが猛烈な近視、乱視のかどで不合格になった。ロンドンでベシル・トムスン卿(きょう)たちとつきあっていたころ、私は二十九歳で、強情で、ちょいちょい酒色に耽(ふけ)る愚か者だった。巨大な特ダネを求める私の計画に破綻(はたん)がきたとき、私はただ屈辱感に圧倒されてしまって、自身を弁護することもろくろくできないほどであった。

私が生き長らえられたのは自分の力ではない。私の母のセオドア・ルーズヴェルト大統領への哀訴と、それからイギリス人の寛仁と宏量とが、私のこの世での生活持続を許したのである。こうして君が自分の作中の人物の一人から手紙をもらうのも悪い気はしないだろうと思う。御作は当地で大好評で、ここしばらくは、私はこの界隈(かいわい)で歴史的人物で納まっている。あんまり芳しい歴史的人物ではないが。

敬具

ジョージ・ヴォークス・ベークン（署名）

## ドイツ対英米の化学戦

コリンス博士は、今度は現在ＭＩ８が直面している問題にかかろうといい出したが、我々はその前にもっと違った隠しインク・スパイ事件を話してくれと頼むと、博士は人の好さそうな微笑を浮かべて話をつづけてくれた。

「そうです、これはだいぶ以前の話ですが、ドイツのスパイでピッカルドというのがいました。この男は、その頃としては珍しいほど精密な隠しインクを持っていたんです。それ以前のドイツはレモン汁とかポタシューム・フェロシアナイド（Potassium Ferrocyanide）とか明礬とかの安直な方法に頼っていました。早い話が、これはヤードレー大尉から聞いたんですが、女の靴の踵から取り出した白紙から〝あぶり出し〟式に文字を出したもんだそうです。で、ピッカルドはスパイのかどで起訴され、一九一六年九月の軍法会議で死刑の宣告を受けました。彼はインクの瓶にアルコールと香水を少しばかり混ぜていましたが、これは万一の場合、この香りでごまかすつもりだったんです。

アルフレッド・ヘーンもピッカルドと同じインクを持っていました。瓶を二つ持っていて、一方には〝うがい用〟と書き、片方には〝歯みがき用〟としてありました。それからこれは後で発見されたのですが、海綿を一つ、カンヴァスのカラー三枚、襟巻きを一枚、全部例のインクを染み込ませてあるものを持っていました。ドイツ密偵としてのヘーンの任務は、病院船の動静を通報することで、彼の手紙が三本もわが国の検閲を素通りしました。

ところが一九一七年五月十二日に、ある探偵が彼の不在中、そのホテルに忍び込んで〝エディノール歯磨〟と書いた瓶を盗み出しました。その中にヘーンはインクを流し込んでいたのですが、私が分析の結果を報告するや、彼は時を移さず逮捕されました。

またあるときは、ドイツ諜報員がもう一人の諜報員に指令を発した手紙を我々が読んで、スパイの現場を押さえたことがあります。その指令はこんなものでした。

『ハンカチーフを浸すに足るだけの水を十五分ないし二十分沸かせ。それから匙に四、五杯の水を加えてさらに十分沸かす。その上で隠しインクを使ってよろしい云々』

それからまた注意を惹かない紙を使い、通信が一頁を超さない場合には、消える部分の終わりにストップと書く注意などがしてありました。このストップと書くのは、明らかに手紙を受け取って字を顕出する人間に無駄骨を折らせないためです。

教示はまだあります。『隠しインクが乾いたら、涙が出るほどの強烈なアンモニア溶液を混ぜて、それで紙の両面を拭くこと』というのです。両面を拭くのは、アンモニア溶液は紙を変色させるから、両面とも寸分違わないようにするためには非常な苦心がいります。こうした理由から常に全く別の色の封筒が使われたのです。

それがすんだら『紙をたたんで部厚い書籍の中に挟み、数時間その上に座って紙を平らにせよ。その後で見えなくなる秘密通信に斜交(はすか)いに普通のインクで月並みな挨拶などを書き込むこと』などと、如才なくしてありました」

　ここで私はコリンス博士の話を遮った。実はイギリス検閲機関の化学者がどうして暗号を発見するような方法を見つけたのかを是非知りたかったからである。博士は言った。

「さあ、私の知る限りでは諜報部がスパイを使って、まず、さる人間がドイツ間諜の仕事に従事しているといったようなことを聞き込みます。するとその男の所持品をいろいろ調べて秘密インクを染み込ませたものはないかどうかを見るのもよかろうし、暗号の根源を探るため、彼の出す手紙を調べるのも一つの方法でしょう。どっちの方法にしろ、成功すれば軍法会議の値打ちは十分ですから」

「なるほど、確かにそうですね」

「そこでです、もしその男の所持品にインクを染み込ませてあるとわかったら溶液を分析するんです。この方法で彼等の密書を復元する試薬がわかります。特殊な試薬を発見する方法は、これ一つしかありません」

「ごもっともです。その方法で特殊なインクに対する試薬を発見したいものですね。そうすれば一人のスパイ逮捕の報が本国に伝わらないようにさえすれば、ドイツ諜報員は知らぬが仏で、その後も同じインクを安心して使うでしょう。隠顕(いんけん)通信の科学はまだまだ幼稚なものです。とにかく今のところでは、すでに発見した試薬を使う以外には手も足も出ないのですから、それを実例で説明していただけますか」

私は博士に尋ねた。すると博士は手箱を開けて一枚の紙を取り出した（写真参照）。

隠しインクの密書に試薬を塗る

「この違った色の条はブラシでとりどりの異なった方式によって引いたものです。で、もしこの手紙が試薬もわからないインクで書いてあったとしたら、隠された文字を出すことはできません。ここで私が是非言っておきたいことは、現今、特殊な試薬がない限り、隠し書きされた文字を引き出すことはできないということです。だから我々は絶えず敵国に五、六歩遅れているわけです。

というのは、こちらがむこうの新しいインクを征服する新試薬を発見するころには、あちらではもう第二のインクを使い始めるからです。すべての隠しインクを共通に暴露する一般性のある試薬でも発見しないことには、我々がドイツ諜報員と競争しても、まず勝算はありません。フランスとイギリスの化学者はこの研究に没頭しています。

　そこで諸君にお願いしたいのはほかでもありません。どうぞこの一大発見、すなわち隠しインクによるスパイの手紙のいかなるものでも露出させてしまう試薬の発見の研究に加わってもらいたいということです」

　集まった化学者たちの中には何度も何度も頭を振っている人たちが多かった。これからの仕事が刻々と困難さを増してきているのがわかったからである。

　私はまた口を挟んだ。

「もう一つだけ言わせて下さい。そうしましたら私は自分の仕事に帰って、この化学の謎は化学者の皆さんにおまかせすることにしましょう。

　私が国務省にいたとき、スイスのベルンから来たこんな暗号電報を翻訳したことがあります。それによると、わが国の大使館員が宣戦布告の直後、ベルリンからスイス経由でアメリカを目ざしたとき、ドイツのスパイが一人のアメリカ人に近づいて『どうだ、お前がフランスを通るときに会った休暇中の兵卒の徽章（きしょう）を教えるなら、これをやるが』と、分厚い札束をひけらかしました。そうした方法で、つまりフランスのある軍団の在処（ありか）を探ろうというので

封筒の裏に隠しインクで書いたドイツ捕虜の秘密通信

す。そこでこのスパイがそのアメリカ人に指図をします。

『きれいなペンを冷水に浸して秘密通信を書く。前述のような方法で乾かす。隠し書きに斜交いに普通のインクであたりさわりのない文章を書く。そしてオランダやスイスの表記の個所に発信する』

　そこで私の考えですが、もしドイツの化学者が清水で書いた手紙を顕出することができたら、連合国が躍起になって完成しようとしている例の大発見だって、すでに成し遂げているに違いないと思うのです。私は化学者じゃありませんが、なんだかドイツ人が水で書いたものを復元できるとしたら、どんなものでも復元できるような気がするんです」

「その通り。不幸にしてそれに違いありません。その事についても我々は報告を受けています、その他の筋からも君の意見を裏書きする事実を耳にしています。残念だが、今日までのところは、我々はドイツの化学者に一本参ったとしなければなりません。疑いもなく彼らは、我々が寄ってたかって求めている一般性のある試薬を発見したんですよ」

「そうなると、これは思ったより厄介ですね。我々自身のスパイのために隠しインクを暴露してやる使命は、ひとつにわが国の化学者の双肩(そうけん)にかかっています。敵があらゆる種類のインクを顕出する秘密公式を編み出したからには、秘密通信をやる我々のスパイ全部の生命は、わずかに一本の糸で繋いでいるようなものです。この点では我々は手も足も出ません。新しいインクを復元することは無駄です。しかし、ひとたび我々がこの一般性試薬を発見したら、きっとその素晴らしい使用に対する防御法を案出できるでしょう」

「私が国を出発するとき、上司が私に与えた指示はこうなんです。後生だからあの一般性試薬を見つけてくれ。そしてアメリカをこの研究に引っ張り込むように口説き落としてくれ」

# 第四章　諜報員パトリシア

## ドイツに漏れた「大発見」

私は化学者ならびに彼らの異様な試験管や薬物に別れを告げて自分の事務室に帰り、我々の研究所とフランス、イギリスの研究所と直接連絡できるように御膳立てにとりかかった。

わが化学者グループは二組に分けられた。一組は例の大発見を求める研究をし、他方はコリンス博士の指導の下に専門的研究をするグループである。後者の研究中には隠しインクを現像後に元のままにして返すこと、手紙の開封と再封、手紙、外交文書、写真の偽造、破れたときなどのための紙や封筒の複製、消印の偽造、封印の変更または複製、等々が含まれていた。こんな仕事の中で、ものによると偽造・贋造（がんぞう）にかけてはアメリカで並ぶ者がないという悪の天才を雇い込んだこともあった。

　こうして連合国の化学者が必死に研究を積んだ結果、一般性試薬の発見という目的は暗中模索の状態から次第に近づいて、ついにただ一点の疑問を残すのみとなった。すなわち、もしドイツ人が水で手紙を顕出できるとしたら、明らかに試薬は化学反応に基づくものではない。では、水はペンが紙を傷つけないためだけに使われたのか？　それとも何か他に目的があってのことか？　どんな液体を使い、それが紙に触れたら表面の繊維を荒らさないだろうか？　といったような前提は、見たところ問題ないらしかった。

　そこで精巧な機械が取り付けられ、蒸留水で書いた手紙を撮影し、引き伸ばされた。それによると紙の繊維は明らかに水のために荒らされているということだけは判明したが、写真はついに何の結果ももたらさなかった。

　何カ月も何カ月も化学者と撮影技手は同じ問題で苦しんだ。なぜこうも熱心になったかといえば、一般性試薬がどんな形式であるにせよ、あの荒らされた紙の繊維の秘密を突き止めた以上、隠しインクの正体は判明したも同然である。

　それからわずか一夜にしてついに発見された！　だが秘密通信法に革命的変化をもたらしたこの発見は誰のお陰であろう？　それを知るのは困難だろう。連合国の数多い実験室間にはきわめて密接な連絡がとられていて、何か一つ新しい方法がわかると即刻、海底電線で知らせ合い、折り返し先方からまた返電が来るといった調子だから、この発見を一国、一人のせいにするには躊躇いがある。ただ長い間、夢想された一般性試薬をついに発見したというだけで十分だ。どんな大発見でもそうだが、この発見もご多分にもれず、からくりの蓋を開けてみると明々白々、かつ簡単きわまるものであったから、化学者たちも〈なあんだつまらない、こんなことがどうして今までわからなかったんだろう〉と茫然自失のありさまだった。

ガラス箱一つ、沃素の蒸気。種はそれだけだった。

隠しインクの手紙をガラス箱に入れて沃素を薄い蒸気に噴入させる。この蒸気が徐々に紙の微細な穴々、ペンと水とで荒らされた各繊維と繊維の間に落ちつく。すると肉眼でも文字の輪郭がはっきりと見られるというわけである。

この原理さえわかれば、もう金輪際、敵のスパイがどんなインクを使おうが少しも困らないことになった。沃素の蒸気を浴びせれば魔術のように隠し書きが現れてくるのだ。

喜んだのはアメリカと連合国側の諜報当局だった。我々の化学者はとうとう敵側の化学者と同レベルまで漕ぎつけた。しかし、それだけでは足らない。どうしても先方を凌駕しなければならない。ドイツもまた沃素蒸気か類似の方法を知っているのだし、コリンス博士が指摘したように、彼等は連合国側のあらゆるスパイの秘密通信を復元できるのだ。これらスパイの多くは逮捕され、死刑の宣告を受けた。彼等スパイは運を天にまかせるより仕方がない。

これら連合国側の諜報員たちを護るには、味方の化学者は沃素蒸気や類似の方法によっても看破されない隠しインクの方法を発見しなければならない。

この新たな大目標のために、わが化学者たちが精通しているうちの、最も当惑すべき問題が起こった。ほとんど信じられない話だが、我々は厳然たる事実に直面したのである。それは何かといえば、実験者からこんな報告が来たのだ。

「確実な筋からこれは隠しインクの手紙だと聞いているものでさえ、もはや沃素蒸気で看破することができなくなった！　いったいどうしたというんだ？　訳は一つしかない。我々の大発見がドイツの諜報本部の耳に入ったのだ。だから化学の造詣、神のごときドイツ化学者はさっそく沃素蒸気法では効き目のない隠しインクの方法を発見してしまった。この方法を得ようと連合国の化学者があれほど血まなこになって研究していたのに、やはりドイツ化学者は依然として我々より一歩進んでいた！」

沃素蒸気法の発見がこんなに早く敵に悟られ、その防御法が発見されようとは、ちょっと眉唾に聞こえる。発見についてこんなに早くドイツの諜報本部に通報されたことを理解するためには、諜報網の錯綜と二重スパイという陰険な手段とを頭に入れておかなければいけない。

これに関して思い出すのは、わが陸軍諜報部で、あるフランスの連絡係の将校が秘密講演をしたときだ。講演会は特に傍聴を許された各部門の責任者以外に、こんな会合があることが絶対に外部に漏れないようにというので、ものものしい警戒ぶりであった。講演を聴いた者はごく少数で、それもみな諜報将校であった。部屋のドアには錠が下ろされ、閂（かんぬき）までかけられ、盗み聞きをしたり、部屋に接近できないように廊下に番兵が立つほどだった。

この講演中、フランス将校はわが情報部の参考のために、微に入り細に入り、ドイツにおけるフランスの積極的情報活動を説き、敵地でのスパイ活動の情況を語った。それは必要な講演であった。その理由は、当時わが将校連はアメリカの積極的諜報法は不十分のものであるとして、その能率増進を目論（もくろ）んでいたからである。

ところがどうだ、秘密講演をしてから二日目にこのフランス軍の将校は本国政府から無電を受けた。密（ひそ）かに読んでみると「至急帰国して汝（なんじ）の無分別の申し開きをなすべし」とある。あれだけ諜報部から選（よ）りに選った少数の傍聴者が扉に鍵をかけ、閂をかけ、外には見張りを立たせて講演を聴いていたのに、人もあろうに、その傍聴者の中にこの講演をフランス政府に密告する者が混じっていたのだ。そしてこの密告を受けた先では、かかる講演は軽率千万と考えた。

思ってもみるがいい。もし米軍諜報将校の制服を着たドイツのスパイが傍聴者に紛れ込んでいて、驚くべきフランス諜報組織の大綱を本国に打電でもされたらどうする？　この無分別なフランス軍連絡将校の話は素早い秘密連絡網の一例で、これを頭に入れておけば秘密保持の問題全体がわかりやすい。その証拠に、わが隠しインク研究係の勝利がやすやすと嗅ぎつけられたではないか。

### 隠しインク摘出の試薬発見

わが化学者たちは再び新規まき直しをはからなければならなくなった。では沃素蒸気法の対策としてドイツはどんなことをしたのだろう？　どうしてやりおおせたのだろう？　ペンや液体で荒らされた紙の繊維、この荒れをどうして防いだのだろうか？

百回以上の実験を重ねた揚げ句、アメリカの化学者は一つの発見をした。それは隠しインクで手紙を書き、乾かしてから蒸留水に浸したブラシで軽く濡らし、再び乾かしてからアイロンで圧しつけると、沃素を浴びせられても文字は現れない。なぜか？　それは二度目に濡らすやりかたが紙の繊維全部を荒らしてしまうからだ。そうすればペンや液体からくる荒れは跡形もなく消されて、たとえ沃素を使っても紙全体が荒れているので文字の輪郭が現れる心配がない。

これは長らく待望された発見ではあった。ドイツはもはや、わが諜報員の隠しインク手紙を顕出できなくなるし、こちら側も敵の手紙を復元不可能になった。

これで双方の秘密通信の看破は、ぱったりと止んでしまった。とうとう我々はドイツ人に追いついたのだ。それでは今度は追い越すか？　そうはいかなかった。手紙が初め濡らされている場合を除いて、試薬を知らなくてはインクを復元する方法がわからなくなってしまった。いわばコリンス博士が到着したころの段階に戻ってしまったのである。

敵味方ともに行き詰まりではあったが、こちらには一つだけ利があった。我々は出し抜けにまた一つ重要な発見をしたのである。それは疑わしい手紙の上に二種の異なった化学薬品で縞（しま）を画く。もし二種の液体が一緒になって流れたら、この手紙は一度濡らされたという証拠だ。スパイででもなければ、この世に手紙を書いてはいちいち濡らす人があるはずはない。だから、インクを還元できようができまいが、濡らしたことがあるという事実だけでスパイの手紙だと証明し得るわけである。

しかしこれだけでは十分ではない。わが化学者は、たとえ濡らされた手紙でも片っ端からインクを顕出する試薬を発見しなければならない。

この機知と機知の戦争の結果、驚くべきことに過去の勝利の中でも最大の勝利を手にした。それは隠しインク化学に一つの新紀元を画する、いや完成の域に達せられた勝利がわれらの頭上に輝いた。それはどんな隠しインクを、どんな場合においても摘出する精巧無比な試薬の発見だった。

その試薬の諜報員の仕事における重要性もさることながら、これを厳秘に付す苦心も並大抵ではなかった。味方でもわずかに十二人くらいしかこれを知らなかったろう。だから敵の耳に入るわけがなかったのである。この原稿の中とはいえ、その化学公式の正体を記述することは発明道徳上控えなければならない。それは失望に次ぐ失望を味わい、連合国の化学者全員が長時間の実験を重ねた産物であるからだ。

ところがわが化学者たちがこの発見を完成して間もなく、わが国の検閲係がメキシコ国境で、ある手紙を押収した。その書状の二頁と三頁目に不可解な文字があったからだ。隠しインクの性質と隠し書きが示す計画の重大さが、この手紙が重要な諜報員から出たことを物語っている。

インクを還元していると、まずこんな文句が出てきた。

「私は貴方(あなた)に三人組の禁錮について手紙を出した……」

これは先ごろスパイ容疑で逮捕された三人の嫌疑者のことをいっているに違いないと私は思った。手紙は続く。

「できるだけ早くフランスに向かう連中のことを知らせよ。フランスが駄目なら彼等は逃亡の準備中だから……」

わが諜報部はそのころ、すでにドイツのスパイが一個連隊に少なくとも一人のスパイを置くという計画を探知していた。そこでこの手紙の署名は「パトリシア」という女性の名前になっているが、明らかに彼女はフランスに向かう仲間のスパイが、目的地に着いてからの行動について上司の指揮を仰いでいるのだ。それに関してまたこんなことを書いている。「このインクが良いかどうか迷っている。連中がフランスで何が貴方の役に立つかを知らせてくれ。今アメリカで巨砲使用の訓練中。その指導のため米軍将校がフランスより帰国しつつあり」

残念だが、このパトリシアなる女性は逮捕できなかった。これは西部沿岸のわが諜報員があまりに熱心すぎたからだ。

もう一つ心外なのは、例の不可解な文字がついに解読されずに終わったことだ。何か隠された意味があるに相違ない。写真を見ていただきたい、誰だって思うように、二行の詩の区切り印は滑稽だ。一行目の美なるもの、〝そは永遠の喜悦よ〟というのはキーツの詩『エンディミオン』の冒頭の句である。二行目の〝人間最初の不従順および禁断の果実とにより〟とあるのは、ミルトンの『失楽園』の始まりの一節だ。

写真の詩のところを調べると、各音節ないし一音節の文字の下には、一つずつしか符号が記してない。なのに二行目の「最初の」と「および」の二字にはふたつずつ印がある。そこがちょっと変である。読者はこの暗号の謎を解けるかもしれない。いや、それよりもパトリ

"hatless" she insisted on
taking my cephalic
index. You know how
it goes. You used to be
"bugs" on it, too.

I shall be pleased to send
the fashion sheets and the
face creams. My mother and
sisters join us in good wishes and
remembrances to all of you
& in hopes that you may
visit us again in the very
near future. Sincerely

Fairmont Hotel.

Theo dear,
The book is
here, it is just lovely &
reminds us of Hopkinson
Smith's "Under a White
Umbrella." Laura is
reading the latest war
book "Men in War" by
Andreas Latzko, an
Austrian Socialist. We
wonder the book is in
circulation here, as it is

パトリシアの密書の１頁と４頁目

obviously bad for the
morale of the country.
Last evening I succeeded
in seducing Laura away
from it for an hour
to read poetry - now we
read it something like this
A thing of beauty is a joy forever

Of man's first disobedience and the fruit

The long strokes are rests, of course
Do you like it. if you do I'll send
you more. I do hope the

censor is an artist or
he might cut it out.
Last Sunday we donned
our waterproofs and
sallied forth for a
wade in the most
luscious rain I ever
encountered. We did
a good six miles.
At the Muir woods inn
we fell in with Walter
our anthropologist - you
know, and as I was

パトリシアの密書の２頁と３頁目

シアがこれを見たらすらすらと説明してくれるかもしれないだろうに！

　この手紙でパトリシアは美容新聞と美顔クリームを送るといっている。前者は何のことだかわからないが、スパイはときどき隠しインクをクリームに入れて送ることがある。「巻頭索引」はわかるが、その字の下の図は完全な謎だ。

　この手紙につけても思い出すのはホプキンスン・スミスの名である。髪の赤い若いドイツ女――明らかにスパイ――が、かつて私のところの解読者の一人に向かって「あなたと私は同じ目的のために働いているに違いない」といった。名前はスミス・ホプキンスン、宛名はロサンゼルスの一銀行気付だといった。ロサンゼルスといえば、この手紙が投函されたサンフランシスコからたいして遠くはない。

　ホプキンスン・スミスと書くパトリシアが、髪の赤いスミス・ホプキンスン嬢と同一人か？　しかし両人ともに奇怪にも姿を消してしまった。

## 郵便物チェックのテクニック

　立派な仕事をしている隠しインク研究係は、決して研究のみに没頭できたわけではない。毎日解かなければならない暗号文書が山ほどある。この変則的な仕事に適応できなければ、経験ある化学者といえども、たいした値打ちはない。

われら一般国民の郵便物検閲が始められたとき、わが隠しインク係は数千の疑わしい手紙を取り調べる役目を負わされた。ひどいときになると、一週間に二千通の手紙をしらみ潰しに調べて隠し書きを探したこともある。この手紙の多くは一見怪しくはなかったが、万全を期すため各港を出入りする郵便物の一部は、必ずわが化学者の手によって取り調べられたのである。

怪しい郵便物には二種類あった。一つは注意人物に宛てられたもの、他は不審な点がある遠方の商売ないし社交の催しなどに言及したものだ。この手の手紙は「大手術」を受ける。すなわち、当時ドイツのスパイが使っていたことがわかっている化学薬品と同じ薬品を使い、徹底的に調べあげたのである。

わが研究所は隠しインクを顕出して撮影し終わると、元通りにする微妙な手口を編み出した。それは隠しインク手紙をこちらが読んでしまってから、先方に感づかれないように元の通りにして、なに食わぬ顔でそっと宛名人に送ることも時には必要になるからだ。時として、あわてて逮捕するよりも、なるべく多くの手紙を読ませてもらう方が得策である。

表面上は中立国であるはずの国の大使館、公使館、領事館などが、敵国に加担している疑いが起こった場合、外交文書革嚢(ポーチ)を盗んで中身を無断拝見する必要も生じる。そのときは、内容をすっかり写真に撮り、きちんと元通りにして表記されている宛名人に出す。この仕事はかなりの困難と危険をともなう。外交文書は必ず外交封印で厳封されているから、優秀な偽造の腕を必要とする。のみならず、どうかすると開封作業にかかっているとき、誤って封筒のどこかを破ることがある。そうすると紙をすり替えて破れたところをなくさなければならない。そのときは同一の新しい封筒を作り、外交封印と手跡の偽造、また場合によっては郵便スタンプの模写までしなければならない。

合衆国外交官、あるいはその家族が敵に内通しているのではないかという嫌疑を受けたこともしばしばあった。彼等外交官の通信は検閲を受けない特権があるから、これも密かに開封して内容を撮影する必要があった。

誰しも想像がつくだろうが、我々の仕事は辛(つら)いものだ。そして最大級の注意と熟練を要するものだ。手紙を開くには、煮えたぎる湯の入った薬缶(やかん)の口からぷうぷう吹く蒸気にその手紙を数秒間さらす。それから刃が薄くてきれいな柄の長いデスク・ナイフを封筒の口に差し込む。この間、手紙は噴出中の蒸気にさらしたままにしておく。次に刃を注意深く滑らせると、たいした困難もなく封筒の貼り口がスーッと離れる。

内容を写真に撮ってから、貼り口に残ったアラビア糊(のり)を蒸気で再び柔らかくする。もし再封できるだけの糊が残らなかったら、新しい封筒の糊の付いたところを湿(しめ)して擦(す)りつける。これは膠(にかわ)を付けるよりも成績がよかった。というのは、分量がかさばらず、かなりの粘着力があったからだ。膠だとべたついたり、汚くなったりして折角の仕事を台無しにするかもしれない。再封した後で封筒に少しでも糊がはみ出していたら、湿った吸取紙で軽くこすり、次に乾いた吸取紙で同じことを繰り返すのである。蒸気にさらしていたため、封筒の貼り合わせが変になったら、熱いアイロンでシワ伸ばしをやり、いやしくも我々が内密で拝見したなどという痕跡を残してはならない。

　開封したり再封したりするのは決して容易ではなかったが、それでも再封する仕事に較べたら開封は物の数ではなかった。再封の方がずっと熟練を要する。方法は封印の性質によっていろいろ違っていた。粗（あら）い小さな封印の場合には鉛の薄板にインドゴムを乗せたものを使い、圧搾機で押さえつけた。これは数秒間でできたし、あとでアイロンをかけたらシワ一つ残らなかった。

　完全な大型の封印となると、おいそれとは行かない。まずフランス・チョークで粉をつける。次に少量の油を含み、熱湯で温めた一片のペルチャゴム（マレー半島産のイソナンドラ・ガタ樹の凝液）を封印の上に乗せる。そしてペルチャゴムが冷えて硬くなるまで、上から押さえつける。それから、これも同じように熱した別のペルチャゴムを使って、黒鉛を生じさせ、最初のように圧力を加えて冷却したものから第二の封印を取り、再びすっかり黒鉛化してから、銅板電鍍槽（カパー・プレーティング・バス）に入れて電流を通す。電流の強弱によって我々が求める銅の堆積物を得るには通例二十分から、時によると一時間以上かかることもあった。その銅の堆積物をペルチャゴムから取り去ると、もう完全な封印になっている。最後に、その背面に普通のしろめ（白鑞）をつけ、ハンドルをつける。

この封印偽造よりも難しいのは外交文書から原封印を取ることであった。我々は小さな電気の熱板で蠟をある程度の温度まで温めたものだ。成功不成功の如何は、封印にいかに適度の熱を与えるか否かにかかっていた。いい潮時を見はからって小さなカミソリで蠟を封筒から削り取る。万一、封印を損じた場合には、この古い蠟を使って前述の型で複製できるわけだ。

そんな仕事は化学者の領分以外のものであった。そこで、この道の名人を隠しインク研究係に入れなければならないということは、関係者の痛感するところで、いろいろ物色の末、文書偽造と贋造の罪名で服役中の最も卓越した技能を持った男を二人探し当てた。彼等はいかんなくその天分を発揮して、例のＭＩ８の隠しインク分課の人々と協力して働き始めたのである。

私はいつ思い出しても面白いと考えることが一つある。かつて我々はメキシコ大統領カランサ将軍に宛てた手紙を開いて内容を撮影してくれと頼まれたことがある。そのとき、まず開封前に例の偽造の名手が小手調べに封印を模造した。ところが手紙を開き、内容を写真に撮り、再封緘してしまってから、ニセの封印がお粗末で到底相手を欺ける代物でないことが判明した。

さあ一大事だ。いったいどうしていいかさっぱり見当がつかなくなってしまった。すったもんだの揚げ句、その偽造専門家が「待って下さい、一つの封印を彫って現物に近いものができるかもしれんから」と言い出した。そこで我々がこの提案は善い（い）の悪いのと論争をしている間、彼は原封印をひねくり回して、ある一点を穴のあくほど見つめていたが、運よくも、その封印がスペインの古い珍しい貨幣でできていることがわかった。これで彫刻にともなう厄介な問題は解決した。完全な封印を作るには、どこかの親切そうな蒐集家から同じ貨幣を一つ譲り受ければそれでよかったのである。

**(注)** 我々の隠しインク研究の公式の記録は『一九一九年度米国陸軍参謀総長より陸軍長官への報告』の第九十九頁に左の通り出ている。

「MI8暗号係（コード・アンド・サイファー・セクション）・秘語と隠語。この課の活動範囲はきわめて重要なもので、その機能はドイツとの戦争以前には陸軍省や合衆国政府筋の大半にはほとんど知られていなかった。最後にこれが拡張されたとき、五つの係に分割された。隠しインク係はフランス並びにイギリス情報部と密接なる連絡により、従来知られていなかった最も有効にして、同時に最も危険なる化学力を駆使して絶大なる貢献をしている。五十に余る敵国課報員の密書が発見され、多数の逮捕者を見、敵の気勢を挫（くじ）いたのは一再に止（とど）まらない。郵便物検閲廃止以前、一週平均二千通以上の手紙が開封されて隠し書きの有無が調査されたのである」云々（うんぬん）。

# 第五章　美貌のスパイ、マリア・ド・ヴィクトリカ夫人

## 奪取した謎の手紙

「アントワープの美しい金髪女」として知られた有名なドイツの女性諜報員マリア・ド・ヴィクトリカ夫人。またの名をマリー・ド・ヴュッシェール、そのロマンスについては、随分といろいろな本に書き立てられたものだが、この女の活躍、露見、捕縛に関する真相を伝えたものは一つもない。彼女は一九一四年以来、イギリスの秘密探偵局につけ狙われていたが、最後に年貢を納めたのは、実にわがMI8の隠しインク係の功績によるものであった。

そもそもド・ヴィクトリカ夫人ほど図々しい危険なスパイはアメリカの歴史に人多しといえども、まず彼女をおいて他には見当たらない。彼女がこの国に到着してから逮捕されるま

での足跡は、残忍なスパイ物語であり、終わりなき破壊の記録であり、豊富な想像力を持つ小説家の荒唐無稽な夢をすら陳腐なものにしてしまうほどの波乱の物語である。しかし他の多くのドイツ諜報員と同じく、彼女もまたわが国の熟練した化学者たちをなおざりにしていた。その結果は、ついに化学者たちの試験管や、色とりどりの液体によって彼女の正体は白日の下にさらされることになったのであった。

一九一七年十一月五日、イギリスの当局は合衆国政府に対してある通報をした。これは直接にヴィクトリカ夫人に関したものではなかったが、後にこの通報が彼女の素性を洗う動機となった。その通報によれば、「氏名国籍ともに不明のドイツ間諜(かんちょう)が、最近スペインからアメリカに渡った」というもので、その「スパイの任務はニュージャージー州ホボーケン市シンクレア街二十一番地A・C・フェローズ（仮名）とロングアイランド島ウールサイド、イースト街四十三番地のK・ラム（仮名）に一万ドルを支払うことだ」と付け加えてあった。さっそくこの両人の住居を取り調べたところ、すでに二人とも行方をくらませて所在不明だった。だがそれ以来、両人の家には二十四時間態勢で厳重な監視がつけられた。

二カ月後、すなわち一九一八年一月六日、我々はフェローズ宛の手紙を手に入れた。消印がニューヨークなのに発信地は「マドリードにて、一九一七年十一月三日」となっている。イギリスから警報が来たのはこの二日後のことだった。

手紙それ自体がすでにぼんやりしていて、化学者が必死になって仕事にかかったが隠し書きは現れない。そのころ、わが隠しインク係の力量はまだまだ微々たるものであったから、この失敗はことさら我々の意気を阻喪(そそう)させるに十分であった。

四日後の午後遅く、我々の情報員の一人が息せききって研究所に飛び込んできた。よほど興奮していると見えて、日頃の沈着さを忘れて怒鳴り声を上げた。

「またフェローズ宛の手紙が来たぜ！」

封筒の両側はただちに撮影され、例の方法で蒸気の噴出するところに封筒の封じ目をさらしてから、注意深く開封した。文面は英語で、だいたいこんなものだった。

おなつかしいゲルハルトの奥さま

この前お目にかかりました節、ご存じのフランクさんからお便りのありましたことを申し上げるのをうっかり忘れました。ご記憶でしょうが、あの人は大変な病気で、幾月も仕事に手がつかなかったのです。ところが今度便りがありまして、もうすっかり元気になったから、また元の仕事にかかると申して参りました。本当に早く癒(なお)ってよかったと存じます。本人も手紙の中で長い間事務所に行かなかったので、随分商売で損をしたといっていますが、なるほどそれに違いないと思います。

で、あの人は今後も堅い決心で進もうとしています。あの人のどんなことにでも興味をお持ちになる貴女のことですから、この嬉しい知らせを是非お伝えしたかったのです。私は貴女の名前と自分の名前でフランクさんに優しい手紙を出そうと考えます。そうすれば私にとって一つの励みになるかもしれません。皆さまによろしく。貴女のことを忘れたことはありません。

貴女の愛するモードより

読者にはこの手紙に変なところがほとんど何もないように見えるかもしれないが、スパイの手紙というものは、通例こんな調子の筆法だ。どんな種類の病気でも、それは当該スパイが監視厳重のため十分活躍の自由が利かないという意味なのである。「病気治療」は、すなわち彼がもはや嫌疑が晴れたとか、監視の目を逃れたということを意味している。最後の数行の意味は、また密書が「お友達のフランクさん」宛に発送済みということだ。このフランクさんなる人物が、同じスパイであるのはわかりきったことである。読者はこれをこじつけ過ぎだと思うかもしれないが、まずは即断を下すのは暫く待っていただきたい。

この手紙についてはまだ説明の要るところが他にもある。宛名はフェローズ、差出人がニューヨーク百八番街九百三十二番地Eのデイ・クレーン（仮名）となっている。そのくせ内容は「おなつかしいゲルハルトの奥さま」で始まっているあたりに妙な矛盾があって、これなら駆け出しの探偵でも変だと気がつくだろう。

化学者の一人が聞く。

「百八番街九百三十二番地Eのクレーンを調べたかい、差出人があれになっているが」

「手紙と一緒に来た報告では、取り調べて何かわかったらすぐ電話をかけて知らせると書いてあるよ」

「そうか、では何か通知があったらすぐ知らせてくれ。隠しインク試験の助けにならんとも限らないから」

当時、まだ沃素蒸気法は発見されていなかったから、わずかにドイツのスパイが使っているらしいという噂の既製試薬でテストするより仕様がなかった。そこで化学者たちのチーフが手紙を広げ、器用な手つきで薬品に浸したブラシで文面を真一文字に横に撫でた。しかし何の反応もない。また別の薬品に浸したブラシで第二の線を引く。さらに第三の線を引く。隠しインクの痕跡が微かに現れた。驚喜した化学者のけたたましい叫び声が響いた。

「こりゃ君、Fインクで書いてある！　ドイツ語だぜ！」

「そいつを全部現像するのにどれくらいかかるだろう？」

「さあ、夜っぴてかかるかもしれん。こりゃ重大なスパイの密書だから、紙を破らんように手ぬかりなくやらねばならない。こういうのは残しておいた方がいい。あとでまた必要になるかもしれんから」

手紙を持って来た情報員が出て行こうとして、呼び止められた。

「ついでだが、お前の仲間に手紙が『おなつかしいゲルハルトの奥さま』で始まっていることをよく知らせておく方がいい。今見たところ何でもないようだが、これがなかなか臭い」

化学者が克明に隠しインクを顕出して、それを翻訳している間に、ニューヨークにいる情報員が奇怪きわまる事実をつかんだ。

差出人の住所である「百八番街九百三十二番地E」は下宿屋であったが、デイ・クレーンなどという者はいない。ところがこっそり調べた結果、下宿人の中のアリスン（仮名）という男が腑に落ちない点が多いので拉致した。この男はそのときニューヨークに碇泊中の汽船「クリスチアニアフィヨルド」号の司厨員だった。これをぎゅうぎゅう問いつめ、とうとう次のようなことを自白させたという。

彼がノルウェーのクリスチアニアから出帆する直前、メトロポール・ホテルの荷物運搬人から密かに二通の手紙を渡され、アメリカに着いたらニューヨークで投函してくれと頼まれた。一通はA・C・フェローズ宛、もう一通は九十六番街八百三十番地Wのフーゴー・ゲルハルト夫人（住所、氏名ともに仮名）だった。アメリカに入港後、彼は新しい封筒を二枚買った。それは元の封筒は彼が靴の中に忍ばせたりして運んできたために汚れてしまったからだった。そしてこの封筒に上書きを書き直すとき、差出人の名を変名の「クレーン」としたまでは上出来だったが、馬鹿正直にも自分の下宿屋の番地を書いてしまったというのである。

## ドイツ秘密工作員への指令書

我々アメリカ人の生命、運命を支配していた前記の秘密文書を我々が奪い、そして解読していなかったならば、ヴィクトリカ夫人は絶対に逮捕されなかったであろう。くだんのアリスンは、表書きを書き直したとき迂闊にも中身を入れ違えてしまったのだ。A・C・フェローズ宛のものはゲルハルト夫人に宛てられ、これはついに発見されなかった。それからゲルハルト夫人宛のものはフェローズの方に回され、これは押収された。

そこで捜査はゲルハルト夫人の身辺に移された。

この通知がニューヨークから到着するまでには、問題のゲルハルト宛の手紙は現像され、翻訳されていた。この書状（差出人の名がモードだから、俗に「モード書簡」と呼ばれる）は、かつて発見されたスパイの密書の中で、最も驚くべきものの一つであった。文言はところどころ意味が曖昧になる。これはドイツのスパイがよくやる手で、逮捕されたとき文句がはっきりしていなければ、陪審員の前でやすやすと有罪にされることはないからである。しかし真の意味は読者にもつかめるであろう。

では、多少の説明を加えながら「モード書簡」の隠し字の翻訳を紹介する。

「どうぞ紙の両側を調べて隠し字を探して下さい。私は十月に数通の写しとともに郵送した手紙を確証します」

スパイという者は常に手紙を二通、三通、あるいは四通の写しとともに発送するものである。

「貴方は今南米全体において仕事を自由に始めて（スパイとしての活動のこと）よろしい。そして大いなる戦時工業ドック、航海など貴方が最善と判断することに投資（爆破すること）されたい。西部において水銀採取の企業などは最も有望であると消息通は特に推薦している」

これは水銀鉱山の爆破を意味している。

「アメリカの大造船計画を考慮に入れて、かの地のドック等に投資することは好ましいが、貴方の商会が造船会社の株主である事実を銀行に知らせてはならない」

ドイツはアメリカのいわゆる「大造船計画」を心配していた。アメリカはドイツが無制限潜水艦戦術によって撃沈するトン数に相当するだけの船を建造しなければならない。ところがドイツは、そのスパイに命じてアメリカのドックを破砕せよ、ただし素性を知られないよう用心せよと命じている。次の文章がこの間の消息をより明瞭にしている。

「貴方のアイルランド人の友達は、かかる好方面に投機するに敏なるものと信ずる。故に彼等をこの件について一役買わせた方が計画を容易にするものと思う」

これは反英的なアイルランド愛国者に、大きな軍需産業、ドック、鉱山、汽船などを爆破する実際の作業をやらせた方がいいと勧めた文面だ。

「金はすぐ届く。のみならず南米の『諸会社』に立て替えさせる道を講じておいた。アルゼンチンでの仕事は後便あるまで中止せよ」

ドイツ政府はこの頃、アルゼンチンを手懐けようとしていたのである。そこで「仕事」は中止されたのだ。しかし「後便あるまで」ということである。

「これに反し、ブラジルは目下資本投下に絶好の地である。これに関しブラジル支部の特別の注意を喚起したい」

「これに反し」ブラジルはドイツに宣戦布告をした。ときに一九一七年十月二十六日。だから「資本投下」に好適なのは当たり前だ。

「メキシコは目下混沌たる政情で、見込み薄だ」

メキシコとドイツの関係を紛糾させるようなことは決してやってはならない。ドイツはすでにメキシコに中立を守ってもらうために賄賂を使おうとしていた（詳しくは第六章のナウエン暗号無線電信を見られたい）。なぜならば、メキシコはアメリカでのスパイの活躍を指導するのに理想的な場所だからである。

「草を分け、石を起こしても頼みになる中立国を求めよ。その前に安全なアメリカの『隠れ宛名』を得よ。それもドイツ式アメリカではいけない。純粋のアメリカでなければならない。それを一刻も早く知らせよ」

この次にオランダ、デンマーク、スイスにおける「隠し宛名」が数個書いてある。

このように堂々とした隠れ宛名は電信交換を大いに助けるものである。海底電線を利用するのは次のような理由だ。海底電信はすべて検閲を受け、宛名の場所を徹底

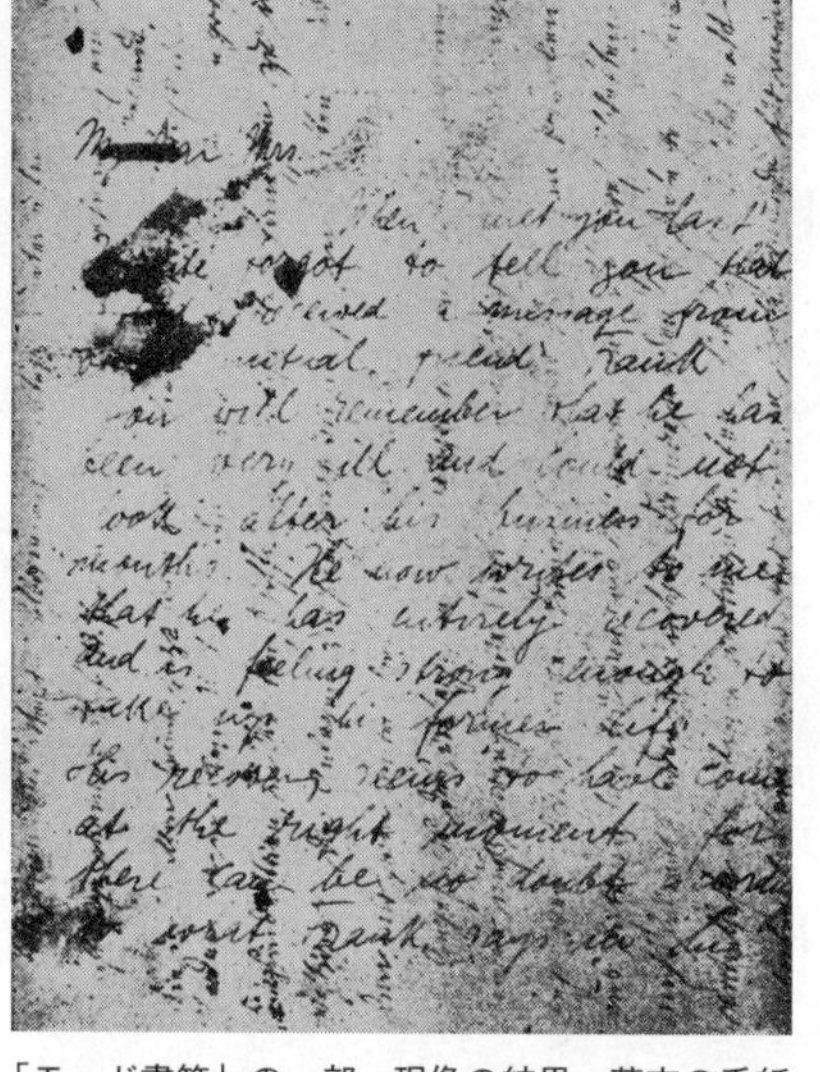

「モード書簡」の一部。現像の結果、英文の手紙と交差して隠しインクで書かれたドイツ文の通信が現れた

的に調査した上でなければ決して配達されない。そこで「草を分け、石を起こしても頼みになる中立国を求めよ。その前に安全なアメリカの『隠れ宛名』を得よ」、そうすればドイツのスパイなどとは疑われずに済むからというのだ。

「（一）もしアメリカとの商売（工作を持って探ること）を中止するとなれば『取消命令』を打電する。そして後刻、中止する商売の詳報を送る。

（二）もしまた、アメリカとの取引継続と定まれば『買い』の電報を打つ。その後で購入すべき品物、書類の詳細を知らせる。

（三）もし貴方の商会が、例えば損失により（逮捕により）当方の代理店として業務継続の見込みがなくなったときは『売り』の電報を打て。そしてヨーロッパにおいて扱われる有名なアメリカ企業の株の名、その他を報告せよ」

この文面にあるように、彼等の検閲官の目をくらます手口の巧妙なことはここでいうまでもない。差出人と宛名人とが注意人物でもない限り、この手紙は押さえようがない。なぜならば、どこから見てもこうした書き方の海底通信は、どこかの中立国にいる人間同士が投資の情報を交換している商業文としか受け取られないからである。

この次に出てくる一文などは、この「モード書簡」の張本人がアメリカと南米で、爆破にかけては全ドイツ諜報工作員の頭脳ともいうべき鬼才であることを如実に物語っている。

「いかなる場合といえども、損失や不運な投機が貴地における当方の事業全般の破滅を招かざるよう細心の注意を払っていただきたい。その理由から、現在の商会とは全然別会計の第二の商会を創立する必要がある。その第二の商会はアメリカの商法により、現在の商会の業務のいかなる部分にせよ責任を負う必要はなく、また内部的にも外部的にも現在の商会には関係なく、しかも当方とは直接取引するのにいささかの妨げにもならない」

これを見ると、ドイツの諜報本部はアメリカおよび南米で爆破などによる破壊工作を実行しようとしているグループが、わずか一団の人間が受け持っているのを知り、この手紙の受取人に命じて全然別個の「商会」を作らせ、「損失」や「不運な投機」のため「企業全体」の「破産」をきたすようなことがあっても、「商売」を続ける上には「現在の商会と内部的外部的関係」のない、別の「商会」が残るような処置を取れと命じているのだ。

そこで読者は、この隠し書きの解読がアメリカの情報組織にいかに大きな騒ぎを起こしたかを、容易に想像することができるだろうと思う。アメリカの刑務所は被疑者や抑留されたドイツ人で溢れるばかりであったが、また敵国スパイに対抗するために何百万ドルをもすでに費やしてはいたが、この手紙を読んで誰しもが一様に考えたのは、アメリカや南米で爆破の指揮をしているスパイの巨魁をいまだに摘発できないでいるということであった。

## 姿を消した金髪美人

「そいつは誰だ？」

「どこにいる？」

「どうやって見つける？」

　これが、当時、関係者の口の端にのぼっていた流行言葉だった。

「モード書簡」に関連する氏名は、九十六番街八百三十番地Wのフーゴー・ゲルハルト夫人を除く他は片っ端から徹底的に調べられた。そして綿密な調査の結果、ゲルハルト夫人はもう転居していたこと、それからフェローズに宛てられたが、うっかりゲルハルト夫人に送られてしまった手紙は配達人がアリスンの下宿屋に持ち帰り、主婦が焼き捨てていたことが判明した。

　その後の必死の捜査の結果、ついにゲルハルト夫人の現住所が発見されたばかりでなく、彼女が自分宛でもない手紙を多数受け取っていた事実も突き止められた。とはいえ、居所が突き止められた「ゲルハルト夫人」は一人の未亡人であり、一見したところでは貧困に苦しむ平凡な女であり、これが我々が探し求めているスパイの巨魁だとはとても思えなかった。

　よくドイツのスパイは米国の善良な市民の家を隠れ住所に使っていた。そして機関員の誰かをその家の主人公に近づかせて親しくさせ、着いた手紙を貰い受けて来させるのである。

我々はゲルハルト夫人がここ数カ月、怪しい手紙は一通も受け取っていないことを知ったが、以前に受け取った中に「ヴィクトリカという名前を見た記憶がある」ことを聞き込んだ。そこで私たちは至急電でその事実をイギリスの当局に連絡した。

イギリス検閲当局の仕事量は膨大で困難をきわめていたが、その方法は用意周到なものであった。海底電信、無線電信局が傍受したあらゆる通信は注意深く点検されるのみか、差出人、宛名人、その他通信中に現れたすべての名前は正確に、名、文言、出所などで分類されていた。

さて我々からの連絡で「モード書簡」の内容とヴィクトリカの名前を知ったイギリスは、折り返しヴィクトリカの名前入りの電文（古い綴込みから引っ張り出したもの）を送って来た。その内容は次のようなものだった。

「ドイツより

ニューヨーク、シュミット&ホルツ銀行御中

ヴィクトリカに弁護士よりの次の伝言頼む。条件より安ければ駄目。委細後より。最速の方法を手当たり次第とれ。市場きわめて不況。されど迅速に値つけせよ。当方の条件は社債発行。すでに認可済み。

一九一七年二月四日

ディスコントより」

我々は、そのときはこれがどんな意味なのか雲をつかむようなものだったが、暗号を書いたヴィクトリカの手紙の数通の隠し文字を顕出した後、この謎が解けた。すなわちこの電報はヴィクトリカ夫人に銀行から三万五千ドル引き出して、対米戦争が刻々と迫りつつあるから、どこか確実な場所に預けておけと命じたものだった。断っておくが、この電信の日付の前日に米独外交関係は断絶していた。

ニューヨークのシュミット&ホルツ銀行の話によれば、ディスコント・ゲゼルシャフト銀行と数回電信の交換をしたあげく、一九一七年二月二十日に現金で三万五千ドルをヴィクトリカ夫人に支払ったという。その日以来、彼女は二度と銀行と通信をしなかったが、当日、自分の宛名はファイ・ストリート四十六番地のフォリン・ミッション（仮名）だといって、紹介状や身元証明の渡航証明書を示している。

イギリスでは船客の全部が身体検査を受けることになっており、我々はカークウォール当局が保管しているこの船客の記録や、合衆国移民官の記録を通じてヴィクトリカ夫人についてもっと多くのことを知ることができた。

彼女は一九一七年一月五日にベルリン出発。スウェーデン、クリスチアニア、ベルゲン経由でニューヨーク行きの汽船「ベルゲンスフィヨルド」号に乗り、一月二十一日にアメリカに到着した。渡航証明書はアルゼンチンのもので、これはクリスチアニアのアルゼンチン領事が発行したものであった。

彼女と取り引きのあった銀行の人々の話によれば「凄い金髪美人。年の頃は三十五くらい」だったという。イギリスからの報告電にもこうあった。

「そのヴィクトリカとは一九一四年以来、当方探索中のアントワープ産の金髪の美人なりと信ずる」

フランスからは彼女がアメリカに到着する数日前に報告が来たが、それにはポンタルリエでアルゼンチンの市民、マニュエル・グスタフ・ヴィクトリカという者を逮捕したとあった。スパイ容疑で捕らえられ、戦時審議会の判決を待っているということである。ヴィクトリカ夫人もまたアルゼンチンのビザで航海したのだから、この両者間には何らかの関係があるかもしれないと思われた。のちにこの男は彼女の夫であることがわかった。

## 手紙から浮き出た謀略工作の数々

ファイ・ストリート四十六番地のフォリン・ミッションというのは、外国居留民がときどき出かけて本国からの郵便物を受け取る所だが、我々は彼女に悟られないよう静かに捜査を始めた。そしてここで密かに彼女に宛てた手紙を数通手に入れたのは大成功だったが、そのかわり彼女はその後ぱったりと姿を見せなくなってしまった。

この手紙をわが化学者が解読にかかっている間も、むろん味方のスパイは彼女の所在を知ろうと努めたが、徒労に帰した。

思うに、米独の風雲急におびえてしまって、自分の名前や住所を知っている人々の前から姿を消してしまったのに違いない。手紙の日付を見ても、これは納得できる。その書簡はみんなフォリン・ミッションに一年以上もほったらかしにしてあったから、手紙は読みたいが、それを取りに行くのを恐れたに違いない。

ついでであるが、手紙には一つも郵便局の消印がないのは面白い。たしかに渡航者の手によって、密かにアメリカに持ち込まれ、使いの者が配達したのであろう。

我々が最初に開いて読んだ手紙の内容はこうだった。

「親愛なる友よ

この手紙が貴女の手に届くまでに、私の一月八日より本月三日までの先便と、電信為替を受け取られたことと信ずる。貴女がさらに金を要求されたと銀行から通知が来たが、万事円満なる解決を望む。当方から本月四日に銀行に宛て貴女の弁護士より貴女への伝言を申し送ったが、これもお受け取りのことと察する」

これはヴィクトリカに銀行から三万五千ドル引き出せと命じた、例の隠語電報のことをいっているのだ。また手紙には「御機嫌如何(いかが)?　そちらの市場の景気は?」とあったが、これ

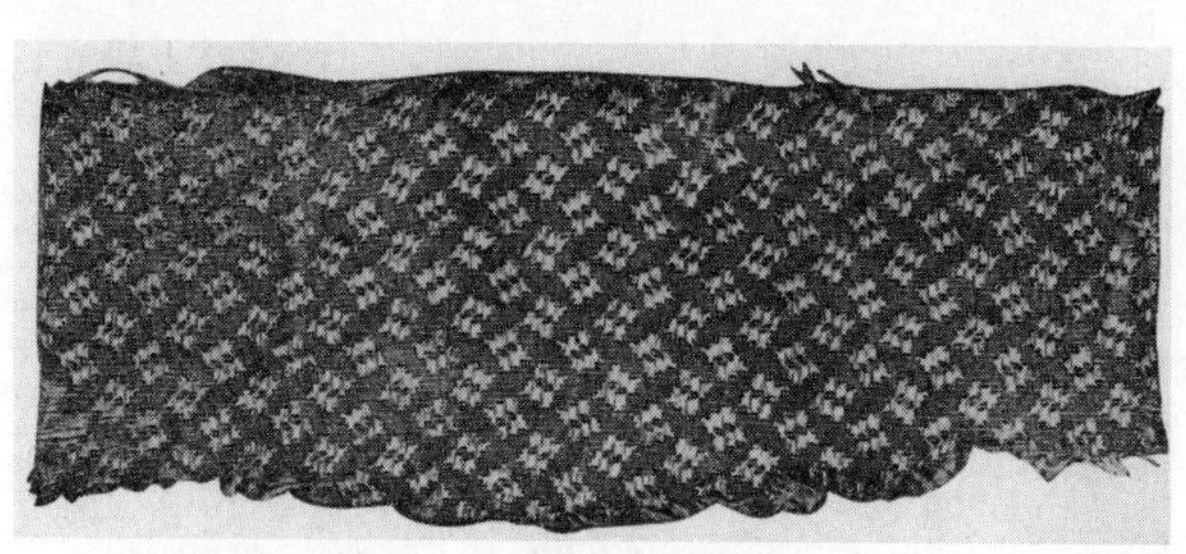

ドイツの諜報・工作員ヴィクトリカ夫人の隠しインクを使った襟巻き

はむろん彼女の活躍の成績を尋ねたものである。そして手紙はこう結んであった。
「さよなら御身御大切に、　フェローズより
　クリスチアニアにて　　　　一九一七年二月十三日」
　この手紙は隠しインクを使ってドイツ語で書かれていたが、翻訳ができるほど十分な文字の顕出は得られなかった。さらにその隠しインクには分解しやすい化学成分が入っていたうえに、手紙は書いてからすでに一年を経過していたから、文字は容易に姿を見せてくれなかったのである。三番目の手紙にはカリウム・アイオ・データム試薬なども見えたが、そんなもので隠し書き全部を看破できそうにも思えず、化学者たちがもっと精選された薬品を発見するころには、その手紙は滅茶滅茶に汚損されてしまった。だが幸いにも、まだ数通残っていた。それを日付の順に並べてみよう。
「親愛なるヴィクトリカ夫人
　あんな良い事情のもとに楽しい旅行をなさったと聞いて非常

ポンタルリエで逮捕したのである。彼はドイツ秘密情報局の命令でアルゼンチンのブエノス

一九一七年一月十日、すなわちこの手紙が書かれた二カ月前にフランス官憲は彼女の夫を

たか？　先日お目にかかったきり消息を承りませんが……」

「とにかくご旅行が楽しかったものと推察します。ときに御夫君から何かたよりがありまし

られるが、これを翻訳すれば「貴女は監視されていませんか？」という意味である。

容であることはいうまでもない。また手紙には「お体の具合はどうです？」という表現も見

ヴィクトリカ夫人の直接の上司が、監視を逃れようとして困っていることを伝えている内

ろと他の困難にぶつかりますが、今のところ無事なのは幸いです」

ん。しかし友人全体の助力を得て、結果が良好なものになることを切望します。毎日いろい

ます。が、目的は真の成功を収めることです。とはいえ、目下のところは成功はしていませ

「貴女はそちらで私の友人に会いましたか？　私は多忙で、これからする仕事も山ほどあり

工作に成功したことも報告しているのは動かぬ事実だ。

そして「私の支配人」が喜んだというからには、彼女はアメリカに着いてから一つか二つの

　この手紙はヴィクトリカが無事にアメリカに着いて、本国に通知したことを物語っている。

ザー牧師以外は全部知らせてやりました」

に喜んでいます。お手紙は私の支配人をも大変喜ばせました。もちろん貴女の友人にはファ

アイレスに行き、フランスやイギリスに向かう汽船の出帆を通報する任務を帯びていた。そして彼は一九一八年四月二十五日に戦時審議会から終身禁錮の判決を受けていた。それなのに神ならぬ身のヴィクトリカ夫人の上司は、彼女の夫の行方不明に気をもんでいたのだ。

「できるだけ早く通知して下さい。待っています。差し支えなければ電信で。時は金なりです。さようなら。願わくばこの手紙が貴女の最も健康なときに着くのを祈って。

一九一七年五月七日　　エー・フェルズ」

ところが、この手紙の中の隠し文字を摘出したところ、次のような驚くべき陰謀が明るみに出てきたのである。

「同じ媒介所を通じて電報した。速やかに金を安全な場所に移せ。媒介所を閉鎖のやむなきに至る虞あり」

　これもやはり例の三万五千ドルを銀行から引き出すことをいっているのである。

「到着の電信、早速受け取った。隠し宛名は……（この後にオランダ、スウェーデン、デンマークにおける名前番地が少し入る）。従来の暗号番号は廃止せよ」

　ここにヴィクトリカが発信するときに使う新しい暗号の鍵が入る。

「アメリカ沿岸にて（おそらくニューヨーク—ハッテラス岬間）潜水艦並びに帆船から材料袋を降ろすのに適当な個所を知らせよ。潮流なき場所……水深は二十メートル以内。メッセンジャーを貴地に上陸させることは可能なりや？　材料袋の沈下場所にはブイの目標を置くこと。スペインにて成功せり。承知ならば電報頼む。同時に沈下場所を指示せよ。計画を多数の者に洩らすべからず。書状にて計画の実行方法を報告せよ」

この文面が特に意義があるのは、ドイツ秘密情報局が一九一七年二月十三日に、早くも大西洋沿岸に秘密の潜水艦根拠地の開設を考えていたことだ。二月十三日といえば最初の手紙の日付だが、そうした陰謀がインク顕出によって解読できたのは、ドイツが公然と無制限潜水艦戦法を宣言した数日後になってからであった。

彼等ドイツの計画はきわめて迅速に運ばれたことは疑いない。何とならば、まもなく大西洋上には通り魔のごとくドイツ潜水艦が出没して、海運界に大恐慌を巻き起こしたからだ。それからドイツが巧妙に潜水艦根拠地をスペイン沖に持っていたのもまた明白な事実である。戦争中、ドイツ潜水艦のあの驚嘆すべき航続力を連想すれば、思い当たるものがあるはずだ。

その次の章には、またまた肝をつぶすような陰謀が書いてあったが、初めはあまりにも突飛すぎる内容だったから、真面目に受け取る者がいなかった。ところが後になって、これが正真正銘の計画だったことが確認されたとき、我々は身の毛もよだつ恐怖感に襲われた。

フォリン・ミッションで発見されたヴィクトリカの書簡の一通には、彼女を多くのカトリック僧侶に紹介したという内容のものがあった。そこで彼女が僧侶たちを騙して手の内に丸め込んでしまったのかどうかは知る術もないが、とにかくこの僧侶たちの陰に隠れて鉱山、埠頭、ドック、造船所、商船、軍艦などを粉砕し得る爆発性テトラをドイツから輸入しようと企んでいたことがわかったのである。さらに別の手紙には、この強烈な爆薬を子供の玩具に埋め込んで密送しようという計画も記されていた。

また別の手紙の隠しインクを還元したところ、すでにインクが分解していてところどころ読めない部分もあったが、非常に面白い内容だった。

「……働いてイギリス軍艦に……職工として乗り込むべし。軍艦内の軍需品は、かかる鉛筆棒に対し感受性を持つ。巨額の報酬を支出するも可。もし……超ド級艦を撃沈し得る。百万人の……において……役目……」

テトラ（テトラ四エチル鉛。可燃性の猛毒液体）を充塡した鉛筆棒を隠し持つのは、爆破を計画するドイツ

アメリカの宗教団体に宛てたヴィクトリカ夫人の信任状

工作員の定石であった。それはさておき、本題の隠し書きに戻って、爆薬輸入についてお伽噺のようなヴィクトリカの指令文を読んでみよう。

「電信にて信頼すべき僧侶を通じチューリッヒ貿易商に次の注文を発せよ。
一、三個の聖像を容れる祭壇。高さ二メートルの柱四本……六メートルの幅と三メートルの高さに釣り合う……。様式はルネッサンス（異様にして田舎風の塗り）」
この人造大理石で作った柱や聖像が、ドイツの強烈な爆発力を有するテトラを忍ばせるものだったのである。

読者はどうしてヴィクトリカが僧侶を手先に使って電報を打たなければならないのか、いやそれよりも、何故に電信などを出さなければならないのかと疑われるだろう。これにお答えするためには是非、イギリスの戦時電信、貨物封鎖を申し上げなければならない。

いかなる貨物といえども厳重をきわめた検査を通らずにイギリスに出入りすることはできない。イギリス人の胸にわだかまる心配は時が時だけに大きい。これは本当に商用や社交的な通信なのだろうか？　この商品は果たして注文主が受け取るのであろうか？　この電信や貨物にはドイツの陰謀が潜んではいないのだろうか……と。

けれども一人の僧が礼拝堂に飾るんだと称して聖像を電信で注文してきたならば、どんなに目の黒い検閲官だって疑いを挟む余地はない。ましてや、それが聖徒の神々しい像、柱、勾欄（宮殿や寺院などの廊下の手すり）の現品となって、検閲を受けた場合、さすがに疑い深い役人でも、まさか一皮むけばこの中から恐ろしい爆発物がごろごろ転がり出すとは思うまい。

私が先にドイツのスパイは陰険だと述べたのは、実はこのことである。しかしこの場合は男性の陰険にあらずして、女性の陰険であると私は確信する。ヴィクトリカ夫人の男性の上司が、そんな叡智を持ち合わせていようなどとは想像できない。先に解読された密書には、彼女の上司（「私の支配人」）が、彼女の手紙を読んで「大喜び」だったとあるではないか。もともとローマ・カトリックを奉じ、幾多の高名な僧正に紹介された彼女には、この陰険な手法はうってつけであったのかもしれない。

最初、手紙に計画の大略を述べ、上司に聖像製作の手配を頼んだのは彼女自身ではなかったか？

次の手紙はだいぶ長いから、まず隠しインクを還元して解読した手紙の最初の部分を紹介しよう。

「親愛なる友よ

去月二日および三日の通信ありがとう。貴女の伯父君からの手紙と一緒に入手。全く面白い。……一月二十五日の通信も受け取った。この方の書き方が先月二日および三日の分よりもはるかに優秀。

私のカリウム・アイオ・データムはいかが？　申し分なしか？……いいことを一つお知らせする。私の従弟オスカーが南部行きの旅行の途中お邪魔するはず。

万事お世話頼む。　　　　　　　　　　　　　　　　　　　　フェルズ」

手紙の中の「書き方」というのは、もちろん隠しインクのことである。そして「カリウム・アイオ・データム」などと手紙を還元してしまう試薬に言及するとは間抜けな大ミスだ。「オスカー」とはブラジルに向かう、これも重要なドイツ工作員の一人である。変名をたくさん持っていて、その手紙の多くを後日我々は押収した。

この手紙のインクを現像するとアメリカ国内の、あるいは欧州中立国内の隠れ宛名の長々しい表が出てきた。それからまたもや聖像輸入のことも書いてあった。このインクは非常に還元が難しく、文章も完全には読めなかった。だから、はっきり顕出した部分だけを掲げると、次のようなものである。

「……アメリカ軍艦内に諜報員を配し……百トンの帆船にて秘密材料を貴地に陸揚げしたい。その場所および方法いかがか？　パナマ運河に対する策はありや？」

この三つの項目は誠に得難いものだった。なぜなら、戦争勃発以前においてすらドイツはアメリカ軍艦にスパイを乗り込ませ、且つパナマ運河を爆破する計画を立てていたのがわかったからである。

私がここに引用しなかった手紙も少しはあるが、この手紙の日付、すなわち一九一七年三月二十二日からヴィクトリカの名を得る動機になった「モード書簡」までの間については、紹介洩れのものは一通もない。

これらの通信はヴィクトリカ夫人の指令の内容をまざまざと我々に見せてくれた。鉱山、軍需品工場、ドック、造船所、商船、軍艦の爆破。さらには「百万人の……において……役目……」とか「もし……超ド級艦を撃沈し得る……」とか、まさに色とりどりといっていい。さらにブラジルにおける謀略工作の計画、大西洋岸で材料を拾うのに便利な陸地に潜水艦根拠地を開設する計画、巨額な賞金を餌にアイルランド人、アメリカ人を軍艦に乗り込ませる陰謀、パナマ運河爆破の密謀、それから最後に奇想天外な聖像に爆発物を隠して輸入しようという離れ業などなどである。

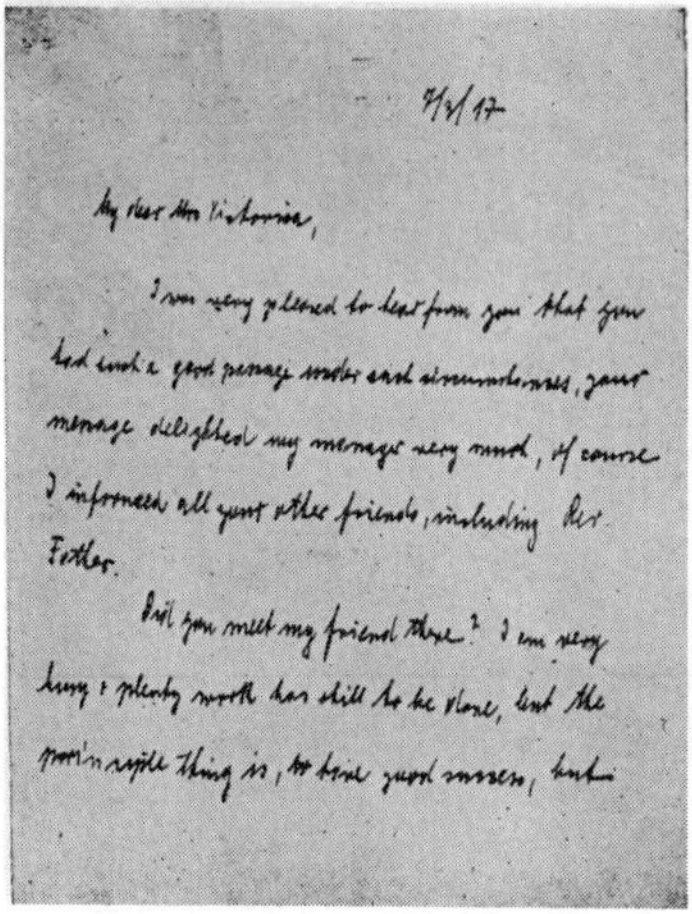
7/3/17

My dear Mrs Victorica,

I was very pleased to hear from you that you had such a good passage under such circumstances, your message delighted my ménage very much, of course I informed all your other friends, including the Father.

Did you meet my friend there? I am very busy & plenty work has still to be done, but the principle thing is, to have good success, but

ヴィクトリカ夫人に宛てた密書の１頁目

有名な「モード書簡」を読むと、いまさら

ながらヴィクトリカの重要な地位をはっきり理解できる。この手紙は彼女がたとえ逮捕されても後が困らないように「全然別個の商会」を創立せよと命じているが、女性の身でありながらドイツ諜報網の首魁として通って来たことは驚異に値する。それは別としても、ここに一回の支払いだけで三万五千ドルも受け取る女性がいたのだ。そんな大金を下っ端のスパイに前貸しするわけがない。

いまやヴィクトリカ夫人は、アメリカにおけるドイツ・スパイ団の押しも押されもしないボスであり、もし逮捕されたらドイツにとって大変なことだということがすっかり知れ渡っていた。しかし彼女の行方は杳としてしれない。かの金髪美人はどこにいるのか……。

## ついに逮捕された美貌のスパイ

在米ドイツ・スパイ団の指揮者ヴィクトリカ夫人の捜査は、実際、難航に難航を重ねていた。問題を表沙汰にして彼女に逃走でもされたら、それこそ虻蜂取らずになってしまうから、捜査は秘密裏に進め、からめとらなければならない。それだけに捜査は遅々として進まなかった。その行方の追及は失敗の連続だったけれども、もちろん巧くいったこともなかったわけではない。

ニューヨークのホテルや高級アパートなどはすべて注意深く調べられた。この捜査の結果、ついにヴィクトリカ夫人がアメリカ到着の日（一九一七年一月二十一日）にホテル・ニッカボッカに滞在した事実をつかんだ。彼女はしばらくそのホテルにいたが、二月三日に突如立去っている。

このあわただしい出発はどうしたのだろう？　その日、米独の外交関係が断絶し、ランシング米国務長官はドイツ大使フォン・ベルンシュトルフに帰国用のビザを手交しているから、それが原因で彼女は怖じ気づき、逃げ出したのだろうか……。

いや、そうではなかったのだ。捜査を続けたところ、彼女が同じ日にワイドルフ・アストリア・ホテルの宿帳に名前を書き留めたのがわかった。しかし二月二十一日にはまた姿を消している。その二日前、ドイツで「ダイナマイト・チャーリ」で通っているチャールス・ニコラス・ヴァンネンベルグが逮捕されたが、これに驚いて飛び出したか？　ヴァンネンベルグはあるサボタージュ（破壊工作）に関係していると睨まれたのであった。ヴィクトリカ夫人はこの男が口を割るとでも心配したのだろうか？

しかし我々は、たちまち彼女の新しい隠れ家を探し出した。ワイドルフ・アストリアを出たヴィクトリカは二月二十一日にスペンサー・アームスに現れて、豪奢なアパートを借り切っていた。そして、ようやく席が暖まりかけた九日後の三月二日、またまた消え失せてしまった。部屋代は六月二十日まで先払いしてあったのに。これで手がかりは完全に尽きてしまった。

二月に彼女は取引銀行とも連絡を絶ち、我々が数通の手紙を押収したフォリン・ミッションにも立ち寄らなかった。彼女をヴィクトリカ夫人と知る者すべての前から姿をくらませてしまったのか？　いずれにせよ、聖像の陰謀策を出すほどの冴えた頭の持ち主だから、そうやすやすと捕まるはずはない。

すでに我々は彼女がオランダやスウェーデン、スイス、さらにはアメリカ国内にたくさんの隠し宛名を持っていることは知っていた。この出しに使われた人たちの中には、ニューヨークに住む二人の女性がいた。もちろん二人に限らず、彼女の宛名人にされている人間はすべて厳重な監視下に置かれていた。

月日は過ぎ、ある日、味方の情報員（監視員）がこんな報告をしてきた。

「ニューヨークの二人の被疑者のうち片方の従妹である娘が、五番街で一区角を占領している壮大なセント・パトリック寺院に、奇妙なことに毎週、同じ曜日の同じ時刻に一分一秒も違わずに入って行く」というのだ。

一週一度、寺院へお詣りするのはちょっと面白くない。何を好んで同時刻（ちょうど薄暮の頃で、寺院の鐘が十五分過ぎの時間を知らせる時）に参詣するのか？　それ以来、この女性が寺院の門をくぐると同時に監視の目がそこここで光ることになったが、一九一八年四月十六日にいたって、ようやく彼女とヴィクトリカ夫人との関係をつかむことができた。

この日の夕方、街の灯がぽっかりと薄闇に浮かび、セント・パトリック寺院の鐘が十五分過ぎを報じてカラン、カランと鳴り響いた。すると、まだ十六歳になるかならないかと思われる例の痩せぎすの女生徒が、たたんだ新聞紙を大事そうに左の小脇に抱えて、やかましくクラクションを鳴らす自動車の洪水を突っ切り、振り返る気配もみせずに人混みをくぐり抜けて薄暗い寺院の中に消えていった。

寺院の内部は薄ぼんやりとしていて、まるで無人のようであった。ただあちらこちらに、ちらほらと跪いて祈りを捧げている人影が見えるくらいである。

痩せぎすの人影は会衆座席のところまで来て跪くとしばらく祈っていたが、急に立ち上がると新聞を後に残したまま、小走りに外の闇に吸い込まれていった。

彼女が跪いていた隣には、立派な服装をした猫背の男が、同じようにたたんだ新聞を左の小脇に抱え込み、やはり首を低く垂れて一人祈り続けていた。ここでもし読者の誰かが現場にいて、目を離さずに男を見つめていたとしたならば、相変わらずうやうやしく頭を垂れてはいるが、素早く新聞を先刻の娘が置いていったのとすり替えるのを見ただろう。それから胸に十字を切って起き上がり、新聞紙を小脇にしっかり抱えて群衆に紛れ込んでしまった。

我らの監視員がすかさず尾行についた。男はタクシーを拾ってペンシルヴァニア駅で乗り捨て、ロングアイランド、ロングビーチ行きの汽車に飛び乗った。そして目的地に着くと、またタクシーに乗って海を見下ろすナッソー・ホテルに入った。

男はロビーの安楽椅子に座ると、ゆっくりと煙草に火をつけた。

それから半時間近くが経ち、男が不思議な行動をした。誰かを認めた様子もなく、顔は無表情で、周囲を見回すでもなく、いきなりひょいと立ってどこかへ行ってしまったのだ。あとには寺院で娘がしたように新聞紙が残してあった。

ところが男が立ち去るやいなや、入れ違いにぱりっとした身なりの艶やかな金髪美人がやってきて、先の男の座っていた安楽椅子に腰をおろした。金髪美人は自分で持ってきた新聞を二、三部傍らに置いて雑誌を取り上げた。

女は十五分くらい座っていて、所在なげにページを繰っていたが、やがて猫背の男が残していった新聞を、過って自分が持ってきた新聞に巻き込んだかのように見せかけて、ごっちゃにして手に抱え、優雅にロビーを横切ってエレベーターに乗り込んだ。

新聞紙の中には、メキシコのドイツ公使フォン・エカールトの手元から出て、そっと国境を越えてきた二万一千ドルの金が挟まれていたのである。

そして女は、マリア・ド・ヴィクトリカ夫人。イギリスが一九一四年から躍起になって捕らえようとして捕らえられないでいた「アントワープの金髪美人」その人である。

今や彼女は「マリー・ド・ヴュッシェール」の名でナッソーのしゃれたホテルに泊まっているのである。このホテルから海は一望のもとに見え、軍需品や兵士たちを満載した軍艦や帆船が真ん前を航行して行くのが目撃できる。

一九一八年四月二十七日、すなわちホテルの安楽椅子で目撃されてから十一日後、ヴィクトリカ夫人は合衆国大統領の令状によって逮捕された。彼女の所持品の中には先の丸いペンが数本と、有名なドイツのＦインク（隠しインク）を染み込ませた白絹の襟巻きが二枚あった。

この著名な女スパイはれっきとした家柄の出であった。父は普仏戦争中のドイツ将校であり、軍事科学論の著者であるハンス・フォン・クレッチュマン男爵。母はプロイセンの外交官の娘であるエニ・フォン・ダーステット伯爵夫人。そしてヴィクトリカ夫人はヨーロッパの各国語を操り、大学の学位をあまた持っていた。一九一〇年には早くもドイツ外務大臣フォン・ビューロー侯に引見され、諜報員になることを勧められたのである。

合衆国官憲の訊問（じんもん）にかかったとき、ヴィクトリカは相当長い期間巧みに取調官の鋭い質問をはぐらかしていた。

「貴女みたいなドイツ人がですね、アメリカが貴女の祖国ドイツに対して宣戦を布告しようとしているのが明白になっていた一九一七年に、なぜわざわざアメリカにやって来たんです？」

「再婚したいばっかりにやって来ました。私、そういう以外に、何ともいえませんわ」

「本当ですかね。というと一九一七年には、ドイツにはあなたの相手になるような、若い男は皆無だったということになりますよ。アメリカで消費した金額は？」

「約一万五千ドル」

「何に使いました」

「ホテルの支払、生活費、下女の給料に充てましたが、私は下女に月給百ドルも払いました」

愚かなヴィクトリカよ。彼女は再婚を求めてアメリカに来たというが、なんと彼女が受けていた隠しインクで書かれた指令は、捜査員の手中にすでに握られていたのだ。滞米中に使った金はたった一万五千ドルと彼女はいうが、彼女が一度の支払いに三万五千ドルも支払った歴然たる証拠を、すなわちその受領書を取調官は見ているのだ。他にどんなに払いがあったかは知らないが、彼女に来た秘密指令には「百万ドルはいつでも用立てる」と書いてあったのだ。

取調官は彼女に安堵を与えるため、彼女の裏をかいて「これは欺されているな」と彼女が感じるように、わざわざいいかげんに彼女をあしらっていたのだった。ところが今や彼女は、その誇りとするプロイセン的勇気と伝統を一層必要とするにいたった。取調官は何の前置きも無しに、いきなり彼女にドイツのスパイとして活動してきた証拠を突きつけたからである。

これを見た彼女は「あっ」といって気絶した。そして身柄はベルヴュ病院の囚人室にかつぎこまれた。

連合国の諜報員たちの鋭い眼をたえずかすめて活躍すること数年、この見目麗しい才知ある婦人も、ついに年貢の納め時がきたのだ。他の成功したスパイたちと同様に、ヴィクトリカ夫人もまたドラッグ・アジクト（阿片やモルヒネの常飲者）の一人であった。

一九一八年七月八日、連邦大陪審院は彼女が戦時に際してドイツのスパイをやったかどで告発された反逆罪を受理した。しかし彼女は公判にかけられなかった。アメリカの司法当局者は、敵とはいえ祖国のために一身をなげうった彼女の行動に大いなる尊敬を払い、でき得る限り優遇したが、彼女は獄窓の中で急速に老いこんでいった。

彼女は美も魅力も失せ、心身ともにやつれて一九二〇年八月十二日、この世を去っていった。そしてニューヨーク州ケンシコの「天門墓地」に埋葬された。

# 第六章　盗み取った二通のドイツ暗号無電

## ドイツの暗号基地を探せ

一九一八年一月までの間にＭＩ８の秘語および隠語解読係の仕事は飛躍的に膨張していた。我々は自分たちのスタッフの養成以外に、在仏パーシング将軍麾下の暗号局付の新兵の教育もしなければならなかった。この二重の義務で我々の日常業務は大変に妨げられた。なぜならばアメリカ派遣軍の要望にそうため、我々は隠語や秘語を正確に読める将来有望な暗号解読研究者を、海外に派遣しなければならなかったからである。しかし残念ながら、フランスに派遣された暗号解読者の中でものになったのは二人だけだったが、これはＭＩ８の責任ではなかった。

正確な暗号解読者とはどんなものか、それは定義しにくい。あるタイプの心の所有者だ、と言うほかはない。その仕事は今までに経験したことのない、全く未知の世界が相手である。練達の士になろうとすれば、長年の経験を要するのみならず、多くの独創性と想像力を必要とする。私たちはこれを「秘語頭脳」と呼んでいる。これ以上の説明は私にはできない。将来有望な暗号解読者になり得るかどうかを判定する知力試験などというものはないからである。最も有望な研究者といえども、いざ全責任を負わさせると必ず肝心の暗号解読には失敗して、ただ事務的な仕事しかできないというケースもある。

私は後年、イギリス人、フランス人、インド人と共に研究する絶好の機会を持ったが、彼等もまた私と同様の経験をもっていたのを知った。英、仏、伊、米の連合暗号局では、この「科学」に数千の男女がその全知全能を打ち込んでいたが、この人々の中で、我々のいわゆる「秘語頭脳」の所有者はわずかに十二人いるかいないかだった。

暗号電報の実際の解読方法の軌跡をたどってみると、読者は必ずや暗号解読に成功した特殊な理知心に向かって多大な敬意を払うに違いない。次に挙げる暗号電報は、暗号解読史上で有名なものだが、暗号解読にはいかにこの特殊な理知心が必要であるかの実証になると思う。左側の括弧内のA、B、C……は電文の一部ではなく、参照用のために付加されたものだ。

## 暗号電報第1号のG

| | | | | | | |
|---|---|---|---|---|---|---|
| (A) | 49138 | 27141 | 51336 | 02062 | 49140 | 41345 |
| (B) | 42635 | 02306 | 12201 | 15726 | 27918 | 30348 |
| (C) | 53825 | 46020 | 40429 | 37112 | 48001 | 38219 |
| (D) | 50015 | 43827 | 50015 | 04628 | 01315 | 55331 |
| (E) | 20514 | 37803 | 19707 | 33104 | 33951 | 29240 |
| (F) | 02062 | 42749 | 33951 | 40252 | 38608 | 14913 |
| (G) | 33446 | 16329 | 55936 | 24909 | 27143 | 01158 |
| (H) | 42635 | 04306 | 09501 | 49713 | 55927 | 50112 |
| (I) | 13747 | 24255 | 27143 | 02803 | 24909 | 15742 |
| (J) | 49513 | 22810 | 16733 | 41362 | 24909 | 17256 |
| (K) | 19707 | 49419 | 39408 | 19801 | 34011 | 06336 |
| (L) | 15726 | 47239 | 29901 | 37013 | 42635 | 19707 |
| (M) | 42022 | 30334 | 06733 | 04156 | 39501 | 03237 |
| (N) | 14521 | 37320 | 13503 | 42635 | 33951 | 29901 |
| (O) | 49117 | 46633 | 02062 | 16636 | 19707 | 01426 |
| (P) | 11511 | 42635 | 11239 | 04156 | 02914 | 12201 |
| (Q) | 23145 | 55331 | 49423 | 03455 | 12201 | 30205 |
| (R) | 33951 | 38219 | 50015 | 04156 | 43827 | 06420 |
| (S) | 23309 | 19707 | 33104 | 42635 | 00308 | 29240 |
| (T) | 05732 | 54628 | 01355 | 39338 | 02914 | 12201 |
| (U) | 06420 | 11511 | 24909 | 27142 | 33951 | 49223 |
| (V) | 49618 | 42022 | 42635 | 17212 | 55320 | 15726 |
| (W) | 12201 | 06420 | 38219 | 21060 | 46633 | 37406 |
| (X) | 43644 | 33558 | 22527 | | | |

## 暗号電報第42号のD

| | | | | | | |
|---|---|---|---|---|---|---|
| (A) | 19707 | 21206 | 31511 | 31259 | 37320 | 05101 |
| (B) | 33045 | 28223 | 28709 | 24211 | 06738 | 28223 |
| (C) | 51336 | 28709 | 42635 | 42235 | 13301 | 33045 |
| (D) | 28223 | 51336 | 28709 | 42635 | 02408 | 49853 |
| (E) | 40324 | 19707 | 29240 | 33104 | 42635 | 47239 |
| (F) | 03237 | 38203 | 41137 | 20334 | 21209 | 24735 |
| (G) | 47239 | 30809 | 19003 | 36932 | 42635 | 49223 |
| (H) | 31416 | 46027 | 35749 | 33045 | 28223 | 28709 |
| (I) | 44049 | 02957 | 03237 | 55934 | 14521 | 21206 |
| (J) | 34842 | 03846 | 29913 | 37320 | 55927 | 02803 |
| (K) | 03455 | 12201 | 50015 | 34004 | 49542 | 38055 |
| (L) | 01936 | 50015 | 31258 | 21737 | 24909 | 32831 |
| (M) | 33951 | 05101 | 06738 | 28223 | 28709 | 24211 |
| (N) | 33045 | 28223 | 51336 | 28709 | 42635 | 42235 |
| (O) | 13301 | 06738 | 28223 | 51336 | 28709 | 42635 |
| (P) | 19707 | 49633 | 55841 | 42635 | 26424 | 45023 |
| (Q) | 09415 | 22436 | 36050 | 06738 | 28223 | 49633 |
| (R) | 28709 | 42635 | 34128 | 48234 | 49419 | 31259 |
| (S) | 55142 | 41111 | 33158 | 15636 | 54403 | 47239 |
| (T) | 01602 | 21630 | 02915 | 42635 | 28539 | 50015 |
| (U) | 55934 | 14210 | 37320 | 37112 | 41345 | 47239 |
| (V) | 19801 | 34011 | 06336 | 15726 | 47239 | 21060 |
| (W) | 46633 | 37406 | 43644 | 04628 | 33558 | 23934 |

右の二通の暗号電報はベルリン近郊のドイツの強力な無線電信局ＰＯＺ（ナウエン局）から地球の一万三千二百キロメートルの円周に向かって発信された。電報には宛名、発信人の名前はなくほとんど毎日繰り返し発信されていた。その中の一通は六十回以上も電信傍受専門の各地の我が局に傍受された。電報が無宛名、無署名で発信され、しかもこのような大円周に向かって発信されることは何か重要な内容が隠されているに相違ない。私たちは、これらはベルリンから遠距離にある敵地内、もしくは中立地内にいる、多分アメリカかもしくは西半球の国々（そこでは強力な発信局は許されないが、傍受を目的とする小規模な設備なら官憲の眼に触れずに設置は可能）にいる、ドイツ諜報員たちに向かって発信されているに違いないと考えた。

そしてついに私たちは、これらはメキシコに向かって発信されたものだと確信できる理由を発見し、且つこれらは、毎日メキシコ国内の不明の地点から強力な発信器によって発せられる不可解な電報に対する回答であることに見当がついた。このメキシコから発した暗号電報の適例を次に紹介するが、各行に繰り返し文字の多いことに、読者は注意をしてもらいたい。

HSI HSI HSI

DE DE DE
HSI HSI HSI
ATTENTION ATTENTON ATTENTION
WNCSL PYQHN CPDBQ TGCK I?
WNCSL PYQHN CPDBQ TGCK I?
WNCSL PYQHN CPDBQ TGCK I?
PERIOD PERIOD PERIOD
BREAK BREAK BREAK

まずHSIと相手局呼び出しをもって、この電報は始まっているが、公式に認められたこんなラジオ局はどこにもない。

毎夜、我々はこれを聞いているうちに、この通信を発信する技師はいつも異なった局を呼ぶが、決してその呼び出しに対して発信局名を明かしていないことに気がついた。これに力を得て、さらに注意をしていると、毎夜同一時間にこの電報が発信されるのを発見した。すなわち午後十時三十分、十一時、十一時三十分、および十二時だった。後になると、発信がたった三回に減らされ、しかもおよそ十時三十五分から十二時五十分の間に、時間を定めずに前よりも長電を発するようになった。当初は各暗号文字が繰り返される度数を除いて全文は同一だったが、数日後には、各暗号文字にわずかな変化があった。

これを送る技師は強力な発信器を使用している。すなわち送信はテキサス州ダラスで受けるのとサン・アントニオで受けるのと、全く同様の強力さをもっている。ときどきその送信凝縮器の音がサン・アントニオで聞こえるが、それは送信凝縮器の強力さと過充を示すものである。

この技師は非常にゆっくりと、且つ注意深く発信して、各字を五、六回繰り返す。そして本文を送る少なくとも五分間、時としては二十分間も呼び出し局を呼び続けるのが常だった。彼が強力な発信器を使用している事実は、私たちに彼が長距離に向かって発信努力をしていることを確信させた。彼の送信がゆっくりとして注意深いこと、また信号を繰り返すことは、一語一語が正確に相手に受信されている証拠になった。

彼は返信を受け取らない。また決して返信をも期待していない。何となれば、電報の結末には毎夜送る最終のもの以外には、必ず彼は「待て」(Wait)という文字を打ち、最後のものにだけ「終わる」(Finish)という文字を打つ。これらの事実は、彼がある一定の順序のもとに発信している明らかな証左であった。

## ドイツの暗号文の特徴

メキシコ国境に沿う各地で、私たちはラジオの電波方位探知機を使って、この不思議なラジオ発信局の正確な位置を発見した。もし読者がラレードで、あるラジオのメッセージを受けたとしよう。まず地図の上に一線を引き、さらにこれをデル・リオで受けてもう一本の線を引く。この二線の交差する地図上の一点が、そのラジオの電波を発信する地点なのである。

私たちが驚いたのは、二直線がメキシコの強力無線局所在地チャプルテベクで交差したのだ。メキシコはドイツとぐるになっているのか？　リオ・グランデを横切って活躍しているドイツのスパイがベルリンに報告を送るために、メキシコの無線局を使用することをメキシコ政府は許しているのだろうか？　チャプルテベクはベルリンからメッセージを受けて、これをメキシコ・シティーの駐墨西哥（メキシコ）ドイツ大使に渡しているのかと、結論するよりほかにない。

ベルリンからメキシコに向かって発信される暗号電報は、前記のごとく一つの数字群の字数は五文字から成っているに違いない。そして無署名、無宛名のところを見ると、極秘な内容に違いない。これは一つ解読をやってみようじゃないかということになった。

前記二通の暗号電報を見ただけで、この二通は同一の隠語で縮められていることが確認できる。例えば 42635, 19707, 47239 等の五数字組み合わせが最も多く繰り返されている事実に注意する必要がある。暗号解読を便利にするため、前記の二通の暗号電報中、どの五数字組み合わせからなる数字群が最も頻繁に繰り返されているかを次頁に列挙しよう。

次の図表は五数字組み合わせ暗号の頻出度数を説明してあるだけではなく、数字として最も小さいのは00308、そして最も大きいのは55936であることを示している〈編集部注、第1図参照〉。ここに使用された隠語は概算して六万語、あるいは句を含んでいることを示している。これは暗号電報として決して長文ではない。普通、暗号電報は十万、あるいはそれ以上の語句を含んでいるものである。私たちは経験から、十万語を含む暗号は、稀に使う語や固有名詞などを除けば、たいがいの言葉は表現できると思っている。稀な語や固有名詞などは暗号電報中に一文字一文字綴られるか、もしくは暗号であらかじめ一定されていれば、綴り字によって表現することができる。

故に私たちが取り扱っている暗号は、ただの一万におよぶ日常語しか対象にできない。あとの固有名詞、図表、成句、あるいは文章のためにはどうしても五万語はなければならない。暗号はまた、最も普通に用いられる日常語一千語に対して、種々異なった隠語群を持たなければならない。これらを私たちは「変種」と呼んでいる。英語ではTelegram（電報）、you（君は）、your（君の）が「変種」になりやすい。前記のナウエン局の暗号帳によれば、you（君または君を）には次のような「変種」がある。

### 第1図　ナウエン局発五数字組み合わせ暗号の頻度数

| | | | | | |
|---|---|---|---|---|---|
| 1-00308 | 1-09501 | 1-21630 | 1-30809 | 3-38219 | 1-49117 |
| 1-01158 | 1-11239 | 1-21737 | 1-31258 | 1-38608 | 1-49138 |
| 1-01315 | 2-11511 | 1-22436 | 2-31259 | 1-39338 | 1-49140 |
| 1-01355 | 6-12201 | 1-22527 | 1-31416 | 1-39408 | 2-49223 |
| 1-01426 | 2-13301 | 1-22810 | 1-31511 | 1-39501 | 2-49419 |
| 1-01602 | 1-13503 | 1-23145 | 1-32831 | 1-40252 | 1-49423 |
| 1-01936 | 1-13747 | 1-23309 | 4-33045 | 1-40324 | 1-49513 |
| 3-02062 | 1-14210 | 1-23934 | 3-33104 | 1-40429 | 1-49542 |
| 1-02306 | 2-14521 | 2-24211 | 1-33158 | 1-41111 | 1-49618 |
| 1-02408 | 1-14913 | 1-24255 | 1-33446 | 1-41137 | 2-49633 |
| 2-02803 | 1-15636 | 1-24735 | 2-33558 | 2-41345 | 1-49713 |
| 2-02914 | 4-15726 | 5-24909 | 6-33951 | 1-41362 | 1-49853 |
| 1-02915 | 1-15742 | 1-26424 | 1-34004 | 2-42022 | 6-50015 |
| 1-02957 | 1-16329 | 1-27141 | 2-34011 | 2-42235 | 1-50112 |
| 3-03237 | 1-16636 | 1-27142 | 1-34128 | 16-42635 | 4-51336 |
| 2-03455 | 1-16733 | 2-27143 | 1-34842 | 1-42749 | 1-51636 |
| 1-03846 | 1-17212 | 1-27918 | 1-35749 | 2-43644 | 1-53825 |
| 3-04156 | 1-17256 | 8-28223 | 1-36050 | 2-43827 | 1-54403 |
| 1-04306 | 1-19003 | 1-28539 | 1-36932 | 1-44049 | 1-54628 |
| 2-04628 | 8-19707 | 8-28709 | 1-37013 | 1-45023 | 1-55142 |
| 2-05101 | 2-19801 | 3-29240 | 2-37112 | 1-46020 | 1-55320 |
| 1-05732 | 1-20344 | 2-29901 | 4-37320 | 1-46027 | 2-55331 |
| 2-06336 | 1-20514 | 1-29913 | 2-37406 | 3-46633 | 1-55841 |
| 3-06420 | 2-21060 | 1-30205 | 1-37803 | 6-47239 | 2-55927 |
| 1-06733 | 2-21206 | 1-30334 | 1-38055 | 1-48001 | 2-55934 |
| 4-06738 | 1-21209 | 1-30348 | 1-38203 | 1-48234 | 1-55936 |
| 1-09415 | | | | | |

※各欄左側の数字は度数を表す

you …… 49138　you …… 06439　you …… 13542　you …… 57754

you …… 19327　you …… 20648

「変種」は暗号解読者をまどわすために使用される。右に挙げた例でいえばyouという一文字に対して、暗号解読者は六通りの異なった暗号を解かなければならない。暗号はまた数百の「贅字（ぜいじ）」を持つ場合がある。暗号解読者をまぎらわすために、暗号全文中にやたらに入れておく全然無意味な暗号文字のことである。

この暗号が贅字、成句、変種、文章を合わせて概算五万の組み合わせを持つとしたら、同一組み合わせ文字の繰り返しはわずかなはずである。しかし、もし隠語が単一語から成っているなら、そして贅字、変種、成句または文章がないならば、すべての語や成句は常に右と同様の方法で送ることができる。この場合、繰り返しの度数が非常に多くなる。

第1図を参照して比較的使用される度数の多い組み合わせを次に挙げて見よう〈編集部注、第2図参照〉。

前記の二通の暗号電報は、組み合わせ語数二百七十九にすぎない。この組み合わせ語数二百七十九の暗号電報中に、そのうち一つの組み合わせ語が十六回も繰り返されるというのは

第2図〈出現頻度の高い五数字〉

| 数　　字 | 頻出度数 | 数　　字 | 頻出度数 |
|---|---|---|---|
| 42635 | 16 | 12201 | 6 |
| 28709 | 8 | 24909 | 5 |
| 28223 | 8 | 06738 | 4 |
| 19707 | 8 | 37320 | 4 |
| 50015 | 6 | 33045 | 4 |
| 47239 | 6 | 15726 | 4 |
| 33951 | 6 | 51636 | 4 |

第3図〈279語における同一文字列の頻出度数比較〉

| ナウエン局発暗号電報中 | | 新　聞　記　事　中 | |
|---|---|---|---|
| 数　　字 | 頻出度数 | 語 | 頻出度数 |
| 42635 | 16 | be | 4 |
| 28709 | 8 | in | 4 |
| 28223 | 8 | to | 3 |
| 19707 | 8 | with | 2 |
| 50015 | 6 | will | 2 |
| 47239 | 6 | by | 2 |
| 33951 | 6 | is | 2 |
| 12201 | 6 | has | 2 |
| 24909 | 5 | at | 2 |
| 06738 | 4 | this | 1 |
| 37320 | 4 | for | 1 |
| 33045 | 4 | which | 1 |
| 15726 | 4 | that | 1 |
| 51636 | 4 | they | 1 |

奇妙ではないか？　二百七十九語を書いて、そのうちの特に一語をこれだけ繰り返すのは可能だろうか？　試みに新聞の一つの記事を取り上げて、二百七十九語を数えてみていただきたい。どの語が一番多く出て、何回繰り返されているか。電報文ではほとんど必要のないaやtheやofは省略していい。

かかる実験によって私が発見した頻出度数は四である。その言葉は四度出てきた。私は他の普通の語を注意し、第2図のそれらとその頻出度数とを比較してみた〈編集部注、第3図〉。新聞記事中で最も頻繁に出てきた語はbeで、四回出てきた。暗号電報中で最も頻繁に出てきた隠語は42635で十六回出てきた。つまり四対一の割合である。

この理由は何か。かかる頻出度数の多い隠語はいかなる種類のものか。この二つの暗号電報はドイツの強力なナウエン局から、多分メキシコに向かって発信されたという事実を頭にとめておいていただきたい。

読者はウィルソン大統領が大戦参加に先立って議会で読んだ、あのセンセーショナルなツィンマーマン・カランザ通牒（つうちょう）を想い起こすことと思う。この通牒において、ドイツ外相ツィンマーマン氏は、もしメキシコがアメリカに対して干戈（かんか）（武器）を取るならば、メキシコに財政的援助を与え、かつニュー・メキシコ、テキサス、アリゾナ諸州を与えることを約束したものである。

この電報は一九一七年の初め、アメリカの大戦参加直前にイギリスの暗号解読局が解読した。ドイツは独墨間の最近の暗号が連合国側に解読されたことを知った。そこで新たな秘密通信を実施しなければならなくなった。とはいえ、駐墨ドイツ公使に新しい暗号帳を送るのは、ドイツ政府にはほとんど不可能であった。暗号帳は厖大（ぼうだい）で、検閲官の眼をごまかすことができないからである。ところがまもなく、独墨間の通信が新暗号帳によって行われている事実を私たちは知ったのだ。

## ドイツの暗号電文を解剖する

詳論に入る前に私たちは、その暗号がどんな種類で、いかなる国語で交わされていたのかを研究しておく必要があろう。普通に考えればドイツ語かスペイン語ということになる。だが、この両語を実際に当てはめてみたが駄目だったので、英語を当てはめてみた。そこで、ここでは英語で取り交わされたという仮定のもとに検討を進めてみようと思う。この方が証明するのに手間がかからない。

科学的に組み立てられた新暗号は、私たちが今まで経験したような反復の多いものではなかった。だからこれはA・B・C暗号と仮定しよう。すなわち暗号中の言葉、あるいは意味はアルファベット順に並べられ、数字は１２３の順序に並べられてある。

第1図を参照すると、第4図に示すごとく互いに酷似した数字の組み合わせの数対を発見する。

もしも暗号帳がアルファベット順で配列されているなら（されているに違いない）英語のABC順に正確な組み合わせで数字の位置を定めることができる。そこで英語の大辞典が役立つことになる。

前記の二通の暗号電報中の最小の数字組み合わせは00308でaをもって始まる語に一致し、また最大の数字組合せは55936でyもしくはzをもって始まる語に一致するという仮定のもとに解読を進めてみよう。

第1図における最後の三つの組み合わせ数字に注意していただきたい。55927，55934，55936である。いずれもこの組み合わせは559で始まっている。これはアルファベットの最後に近い部分の字にあたるに違いない。zをもって始まる語はごく稀なので、まず捨てる。yをもって始まる語に違いない。55927および55934はそれぞれ二回使用されていることを忘れるな。これらは普通の語、しかもyをもって始まる語に違いない。

私が手近に置いた唯一の辞典は『*Appleton's New Spanish Dictionary*』だ。私は英西語彙部のyのところまで開いて、四欄にわたるyの字を探した。youなる語が目立った。youにすぐ続く語を次の通り紙に控えた。

**第4図（酷似した数字の組み合わせ）**

| | | | | |
|---|---|---|---|---|
| 02914<br>02915 | 21206<br>21209 | 31258<br>31259 | 49138<br>49140 | 55934<br>55936 |

これは偶然の一致ではない。各一対は英語で近接した語を意味する。例えば次のようにである。

| | | |
|---|---|---|
| 02914 arrive<br>02915 arrived | 21206 go<br>21209 gone | 31258 mail<br>31259 mailed |

you　youngling　yours
young　youngster　yourself
younger　youker　youth
youngish　your　youthful

今や55927はyouに等しいことがわかった。55934と55936ははたして何に等しいか、すぐわかる。

55927 = you　55932 = youngster
55928 = young　55933 = younker
55929 = younger　55934 = your
55930 = youngish　55935 = yours
55931 = youngling　55936 = yourself

この数字の組み合わせは、この特殊な辞典にぴったり当ては

まる。なぜならば、

55927 = you, 55934 = your, 55936 = yourself,

という結果を得たからである。しかもこれらの語はいずれも非常に普通のものである。

私たちは間違いなくこの三語 you, your, yourself を引き当てた。

はたして前記の二通の暗号電報がこの英語辞典を暗号の基礎としているのか、初めの三語が頁数を示しているのか、最後の二語が行数を示しているのか？　そうではないようだが、我々の発見は偶然の一致では断じてない。

再び二通の暗号電報中の隠語を調べて見よう（第1図参照）。最初の三数字の連結は003から559までである。最後の二つの数字を表にして見よう。そこでどんな名案が浮かばないとも限らない。

数字は01から62までである。私たちは全体で二百七十九の暗号を持っているが、そのいずれもが最後の二数字が62以上がないのは何故なのか？　残りの63から99までの数字はどうして現れないのか？

その理由はたった一つしかない。もしも最初の三数字が辞典の頁数を示すものとし、最後の二数字が語あるいは行数を示すものであるとするならば、最後の二数字があまり高くならないものと見なければならない。辞典一頁には六十語以上を含むことは稀だからだ。これが63―99の数字がない理由である。しからば00がないのはどういうわけか？　暗号帳においては01の前になくてはならないはずだ。辞典の各頁の最初の各語は01によって指示されなければならないのがその理由だ。00を用いる必要はないのである。

同一語は常に同一の方法で表現しなければならないから、辞典の使用は頻出と反復の度数を高めることになる。辞典は暗号の生みの親だ。ドイツ政府は諜報員を使って駐墨ドイツ公

第5図（最後の2字の数字）

| | | |
|---|---|---|
| 01 | 26 | 51 |
| 02 | 27 | 52 |
| 03 | 28 | 53 |
| 04 | 29 | 55 |
| 05 | 30 | 56 |
| 06 | 31 | 57 |
| 07 | 32 | 58 |
| 08 | 33 | 59 |
| 09 | 34 | 60 |
| 10 | 35 | 62 |
| 11 | 36 | |
| 12 | 37 | |
| 13 | 38 | |
| 14 | 39 | |
| 15 | 40 | |
| 16 | 41 | |
| 17 | 42 | |
| 18 | 43 | |
| 19 | 44 | |
| 20 | 45 | |
| 21 | 46 | |
| 22 | 47 | |
| 23 | 48 | |
| 24 | 49 | |
| 25 | 50 | |

使に、電報暗号の基礎として英語辞典を使用するよう、検閲官の眼を盗んでまんまと訓令することに成功したのである。

あまり骨も折らずに、私たちはすでにyou, yourおよびyourselfの三語を解読した。だが有名な前記二通の暗号電報を判読するのは容易ではない。しかし私たちは重大な発見をしたのだ。数時間の努力の後に、私たちはドイツの暗号専門家をギャフンと言わせたのだ。

では、本当に全文を解読できるのか？

最も頻出した数字の組み合わせ42635を慎重に解剖してみよう。42635の起こる位置、この数字暗号の前後を示す第6図を見てもらいたい。第一号暗号電報のHの行において、第一行は42635の接頭語として01158が先行し、さらに接尾語として04306が後行していることを意味する。

この図表により42635は同一の接頭語にしばしば先行されるが、異なる接尾語にいつの場合もほとんど後行されているのがわかる。42635は明らかにある種の語尾に相違ない。stopという語に当てはめるといいが、二百七十九語中に十六回もstopという語が現れようとはどうしても思えない。

*Appleton*辞典を根拠にしてみると、これはsあるいはrに始まる語に違いない。これは一語の語尾にあたる。とすれば何なのか？

複数の形は辞典を基礎とする暗号中にどのように表現されているのだろうか？　無論ｓを付加するのだ。ｓは語尾である。42635はｓを意味するのか？　これはアルファベットの順にいえば完全にｓの位置に当てはまり、語尾や頻出の度合いからいっても当てはまる。そこでｓに違いないと断定する。

**第6図**
**〈42635の前後の五数字と出現例〉**

| 接頭語 | 接尾語 | 出現例 |
|---|---|---|
| 01158 | 04306 | 第１号暗号(H) |
| 02915 | 28539 | 第42号暗号(T) |
| 11511 | 11239 | 第１号暗号(P) |
| 13503 | 33951 | 第１号暗号(N) |
| 28709 | 02408 | 第42号暗号(D) |
| 28709 | 19707 | 第42号暗号(O) |
| 28709 | 34128 | 第42号暗号(R) |
| 28709 | 42235 | 第42号暗号(C) |
| 28709 | 42235 | 第42号暗号(N) |
| 33104 | 00308 | 第１号暗号(S) |
| 33104 | 47239 | 第42号暗号(E) |
| 36932 | 49223 | 第42号暗号(G) |
| 37013 | 19707 | 第１号暗号(L) |
| 41345 | 02306 | 第１号暗号(B) |
| 42022 | 17212 | 第１号暗号(V) |
| 55841 | 26424 | 第42号暗号(P) |

ここまでわかったのだから、この暗号電報を多少でも読むことができるかどうかやってみよう。42号Dの暗号電報の冒頭は解読できる可能性がある。

### 暗号解読でわかったドイツの陰謀

この暗号電報は19707, 21206, 31511, 31259で始まる。さて19707（第3図参照）は八回出てくる。もちろんこれも普通語に違いない。正確な辞典があれば、これは百九十七頁の七行目の語を意味することを発見する。少なくとも六百頁以上の英語辞典をめくって百九十七頁を開き、その前後十頁からこの字を丹念に探してみる。私が発見した最も普通の語はforで、二百三頁の十一行目、20311に出てくる。すなわち19707から20311までの六頁である。

次いで、次の組み合わせ数字21206に六頁を加えると21806になる。そこで二百十八頁を開いて普通語を探す。二百十七頁の二十行目にGermanなる語がある。ここでFor Germanなる二つの語を見つけた。こうなるといよいよ面白くなる。

次の語31511はおおよそ推測ができるが、さらに辞典に頼ってみる。31511に6を加えると32111になる。mで始まる語に違いない。どんな語か？

For German M—これでいいのだ。For German Minister（ドイツ公使に）。

次の31259は31511よりも三頁前に出てくる。これはletとmicの間にあるどの字かに違いない。For German Minister Let—Mic。

この暗号はメキシコに発信されたものに違いない。Mic は Mexico なのだ。

For German Minister Mexico!

そこでドイツがメキシコと無電で通信していることがわかった。メキシコ政府のチャプルテペク局が不法通信をやっているのだ。前に疑ったようにメキシコはドイツとぐるになっているのだ。

この暗号電報は何といっているのか？　無宛名、無署名の事実が何か意味のあるものなら、これは非常に重大なものに違いない。もしも重要な案件でなかったならば、なぜ毎日発信されるのか。

この二通の暗号電報をうまく解読するには二つの方法がある。数日間の努力はこの秘密を暴露するであろう。すなわちアメリカの国会図書館に行って印刷されたあらゆる英語辞典をめくってみることだ。必ずやそのうちからうってつけの辞典を発見するであろう。

もし読者が綿密に探す努力を惜しまなければ、歴史的記録になっているこの二種類の暗号電報は、Clifton の『*Nouveau Dictionnaire Français*』の英仏の部を基礎として、ドイツ外務省が暗号にしたことが判明する。では、あの数字の羅列にすぎないドイツの暗号文は、いったいどのような内容だったのかを紹介しよう。

## 第42号Dの暗号電報解読

Decode of Message No. 42 "D"

For German Minister Mexico. Bleichroeder any time ready for loan negotiations. At present remittance from Germany impossible. Meantime firm places ten million Spanish pesetas at your disposal German Oversea Bank Madrid. You are authorized to offer this preliminary amount to Mexican government in name of Bleichroeder for three years, interest six, commission half per cent, *on supposition that Mexico will remain neutral during war.* All good arrangements left to your discretion. Please reply. Foreign Office Busshe・General Staff Political Section Berlin number hundred.

## 第42号Dの概要

メキシコ駐在、ドイツ公使へ

ブライヒレーダは何時にても借款交渉に応ずる準備あり。現在はドイツからの送金は不可能ゆえ、そのうち在マドリード海外銀行を通じて、スペイン貨一千万ペセタを貴下の手元に送金するので、貴下はブライヒレーダの名においてこの金額をまず前金として、期限三カ年、利子六パーセント、コミッション半パーセントの条件でメキシコ政府に提案する権限を有するものなり。但しメキシコが、戦時中、中立を厳守することをその前提とするものとす。

交渉、取り決めは万事貴下の裁量に任す。返事されたし。外務省にて、ブッシェ。ベルリン政治総帥局、第百号。


アメリカおよび連合国はその共通の敵に対して宣戦を布告するよう中南米諸国に働きかけていたが、メキシコは中立厳守の代償としてドイツから賄賂を提供されていたのだ。

ドイツおよびメキシコのからくりについてさらに多くを語る、もう一つの暗号電報を解読してみよう。

### 第1号Gの暗号電報解読

Decode of Message No.1 "G"
Telegram January two and telegraphic report S. Anthony Delmar via Spain received. Please suggest president [Mexico] to send to Berlin, agent with fuller power for negotiation of loan and sale of raw product. Do not embroil yourself in Japanese affairs

because communication through you too difficult. If Japanese are in earnest, they have enough representatives in Europe for that purpose. Foreign Office Busshe.
Machinery plans for rifle manufactory can be put at disposal. Details of machinery, technical staff, and engineer for aircraft could be arranged here with the authorized man of president [Mexico] to be sent by him for negotiations about loan. We agree purchase arranged by Craft（Kraft）in Japan of ten thousand rifles, etc., wished by president.
General Staff Political Section number（?）

### 第1号Gの概要

一月二日付の電報およびスペイン経由のS・アントニー・デルマの電報報告を受け取れり。借款並びに原料売り込みの件を交渉するに当たって、全権限を有する代理人をベルリンに派遣するよう（メキシコ）大統領に提案すべし。貴下を通じての通信交換は困難なるゆえ、日本に関する事件には、貴下はかかわり合ってはならない。たとえ日本人が乗り気でも、この目的のために、商談を進めるべき日本人の代表者はヨーロッパに何人もいる。外務省にてブッシェ。

ライフル銃製作所設立案は随意なり。航空機の機械、技術員、機関士等の細目は、借款交渉のために派遣されるべき（メキシコ）大統領の全権代表者とともに、ベルリンでまとめることになるであろう。大統領が要望するライフル銃千挺、その他の購入の件は日本においてKraftによって商談成立し、我々もこれには賛成である。政治総帥局第？号。

　前記の二通の暗号電報が解読されたときに、ワシントンの一般の騒ぎは大変なものだった。どうしてかといえば、ドイツの陰謀のみならず、メキシコ並びに恐らくは日本の真意と目的に関する情報を、アメリカが手にできる新しい道がここに開かれたからである。さらに多くの暗号電報を解読した結果はどうだったか。引き続き確実に発信されるであろう次の暗号電報を妨害するために、強力なナウエン無電局に向かって、各地から数百の無線電信が発信されたのであった。

　しかしナウエン局は突如として沈黙を守った。何故か？　アメリカがドイツの暗号電報解読に成功したという報告が、ベルリンに飛んだためなのか？　全くその通りだった。それはナウエン局が暗号電報を再び発信しはじめたときには、暗号の方法が一変していたからだ。ＭＩ８はスタッフの人選には特に注意していながら、ドイツのスパイを内部に入れているのだ。疑いの眼は、必然的に各暗号解読者たちに向けられた。

# 第七章　ドイツ諜報員パブロ・ワベルスキー

## 情報部の信用を獲得したＭＩ８

一九一八年二月初旬、ヴァン・デマン大佐は電話でわめいていたが、私（ヤードレー）にすぐオフィスまで出て来いといった。大佐のオフィスに行くと、大佐は傍らに座れと身ぶりだけを見せた。そして黙って一枚の紙を私に手渡した。その紙の上には、次のような文字群が印刷されていた。

15-1-18

seofnatupk　asiheihbbn　uersdausnn

lrseggiesn nkleznsimn ehneshmppb
asueasriht hteurmvnsm eaincouasi
insnrnvegd esnbtnnrcn dtdrzbemuk
kolselzdnn auebfkbpsa tasecisdgt
ihuktnaeie tiebaeuera thnoieaeen
hsdaeaiakn ethnnneecd ckdkonesdu
eszadehpea bbilsesooe etnouzkdml
neuiiurmrn zwhneegvcr eodhicsiac
niusnrdnso drgsurriec egrcsuassp
eatgrsheho etruseelca umtpaatlee
cicxrnprga awsutemair nasnutedea
errreoheim eahktmuhdt cokdtgceio
eefighihre litfiueunl eelserunma
znai

無署名、無宛名の暗号電報だ。一九一八年一月十五日の日付があるだけで、あとはご覧の通り文字の羅列だ。

このとき私はすでに八カ月間も陸軍省にいたし、私が手がけた隠語、秘語や隠しインクで書かれた暗号文書は数千を超えていたが、この文字の羅列に出会ったときは、さすがの私も未知の神秘に惹かれたとでもいおうか、深く心を打たれた。いやまだある。ヴァン・デマン大佐は何か異常なことを議論する場合以外には、こうして私を呼び寄せた上で個人的に会うことなんか絶対にしない人である。

私は、これは重要な秘語なんだと頭から決めてかかった。しかしアメリカの史上、最も異常な事件の一つになろうとしている書類を私自身が手にしていることなど、そのときは知るよしもなかった。のちにこの書類が勇敢だったドイツ諜報員の死刑宣告にあたっての有力な証拠書類になろうとは……。

「それはどう解くかねえ」ヴァン・デマン大佐はいった。

「これは秘語のようですね、隠語とは思われません」と私はいった。

「たとえば第二列目の shmppb のような子音ばかりの長い配列があります。それよりももっと長い snbtnmrcndtdrzb が第四列目にあります。普通、隠語は子音と母音との組み合わせからできているものですが……そうだ、これは確かに秘語だ、どこから来たのです？　発信地を教えて下さい」

「君は通称パブロ・ワベルスキーことラタ・ウイトケについて聞いたことはないかね」

「あんまり聞きませんが……。メキシコ国境を飛び回っている最も危険な、すご腕のドイツのスパイだという以外のことは聞いたことがありません」

「そうか、数日前国境で奴を捕まえたんだ。身体検査をやったが、この紙片以外に何も見つからなかった。ロシア政府発行の旅券で歩き回っているので、奴がドイツのスパイだとわかっても、この秘語が、彼の罪に値するような意味をもっていることが判明しないかぎり、捕縛したまま彼を長く留置しておくわけにはいかんのじゃ」

大佐はここで大きく息を吸い、私を正視し、「ヤードレー君、この奇怪なメッセージを是非解読してくれ、頼みじゃ」と鋭い声でいった。

「この秘語の意味が知りたい。わしはＭＩ８の才知と英知を信頼する。これの解読書を持参するまで、ここへは来てくれるな」

大佐はぶっきらぼうに私を突き放した。

常日頃のヴァン・デマン大佐はきわめて冷静な人である。それが秘語文書を前にこんなに興奮している。私は大佐がもう一度興奮したのを見たことがある。これより数カ月以前のことだった、大佐は私にある諜報員の暗号文書を与え、翌朝までに解読して来いと命令した。

私は自分の持論である科学的解剖を基礎にして、徹夜で解読に取り組んだ。その結果は秘語ではなく、秘語を装う私たち仲間でいわゆる“Fake Cipher”と呼ぶ、ニセ秘語だとわかったので、その旨を大佐に伝えた。

私の報告にムカッと大佐はきたのだが、私は大佐が興奮したのを見たのはこのときが初めてであった。私は、この文章は秘語らしく見せかけた食わせもので、誰かがタイプライターの前に座って、ただ指が動くままにたたき出した文字の羅列にすぎないと主張したのだ。

ヴァン・デマン大佐配下の諜報部員は、私と私の報告に業を煮やしたが、私があんまり突っ張るので、ついに問題となった二点について厳重な取り調べを行うことで折り合いをつけた。その結果、彼等諜報部員たちがほんの悪戯ごころから、第三者をまどわすために秘語を作製したことを白状したのである。結局、嫌疑者は重営倉から放免されたが、この日以来ＭＩ８からの報告は疑われるようなことはなくなった。

しかし、こんな悪戯のお付き合いで腕前を見せたものだから、ＭＩ８は何でも解読できるということが喧伝されるようになり、今度のような大困難を背負わされることになってしまったのである。私は大佐からワベルスキーの秘語で書かれた文章を受け取って、部屋を出るとき、これがうまく解けるかどうか、実は自信がなかった。

私は急いで複写室に行き、問題の秘語文書の写しを六枚作ってもらった。そして、まだ水洗いで濡れている写真を持って二階の私の部屋に駆け込んだ。私たちがこれまで手にかけた、あらゆる秘語のタイプを私は知っていると確信していたから、書記たちに注意を与えて六枚の写しをわけてやり、解読作業の準備をしておくように命じた。

練達な暗号解読者にとっては、この秘語はドイツ語で書かれた転換秘語（トランスポジション・サイファー）のように見受けられる。それは次のような解剖の結果から導き出される結論なのである。

まず秘語の中でいかなる文字が最も多く使用されているかを発見するのが第一の仕事である。すなわちAとかBとかCという文字の使用された度数を見つけることだ。秘語中に同一文字を発見するたびにその文字にマークを記す。すると次頁に示すような度数表ができ上がる。

この隠語はメキシコからアメリカにやって来たドイツ人が持っていたものだから、英語かドイツ、スペイン語のいずれかで書かれたものと考えるのがまず至当である。そして同一文字の頻出の度数も、これら三言語の頻出度と同じであると見るのが妥当だ。すなわちa、e、i、n、r、s、t、がこれら三言語で頻出度の高いものである。

するとこの秘語は「転換秘語」らしく思われる。この文章は最初スペイン語か英語か、あるいはドイツ語で書かれ、文書の文字は、それからあらかじめ定められている公式に従って置きかえられたものに相違ない。

では使用されたのは何語なのか？　私たちはスペイン語ではないと断ずることができる。

第１図　パブロ・ワベルスキーの秘語に現れた同一文字の度数表

*Frequency Table of Pablo Waberski Cipher*

| | |
|---|---|
| A | 卌 卌 卌 卌 卌 卌 \|\|\| |
| B | 卌 卌 |
| C | 卌 卌 卌 |
| D | 卌 卌 卌 \|\|\| |
| E | 卌 卌 卌 卌 卌 卌 卌 卌 卌 卌 卌 卌 \|\|\|\| |
| F | \|\|\|\| |
| G | 卌 卌 \| |
| H | 卌 卌 卌 卌 |
| I | 卌 卌 卌 卌 卌 卌 |
| J | |
| K | 卌 卌 \|\| |
| L | 卌 卌 \| |
| M | 卌 卌 \|\| |
| N | 卌 卌 卌 卌 卌 卌 卌 卌 \| |
| O | 卌 卌 \|\|\|\| |
| P | 卌 \|\|\| |
| Q | |
| R | 卌 卌 卌 卌 卌 \| |
| S | 卌 卌 卌 卌 卌 卌 卌 |
| T | 卌 卌 卌 卌 \|\| |
| U | 卌 卌 卌 卌 卌 |
| V | \|\|\| |
| W | \|\| |
| X | \| |
| Y | |
| Z | 卌 \|\| |

なぜなら、この秘語文書の中には十二のkがあり、しかもkはスペイン語中にはない文字だからだ。さらにqはしばしば出て来るスペイン文字だが、この文書中にはqが一つもない。英語だとすれば、zとkは英語ではあまり使われない。この文章中にはzは七度、kは十二度出ている。故にこれは英語でもない。

残るはドイツ語だ。ワベルスキーの文書とドイツ語の普通度数表とを科学的に比較するために、前記のワベルスキー度数表を二百字の基礎におき、これを一万の文字から二百字の基礎に減じたドイツ語の度数表と比較してみよう〈編集部注、第2図参照〉。

この二表を重ねることによって、私たちはたやすく二者の関係を知ることができる。

これら二表の著しい相似点に注意されたい。このような相似た関係から、文書はドイツ語の転換秘語に間違いないことを物語っている。

転換秘語を解くにはどうしたらいいか？　たとえ一九一八年の春に、世界中の図書館をあさっても、このような問題を解く方法が書かれた本は一冊もなかったはずである。隠語および秘語教育に関して米陸軍で使用していたパンフレットでさえも、これらについては何の手がかりも与えていなかった。成功するためには、暗号解読者は自らその方法を発見しなければならなかった。切り開かれた道はない。道は自ら開拓しなければならない。

さてドイツ語ではcはつねにhまたはkを伴う。ただ稀用語または固有名詞は例外である。

もし諸君がドイツ語でメッセージを書き、それを公式に従って配列順序を変えるならば二重字（ダイグラフ）chまたはckを含むすべての文字もまた同様にして配列を変えることができる。もしすべてのcをhもしくはkに正確に連結させることができるならば、この文書を解読するに当たって大きな進歩をしたことになる。このような問題に対して、MI8によって解明された科学的方法は、c, h, k, を分離した秘語文章中の文字を表にすることである。

こうして文書は書記のもとに回され、各種の統計をとることになった。ドイツの暗号解読者たちも、秘語文章中の文字を表にするという方法は発見していたと思われる。なぜならば、ワベルスキー秘語は疑いなく転換秘語であるし、おそらくは二重転換である。かくて秘語の門戸は開かれるにいたった。

## 盗み出したメキシコ・ドイツの秘密文書

書記たちが表作成の仕事を進めている間に、私はワベルスキーについてもっと知るために南部派遣軍付士官に会いに下へ降りていった。南部派遣軍付士官は、私にワベルスキーに関する一束の書類を渡した。私はその士官に、ワベルスキーの暗号文を解読中で、このあまり長くない秘密文書はやがて解読してみせるというと、彼は大変喜んだ。

ところで、特別捜査員が任命されるほどのワベルスキー事件の重大さを理解するためには、アメリカのウィルソン大統領とメキシコのカランザ大統領の確執を知っておかなければならない。一九一六年の米国軍隊のメキシコ征討、メキシコの対米宣戦布告を条件として、ドイツがメキシコにニュー・メキシコ、テキサス、アリゾナ諸州を与えることを約束した「ツィンマーマン・カランザ通牒(つうちょう)」の発表、その結果メキシコに起こった排米熱とメキシコがドイ

**第2図〈ワベルスキー秘語とドイツ語の度数比較〉**

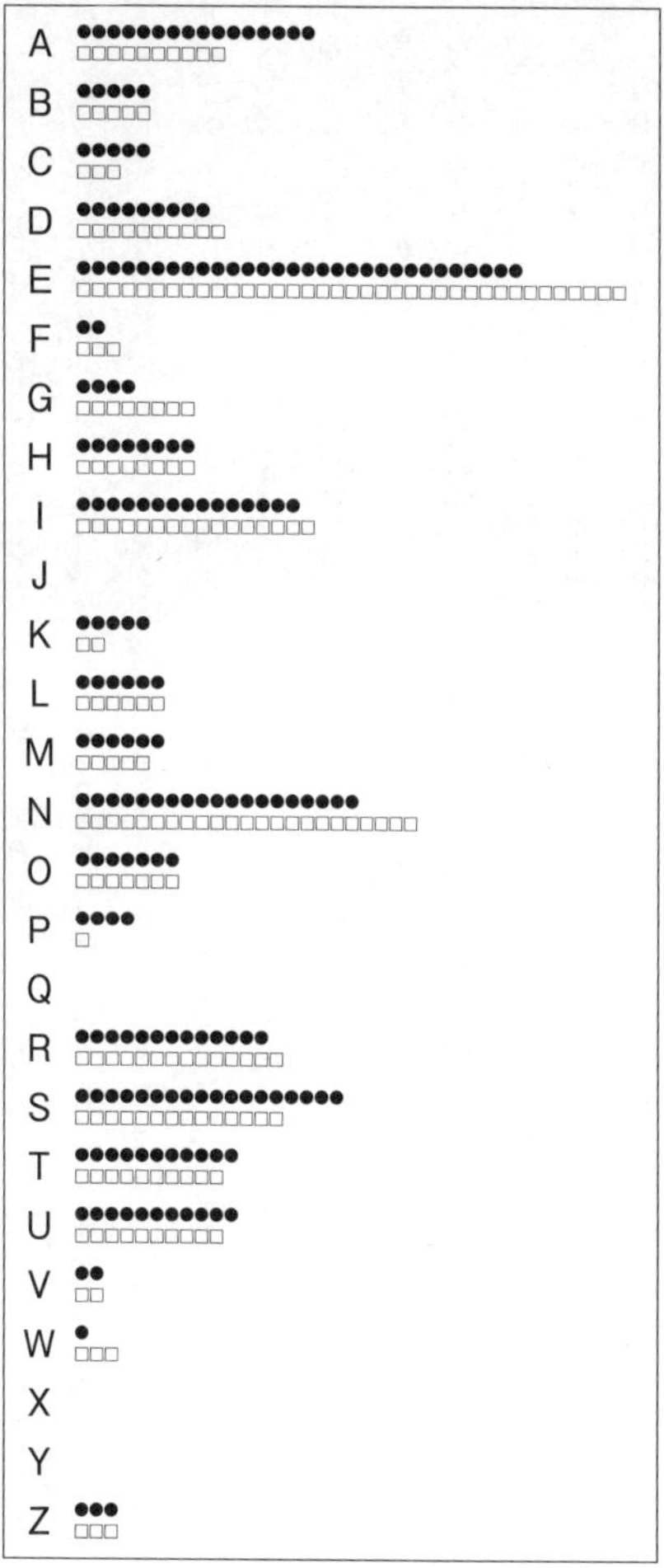

A ●●●●●●●●●●●●●●●●<br>□□□□□□□□□□

B ●●●●●<br>□□□□□

C ●●●●●<br>□□□

D ●●●●●●●●●<br>□□□□□□□□□□

E ●●●●●●●●●●●●●●●●●●●●●●●●●●●●●●<br>□□□□□□□□□□□□□□□□□□□□□□□□□□□□□□□□□□□□□

F ●●<br>□□□

G ●●●●<br>□□□□□□□□

H ●●●●●●●●<br>□□□□□□□□

I ●●●●●●●●●●●●●●●<br>□□□□□□□□□□□□□□□□

J

K ●●●●●<br>□□

L ●●●●●●<br>□□□□□□

M ●●●●●●<br>□□□□□

N ●●●●●●●●●●●●●●●●●●●<br>□□□□□□□□□□□□□□□□□□□□□□□

O ●●●●●●●<br>□□□□□□□

P ●●●●<br>□

Q

R ●●●●●●●●●●●●●<br>□□□□□□□□□□□□□□

S ●●●●●●●●●●●●●●●●●●<br>□□□□□□□□□□□□□□

T ●●●●●●●●●●●<br>□□□□□□□□□□

U ●●●●●●●●●●●<br>□□□□□□□□□□

V ●●<br>□□

W ●<br>□□□

X

Y

Z ●●●<br>□□□

※●はワベルスキー秘語の度数　□はドイツ語の度数

ツ課報員にとっては天国になったことなどを、読者は脳裏に入れておかなければならない。メキシコは公然と親独政策(プロ・ジャーマン)を採(と)っていた。アメリカからメキシコに送られた課報員は、アメリカがドイツに宣戦布告をすると同時に、アメリカからメキシコ国内に逃げこんだ数百人のドイツの予備兵が、メキシコ軍隊を集めて訓練をしていること、またヤンケ（ドイツの課報部長）、フォン・エカールト公使、在墨ドイツ総領事などのドイツ高官は、お互い密接な連携のもとにカランザ大統領を公然とあやつっていることを報告してきた。

私たちMI8の工作員たちも、ドイツ課報員たちの計画が非常に野心的なこと、すなわち機会を見てタンピコ油田の破壊、カランザ大統領の認可と協力を得て（何と堂々とした中立違反ではないか！）ベルリンとの直接通信のためにメキシコに無電局を開設、IWWを通じてアメリカ国内にストライキの煽動(せんどう)、南部の黒人の不平に油をそそぎかけて適当な機を見て米白人の虐殺の実行、アメリカの軍需工場の破壊、戦時課報員の大胆な活動計画等を考慮中であると報告してきていた。

私たちはカランザ大統領の偽らざる対米態度を表明した、メキシコ政府の外交用秘密電報などはむろん解読していた。またアメリカの課報員が決して事実を誇張していないことは、すでに詳述したドイツ無電横取り事件中のナウエン無電局の発信した暗号電報でも、その一端は窺(うかが)い知れると思う。

右に述べたフォン・エカールト公使、総領事、それにヤンケなどは大野心を抱いていたのみならず、その行動がずいぶん露骨だったことは、休戦後数週間、在墨ドイツ総領事が全領事たちに送ったドイツの秘密文書の翻訳（これもＭＩ８によって解読された）を一読すればよくわかることである。秘密電報の写しはメキシコ電信会社の書類の中から発見された。これは私が部下の工作員をドイツの外交暗号文書と秘語文書を盗ませるために、メキシコ・シティーのメキシコ電信会社に忍び込ませ、手に入れたもので、ただちにＭＩ８本部に送られてきた。これは私が陸軍大学へ赴任した直後だった。

その秘密文書は次のようなものだ（ワベルスキー秘語文書の解読法を一読後、読者はこの秘語を解読して見るがよい）。

DEUTSCHE GESANDTSCHAFT.

Tgb.Nr.143/19

Mexico,den 10.Jan.,1919.

nogaaaimue saeesntraa seienewwei
heuamaoeid zcdkeftedt edgeigunri
eceutnninb mhbebanais iteaarukss
tdscmoorob aeuoermotd hzzzdibgtt
fceumlreri eeoemffcea iqeirenuef
drisrrbnle enznuhbtpf kgtineenel
anvescalrr adngdceoeu tiailuiorl
bkrnnoeeqe hhananvsdf niemineiee
eetreegdmp eilsbihlnu hodciageef
sttheetdbe ugmuaudnuu dnsfnenenn
umtralgtnu rehnemenbe mntngefsae
kltzedrkii rhficnvaks onbtguhewn
thitzmsrmd lghireicsc enpneiette
nhvdnvhbvn nrsnecnemn ngepniceuh
eortsgesie eneonfiend wnpkcevemd
isrhwlften amucnosazr ahelnehiln
crseamilnb eutceszrth rsaeoszclx
mneouhslcu nmenenefae eckerglnra
bgfireubli roznnsseuz csthpusica
ufohunnbdn betfmmcirt unfrnsrbna
dsukouiust bmgdreninu lusneadash

| | | |
|---|---|---|
| scecfaonen | ehsmnrgoot | erzruierne |
| incneinfee | etkstnbika | zeugdednkr |
| ibhideeree | aeuneinzet | dendaoerea |
| ighueuoanu | uzasruoddi | eeemcutiee |
| teanchchdd | igrrrrrnso | esiereerde |
| emiehdeade | nhdthmnosm | elolmeennd |
| rhktendend | uockehaete | eresfjhouk |
| fhbmkttemn | ledsetuehl | enimliaern |
| ehzeuesesg | snmeuhaimd | rrensshikh |
| rahdhennjh | osesedfhin | meerneaseh |
| udzsgifmri | uoisoehsna | deitfeebsa |
| ekamhceant | eaoabeunou | flrnneizua |
| nfpbhmnfon | gusdiporth | fhrsmdndrl |
| tmaurrwini | ulnezsknts | hdrsdbbnip |
| osedlsuctb | ctidafsaue | ttunwirhbr |
| ngnedumiis | veurakklne | enrcmtdtea |
| nsinleimgr | iehnlemnlg | gkhegdatee |
| eaaeegtero | arusrelari | graenuinbi |
| eeikdnspni | ribhhpkuze | tkfseshdne |
| haravntsee | ipreicseuu | emozusmudh |
| ipitnndark | nalccssgle | ursttrlecp |
| irbdnsaend | recoeteian | mdtnnheamt |
| ntzeomtier | nukwmttcke | ucebdihtnf |
| eswgowgeen | notzreasnu | caahnbgeil |
| ceernsnrta | lgghcue * | |

前記秘語文書の翻訳

〔Addressed to all German Consuls in Mexico〕

Please carefully and immediately burn without remainder, and destroy the ashes of, all papers connected with the war, the preservation of which is not absolutely necessary, especially papers now in your hands or reaching you hereafter which have to do with the Secret Service and the service of the representatives of our General Staff and Admiralty Staff（strictest silence concerning the existence and activity of these representatives is to be observed now and for all future time, even after the conclusion of peace）which might be compromising or even unpleasant for us if they came to the knowledge of our enemies, who are still endeavoring to obtain possession of such papers.

Lists, registers, accounts, receipts, accountsbooks, etc., are especially included in these papers, as well as correspondence with this Embassy by letter and telegraph on the subjects mentioned.

Cipher books, codes and cipher keys and directions that are still in use are excepted for the present, and most particular attention must be paid to keeping them in absolute safety.

Please report in writing *en claire* the execution of this order so far as it relates to papers now on hand and then burn this so-called order for burning, which, for further reference, I herewith designate as PQR, and the contents of which together with this designation you will please retain in memory.

〔Signed by the German Consul-General〕

**日本語の訳文**

在メキシコ全ドイツ領事に対する訓示。

必ず痕跡（こんせき）をとどめないよう、ただちに注意をして焼き捨てよ。大戦に関するすべての書類は灰に至るまで痕跡を残すな。これらを保存することは絶対に禁ずる。特に諜報部、参謀本部、軍令部（これらの代表者の存在、行動に関しては、現在も将来も、平和克復後といえども絶対に厳重なる沈黙を守られたし）と関係あるものにして、現に諸君が所持するもの、あるいは将来諸君が受け取るべき書類も焼却すべし。これがかかる書類あさりに今なお努力しつつある敵方の注目するところとなれば、累を他に及ぼし、且つ不愉快である。

名簿、登録簿、勘定書、受領書、金銭出納簿等は特に焼却すべき書類に属す。また上述の目的で、在メキシコ公使館と交換せる書簡、電報も同様なり。目下使用中の秘語帳、隠語、秘語通解及び指針は当分この限りにあらざれば、その保管法には特に注意を払い、絶対に安全な保管方法を講ずべし。

諸君の手元にある書類に関する限り、この命令書が遵守された旨、白紙にて返答されたい。そしてこの焼却命令書もまた焼却すべし。後日の参考のために、この命令書をＰＱＲと命名するが、この命令書の内容は、この命名と共に諸君の脳裏中に保留されたい。

ドイツ総領事署名

この外交文書を手に入れたときの陸軍諜報部長はチャーチル将軍であったが、同将軍はこの重要な暗号電報解読後に、私たちが成功したのを特に喜んで、ＭＩ８の功績を激賞した手紙を寄せた。その手紙には「秘語解読は最高の価値ある功績であるが、ＭＩ８は常にこの名声を維持しているものと考えている」と。

公式にはＰＱＲと命名されたこのドイツの暗号メッセージは、私もかつて見たことがあり、また本書第十一章でも論じてあるロシア革命のスパイの書類を除いて、これはスパイ行為を最も露骨に、そしてはっきりと認めている証拠書類といえる。

私は、外交官たちの、暗号の秘密は堅く守り、決して盗まれることはないと信じている子供らしい素直さがおかしくて仕方がない。外交官は、後述するが、ほとんど子供にも等しい天真爛漫さをもっている人種であるようだ。

## ワベルスキーの暗号文書を解読する

私の上官たちが、パブロ・ワベルスキーの所持品から発見した秘語密書について、大いに頭をひねったのは、今から考えると決して不思議ではない。なぜならば、メキシコは国境地帯で活躍するスパイで充満し、報告にもある通りパブロ・ワベルスキーはその中でも最も先鋭的な危険分子だからだ。ワベルスキーは一九一六年七月に起きたニューヨーク港のブラック・トム爆破事件の責任者ではないかと疑うイギリス人さえあったくらいである。

報告によれば、パブロ・ワベルスキーはロシア政府発給の旅券で一九一九年二月一日、アリゾナ州ノガレスからアメリカに入っている。しかしメキシコにいるアメリカの諜報部員がワベルスキーの活躍を逐一報告していたことを彼は知らなかったので、国境を越えた直後に逮捕されたときは大変な驚きようだった。

彼は歩兵第三十五連隊付の陸軍情報部員にただちに引き渡され、身体検査をやられた。だが、その身からは十の文字を組み合わせた文字群の何行かが書かれた、一枚の紙片しか出てこなかった。しかし、すでに彼の活動については、当局は報告をうけていたので厳重な監視の下に置かれた。

私はワベルスキーの書類の重要さをよく知っているので、緊張感が全身に走るのを覚えた。ヴァン・デマン大佐は、問題の解決をＭＩ８にゆだねた。ドイツの暗号専門家たちを、我々は打ち負かすことができるだろうか？　我々のスタッフは、彼等のそれより偉大であろうか？

私が帰ると、すでに仕事はかなり進捗していた。すべての必要な統計類は用意され、マンリ大尉の指揮の下に数人の暗号解読専門家が問題の書類に忙しく眼をそそいでいた。

ワベルスキーの秘語〈編集部注、第七章冒頭参照〉は再び打ち直され、各文字の下には次のような数字が記されてあった。

| s | e | o | f | n | a | t | u | p | k | etc, etc. |
|---|---|---|---|---|---|---|---|---|---|---|
| 1 | 2 | 3 | 4 | 5 | 6 | 7 | 8 | 9 | 10 | |

文字の頻出度数表〈編集部注、第1図参照〉はすでにｃが十五、ｈが二十あることを示した。すべてのｃは赤く、ｈは青く下線をひかれてあったから、すぐ眼につきやすかった。これらは別の紙の上に次のように文字番号と一緒にタイプライターで打たれてあった。

| H | H | H | H | H | H | H | H | H | H |
|---|---|---|---|---|---|---|---|---|---|
| 14 | 17 | 52 | 56 | 69 | 71 | 152 | 172 | 181 | 193 |
| H | H | H | H | H | H | H | H | H | H |
| 217 | 253 | 264 | 307 | 309 | 367 | 373 | 378 | 396 | 398 |
| C | C | C | C | C | C | C | C | C | |
| 85 | 109 | 145 | 199 | 201 | 259 | 266 | 270 | 290 | |
| C | C | C | C | C | C | | | | |
| 294 | 319 | 331 | 333 | 381 | 387 | | | | |

〈編集部注、表の読み方：ワベルスキー秘語ではHは十四、十七……文字目にあたる〉

既述のように、私たちの仕事はドイツ人が原文の位置を置き換えるに当たって用いた数学的公式の発見である。純粋のドイツ語では、cはほとんどいつでも次にhまたはkがくるので（二重字（ダイグラフ）ckの解剖はここでは必要がないので、問題を二重字chに限定する）、もしhを持つすべての文字群の中から、cのあるすべての文字群を抜き去れば、秘語が二重転換でない限り、共通分子が発見されるはずである。

| h | | | | | | | | | | |
|---|---|---|---|---|---|---|---|---|---|---|
| 193 | 217 | 253 | 264 | 307 | 309 | 367 | 373 | 378 | 396 | 398 |
| 108 | 132 | 168 | 179 | 222 | 224 | 282 | 288 | 293 | 311 | 313 |
| 84 | 108 | 144 | 155 | 198 | 200 | 258 | 264 | 269 | 287 | 289 |
| 48 | 72 | 108 | 119 | 162 | 164 | 222 | 228 | 233 | 251 | 253 |
| 418 | 18 | 54 | 65 | 108 | | | | | | |
| | | | | | 108 | | | | | |
| | | | | | | 108 | | | | |
| | | | | | | | | 108 | | |
| | | | | | | | | | | 108 |

故に、この建前のもとに研究を進めていくと、今取り扱っている秘語のタイプが、はたしてわかるかどうか興味が湧いてくる。cとhとの距離は、hおよびその文字群を水平に横並びに、またcおよびその文字群を立体的に縦に並べて書いて見るとはっきりわかる。立体的に書き並べられた各数字を、水平に並べられた各数字から抜き取ることによって、各cおよびh間の距離、文字数を知る

第3図〈ワベルスキーの暗号文書中のcとhの距離〉

| | | h | | | | | | | | |
|---|---|---|---|---|---|---|---|---|---|---|
| | | 14 | 17 | 52 | 56 | 69 | 71 | 152 | 172 | 181 |
| c | 85 | 353 | 356 | 391 | 395 | 408 | 410 | 67 | 87 | 96 |
| | 109 | 329 | 332 | 367 | 371 | 384 | 386 | 43 | 63 | 72 |
| | 145 | 293 | 296 | 331 | 335 | 348 | 350 | 7 | 27 | 36 |
| | 199 | 239 | 242 | 277 | 281 | 294 | 296 | 377 | 397 | 406 |
| | 201 | | | | | | | | | |
| | 259 | | | | | | | | | |
| | 266 | | | | | | | | | |
| | 270 | | | | | | | | | |
| | 290 | | | | | | | | | |
| | 294 | | | | | | | | | |
| | 319 | | | | | | | | | |
| | 331 | | | | | | | | | |
| | 333 | | 108 | | | | | | | |
| | 381 | | | | | | | | | |
| | 387 | | | | | | 108 | | | |

ことができる。hの数がcの数より少ない場合には、まず抜き去る前に文書中の文字数四百二十四を、hの数に加えることが肝要である。

かくて第一の場合には
H−14＋424＝H−438−C−85
＝353となる。

第3図は、この過程の結果を示すものだ。

これらの数字を注意して検討してみると、108なる数字が現れていない行数はわずかに五行だけしかない。これは偶然の一致ではないのだ。では何を意味するのか？　偶然の一致ではないとするとドイツが原文の配列を換えるに当たって使用した公式が、百八文字によってhからcが分離されたことを意味するものだ。

第3図をさらに凝縮してみよう。そうすれば密接している各cおよびhの文字数は容易に決定することができる。

次の第4図はわずかに五つの例外を除いて、各cと二十のhとの間には、百八文字だけの距離が共通に存在することを最も具体的に示すものだ。

そこで、この秘語メッセージの原文を打ち直して、百八字を立体的に書いたのが第5図である。

ではcおよびhをうまくまとめられるかどうかをみてみよう。この秘語メッセージ中には四百二十四字あるので、いずれも最初の三段は各百八字を含むが、第四段は百字しかない。

この図の示した配列によって、二重字chは左の数行中で一緒になっていることがわかる。

1行目　s c h a
37行目　i c h e
43行目　l i c h

第4図（何番目のcは何番目のhに連結するか？）

| c | h | 距　離 |
| --- | --- | --- |
| 85 —— | 193 —— | 108文字 |
| 109 —— | 217 —— | 108文字 |
| 145 —— | 253 —— | 108文字 |
| 199 —— | 307 —— | 108文字 |
| 201 —— | 309 —— | 108文字 |
| 259 —— | 367 —— | 108文字 |
| 266 —— | ？ —— | ？文字 |
| 270 —— | 378 —— | 108文字 |
| 290 —— | 398 —— | 108文字 |
| 294 —— | ？ —— | ？文字 |
| 319 —— | ？ —— | ？文字 |
| 331 —— | ？ —— | ？文字 |
| 333 —— | 17 —— | 108文字 |
| 381 —— | ？ —— | ？文字 |
| 387 —— | 71 —— | 108文字 |

54行目　e i c h
74行目　u s c h
85行目　c h e n
91行目　i c h e
93行目　s c h u

私たちが最初に試みた配列法によると、原文から十五のcを抜き出すことができた。しかし第5図による方がはるかによい。のみならず第5図を見てもわかる通り、その中には多くのドイツ語固有の綴字があり、ここかしこに語もしくは語の一部分を散見する。

五十八行目にPeso（スペイ

ン、メキシコ等の貨幣。一ペソは当時約二円）とあることに注意されたい。メキシコから国境を越えてもたらされたこの秘語メッセージの中に、Pesoなるスペイン語があるのは何ら不思議なことではない。読者のドイツ語知識の有無を問わず、読者は第5図中に各国語に共通な文字連結のあることに気がついていることと思う。どこの国語にも似つかわしくない、一見ただ母音と子音との混合に過ぎないこの秘語の原文を、もう一度吟味してみれば、明白にわかるであろう。

ここまでくれば、もう正解の見当はついた。ドイツの暗号専門家も二重転換された秘語の解読法を発見していたのである。ドイツの暗号解読専門家よりも、私たちMＩ8の方が頭がよいと信ずるのは早計である。

十五あるcの中で、八つは適当な位置に置かれてあること、またcの次にはhがくること

| 行目 | 1段 | 2段 | 3段 | 4段 |
|---|---|---|---|---|
| 82 | a | n | s | u |
| 83 | i | e | s | e |
| 84 | n | t | p | u |
| 85 | c | h | e | n |
| 86 | o | n | a | l |
| 87 | u | n | t | e |
| 88 | a | n | g | e |
| 89 | s | e | r | l |
| 90 | i | e | s | s |
| 91 | i | c | h | e |
| 92 | n | d | e | r |
| 93 | s | c | h | u |
| 94 | n | k | o | n |
| 95 | r | d | e | m |
| 96 | n | k | t | a |
| 97 | v | o | r | z |
| 98 | e | n | u | n |
| 99 | g | e | s | a |
| 100 | d | s | e | i |
| 101 | e | d | e | |
| 102 | s | u | l | |
| 103 | n | e | c | |
| 104 | b | s | a | |
| 105 | t | z | u | |
| 106 | n | a | m | |
| 107 | n | d | t | |
| 108 | r | e | p | |

**第5図〈ワベルスキーの暗号文書を108文字で区切って配列〉**

| 行目 | 1段 | 2段 | 3段 | 4段 | 行目 | 1段 | 2段 | 3段 | 4段 | 行目 | 1段 | 2段 | 3段 | 4段 |
|---|---|---|---|---|---|---|---|---|---|---|---|---|---|---|
| 1 | s | c | h | a | 28 | s | k | i | a | 55 | s | e | n | d |
| 2 | e | n | p | a | 29 | n | b | i | s | 56 | h | b | i | t |
| 3 | o | d | e | t | 30 | n | p | u | n | 57 | m | a | u | c |
| 4 | f | t | a | l | 31 | l | s | r | u | 58 | p | e | s | o |
| 5 | n | d | b | e | 32 | r | a | m | t | 59 | p | u | n | k |
| 6 | a | r | b | e | 33 | s | t | r | e | 60 | b | e | r | d |
| 7 | t | z | i | c | 34 | e | a | n | d | 61 | a | r | d | t |
| 8 | u | b | l | i | 35 | g | s | z | e | 62 | s | a | n | g |
| 9 | p | e | s | c | 36 | g | e | w | a | 63 | u | t | s | c |
| 10 | k | m | e | x | 37 | i | c | h | e | 64 | e | h | o | e |
| 11 | a | u | s | r | 38 | e | i | n | r | 65 | a | n | d | i |
| 12 | s | k | o | n | 39 | s | s | e | r | 66 | s | o | r | o |
| 13 | i | k | o | p | 40 | n | d | e | r | 67 | r | i | g | e |
| 14 | h | o | e | r | 41 | n | g | g | e | 68 | i | e | s | e |
| 15 | e | l | e | g | 42 | k | t | v | o | 69 | h | a | u | f |
| 16 | i | s | t | a | 43 | l | i | c | h | 70 | t | e | r | i |
| 17 | h | e | n | a | 44 | e | h | r | e | 71 | h | e | r | g |
| 18 | b | l | o | w | 45 | z | u | e | i | 72 | t | n | i | h |
| 19 | b | z | u | s | 46 | n | k | o | m | 73 | e | h | e | i |
| 20 | n | d | z | u | 47 | s | t | d | e | 74 | u | s | c | h |
| 21 | u | n | k | t | 48 | i | n | h | a | 75 | r | d | e | r |
| 22 | e | n | d | e | 49 | m | a | i | h | 76 | m | a | g | e |
| 23 | r | a | m | m | 50 | n | e | c | k | 77 | v | e | r | l |
| 24 | s | u | l | a | 51 | e | i | s | t | 78 | n | a | c | i |
| 25 | d | e | n | i | 52 | h | e | i | m | 79 | s | i | s | t |
| 26 | a | b | e | r | 53 | n | t | a | u | 80 | m | a | u | f |
| 27 | u | f | u | n | 54 | e | i | c | h | 81 | e | k | a | i |

をすでに明らかにした。しかし残り七つのcをどうするかが未解決だ。

第5図の五十行目のcにはkがついている。ckはドイツの二重文字では普通にあるものだ。七十八行目のcには、四文字群でiがついている（naci）。純粋なドイツ語では、iはcに決して続かないので、これははなはだ異例である。

私たちは間違ったのだろうか？　いや、おそらくは写字の際に誤ったか、または暗号にするときドイツ人が誤ったかのどちらかであろう。そうではなくて、同時に私たちの推定が間違っていないとしたならば、naciは外国語の文字群に違いない。すでに外国語としてはPesoが出ている。多分naciはスペイン語のnacional（すなわち英語のnational＝国民の）の初めの部分であろう。八十六行目にonalの文字があるので、この推定は間違いない。

百三行目のC-139は三重文字necの最後の文字である。この場合cはhに続かない（第4図に疑問符？があるのに注意せよ）。necからは意味のある語は何ら推測し得ない。

七行目のC-331、五十七行目のC-381にも疑問符がついている。これらにはhがつかないか、あるいはこのメッセージを暗号にするとき、ドイツ人が使用した暗号帳の技術的構成に不備な点があって、これらをその当然付くべき文字から切り離してしまったものに違いない。

残るcは二重文字chとして、C-333, H-17およびC-387, H-71である。この二重文字のある行を一緒にするとPeschenaとutschergとなる。

　これで二重文字chに対する説明は済んだ。あとはこの秘語メッセージを解読するばかりになっている。あちこちに語や語の一部分を発見して、ややもすれば、これを一文に組み立てようと焦ってしまうものだが、ここが辛抱のしどころで、根気よく、あくまでも注意深くことを運んでいかなければならない。スパイ容疑で留置されているパブロ・ワベルスキーに関して、この秘語から重大なことが判明したとしても、私たちはこれが正解であると証明するには、科学的な裏付けを必要とする。のみならず、常に一番安全で、しかも一番早い道は、根底に横たわる原理、原則を発見することである。一度これが解明できれば、秘語に用いられたすべての文字は適当に配置されてしまうのだ。

　八文字群のutschergを再び点検してみよう。どこかにこの語のドイツ語らしいところがあるかどうかだ。たとえばこの文字の前にdeを付ければ、語尾のgを除いてdeutscher(German＝ドイツの)に似た語ができる。第5図を参照してdeで終わる文字群を探してみよう。四十七行目にstdeがある。

　この文字群を八文字群の前に置いて見ると「St. Deutscher. g.」となる。これはまた他の語を暗示するかどうか？　stで終わる語か、gで始まる語かのいずれかを暗示している。もう来るところまで来たようだが、別の方法でもやってみよう。

再び第5図に戻って、使い慣れた語を探そう。一語を暗示するような行はないだろうか？十行目の kmex はどうだろう。xはどこの国語でも特殊である。だからk、m、e、xの組み合わせで成る一語を当ててみよう。繰り返していうが、パブロ・ワベルスキーはメキシコから国境を越えたところを逮捕されたのだ。mex はドイツの mexiko（mexico＝メキシコ）を暗示する。Mexiko の最後の文字 iko で始まる行はどこかにないか？ある！十三行目の ikop だ。この二文字群を一緒にすると、k. Mexiko. p. になる。

k. Mexiko. p. は他の語を暗示してはいまいか。Mexiko に先行して、kで終わる語を思い出せないだろうか？やってみよう。

八行目に ubli があり、百八行目に Rep がある。これは適当に配置すると「Republik Mexiko. p.」となる。pはどの語かを暗示していないか？していなければ、また最初からやろう。

しかし、これにかかる前に、すでに一緒にまとめた文字群を第6図のように書きとめて、何か方式が見つかるかどうかやってみよう。（文字群が発見された行数、文字群組み合わせの間の行数、すなわち間隔も合わせて示しておく）

文字解剖の第二段階に入る前に「間隔（インターバル）」とはなにかを説明する必要がある。naci は七十八行目、onal は八十六行目で発見した。七十八行目と八十六行目との「間隔」は八行である。

第6図〈第5図の文字をいくつかまとめてみる〉

| 行数 | まとめた文字 | 間隔(行) |
| --- | --- | --- |
| 78－86 | *nacional* | 8 |
| 9－17 | *peschena* | 8 |
| 63－71 | *utscherg* | 8 |
| 47－63－71 | *st.Deutscher.g.* | 16－8 |
| 10－13 | *k.Mexiko.p* | 3 |
| 108－8－10－13 | *Republik Mexiko.p.* | 8－2－3 |

rep は百八行目、ubli は八行目、kmex は十行目、ikop は十三行目にあった。百八行から八行までの間隔は八行。八行から十行までの間隔は二行。十行から十三行の間隔は三行だ。よって間隔は全部で8-2-3ということになる。

第6図は暗号解読には大して役には立たないが、St. Deutscher. g. を発見した行間の間隔は16-8、また Republik Mexiko. p. のそれは8-2-3だったということに注意しておかなければならない。

この二つの「間隔」には8という数字が繰り返されている。どちらかの8をはぶき、両者を一つにすると16-8-2-3の連鎖となる。

そこで St. Deutscher. g. の間隔16-8をとって、間隔2-3中の行と一緒にする。

St. Deutscher. g. の最後の四文字は七十一行目で発見した。七十一行から多い方に数えて二の間隔をおいて、七十三行目に ehei を見いだす。次の間隔は三だから七十六行目にあた

る。七十六行目には mage がある。そこで、
St. Deutscher. geheim.age.
というのができ上がった。
Geheim は Secret（秘密）だ。Deutscher geheim! ドイツの秘密！ 最後の age は agent で、「代表」に違いない。German secret agents! ドイツの密使！
八十四行目にちゃんとある。
St. Deutscher geheim agent pu.

### ワベルスキーに下された死刑宣告

私たちは今、スパイに関する書類を取り扱っているのである。では本当のスパイは誰なのだろうか……。パブロ・ワベルスキーなのか？ 一歩一歩慎重に運ばなければならないので、ＭＩ８がこの疑問に答えるには終夜かかった。間違いはあり得ない。彼パブロ・ワベルスキーこそ絶対にスパイの張本人だ。それを私

| | | | | | |
|---|---|---|---|---|---|
| 82 | ansu | 91 | iche | 100 | dsei |
| 83 | iese | 92 | nder | 101 | ede |
| 84 | ntpu | 93 | schu | 102 | sul |
| 85 | chen | 94 | nkon | 103 | nec |
| 86 | onal | 95 | rdem | 104 | bsa |
| 87 | unte | 96 | nkta | 105 | tzu |
| 88 | ange | 97 | vorz | 106 | nam |
| 89 | serl | 98 | enun | 107 | ndt |
| 90 | iess | 99 | gesa | 108 | rep |

### 第7図〈第5図を9行ずつ再配置する〉

| | | | | | | | | | |
|---|---|---|---|---|---|---|---|---|---|
| ① | 1 scha | 10 kmex | 19 bzus | 28 skia | 37 iche | 46 nkom | 55 send | 64 ehoe | 73 ehei |
| ② | 2 enpa | 11 ausr | 20 ndzu | 29 nbis | 38 einr | 47 stde | 56 hbit | 65 andi | 74 usch |
| ③ | 3 odet | 12 skon | 21 unkt | 30 npun | 39 sser | 48 inha | 57 mauc | 66 soro | 75 rder |
| ④ | 4 ftal | 13 ikop | 22 ende | 31 lsru | 40 nder | 49 maih | 58 peso | 67 rige | 76 mage |
| ⑤ | 5 ndbe | 14 hoer | 23 ramm | 32 ramt | 41 ngge | 50 neck | 59 punk | 68 iese | 77 verl |
| ⑥ | 6 arbe | 15 eleg | 24 sula | 33 stre | 42 ktvo | 51 eist | 60 berd | 69 hauf | 78 naci |
| ⑦ | 7 tzic | 16 ista | 25 deni | 34 eand | 43 lich | 52 heim | 61 ardt | 70 teri | 79 sist |
| ⑧ | 8 ubli | 17 hena | 26 aber | 35 gsze | 44 ehre | 53 ntau | 62 sang | 71 herg | 80 mauf |
| ⑨ | 9 pesc | 18 blow | 27 ufun | 36 gewa | 45 zuei | 54 eich | 63 utsc | 72 tnih | 81 ekai |

〈※白丸の数字は行を表す〉

たちは数学的公式で確かめたのだ。それはagentなる語がきっかけになって、次の連鎖8を得た。8がまた他のきっかけを作り、他の連鎖になっていったのである。そして16‐8‐2‐3‐8‐12‐8‐11という連鎖ができ上がった。この連鎖が繰り返され始めるのだ。第5図で定めたように、8の連鎖は九文字群または九行を代表する。数字9は私たちが取り扱っている行数108に深い関係があるから重要だ。12×9＝108だ。

説明を簡単にするため9×12＝108の式に従って、百八行を矩形に分けて第7図を作った。これが原文が秘語に置き換えられた方法なのである。

16‐8‐2‐3‐8‐12‐8‐11の連鎖を

前後にたどると、この複雑な秘語メッセージの全文が読破できる。

まず第一段に第二行目を、第二段に第九行目を据え、以下第八行目、第一行目、第四行目、第三行目、第六行目、第五行目、第七行目の順序で今までの各行を置いてしまえば、もうこの暗号は解読できるのだ。すなわち第8図のように置き換えられる。

16−8−2−3−8−12−8−11の連鎖をいつも念頭において、第一欄から第二欄へと曲線に従って読んでいけばよい〈編集部注、第8図参照〉。この曲線に沿った文字を水平に並べると、もっと読みやすくなる。ここでは、これを水平に印刷してみよう（第9図参照）。そうすればこの連鎖がよくわかる。各欄にあって連鎖が同一であることに注意されたい。これが、私たちが正解を得た何よりの証拠である。

第9図の各行の各々の連鎖は16−8−2−3−8−12−8−11である。この図をドイツ語に直すと次のようなことになる。

*Decipherment*
*An die Kaiserlichen Konsular-*
*Behoerden in der Republic Mexiko*
*Punkt.*

| ⑪ | ❷ | ⑫ |
|---|---|---|
| 83 iese | 92 nder | 101 ede |
| 90 iess | 99 gesa | 108 rep |
| 89 serl | 98 enun | 107 ndt |
| 82 ansu | 91 iche | 100 dsei |
| 85 chen | 94 nkon | 103 nec |
| 84 ntpu | 93 schu | 102 sul |
| 87 unte | 96 nkta | 105 tzu |
| 86 onal | 95 rdem | 104 bsa |
| 88 ange | 97 vorz | 106 nam |

### 第8図 第7図の各行を置き換えたもの

| 欄／行 | ❺ | ❸ | ❽ | ❾ | ❹ | ❻ | ❼ | ❶ | ❿ |
|---|---|---|---|---|---|---|---|---|---|
| ② | 2 enpa | 11 ausr | 20 ndzu | 29 nbis | 38 einr | 47 stde | 56 hbit | 65 andi | 74 usch |
| ⑨ | 9 pesc | 18 blow | 27 ufun | 36 gewa | 45 zuei | 54 eich | 63 utsc | 72 tnih | 81 ekai |
| ⑧ | 8 ubli | 17 hena | 26 aber | 35 gsze | 44 ehre | 53 ntau | 62 sang | 71 herg | 80 mauf |
| ① | 1 scha | 10 kmex | 19 bzus | 28 skia | 37 iche | 46 nkom | 55 send | 64 ehoe | 73 ehei |
| ④ | 4 ftal | 13 ikop | 22 ende | 31 lsru | 40 nder | 49 maih | 58 peso | 67 rige | 76 mage |
| ③ | 3 odet | 12 skon | 21 unkt | 30 npun | 39 sser | 48 inha | 57 mauc | 66 soro | 75 rder |
| ⑥ | 6 arbe | 15 eleg | 24 sula | 33 stre | 42 ktvo | 51 eist | 60 berd | 69 hauf | 78 naci |
| ⑤ | 5 ndbe | 14 hoer | 23 ramm | 32 ramt | 41 ngge | 50 neck | 59 punk | 68 iese | 77 verl |
| ⑦ | 7 tzic | 16 ista | 25 deni | 34 eand | 43 lich | 52 heim | 61 ardt | 70 teri | 79 sist |

*Strenggeheim Ausrufungszeichen!*
*Der Inhaber dieses ist ein Reichsangehoeriger der unter dem namen Pablo Waberski als Russe reist punkt Er ist deutscher geheim-agent punkt Absatz ich bitte ihm auf ansuchen schutz und Beistand zu gewaehren komma ihm auch auf, Verlangen bis zu ein tausend pesos oro nacional vorzuschiessen und seine Code-telegramme an diese Gesandtschaft als konsularamtliche Depeschen abzusenden punkt*　　*Von Eckardt*

右の手紙を完全に解読し、翻訳し

終わったときはもう夜が明けていた。ヴァン・デマン大佐に電話をかけるには遅すぎる。それだけではない、私が電話をかけるのを躊躇（ちゅうちょ）したのは、ワベルスキーの書類が解読できたからだった。日曜ではあるし、大佐は十時前は事務所にいないだろう。そこで寝ようと思ったが、興奮していて眠れない。結局、大佐を待つほか別にやることもなくなってしまった。

ヴァン・デマン大佐が事務所に入って来たとき、私は平気な態度を装った。私が待ち受けているのを見ると、大佐はちょっと驚いた様子だった。

「何だね、ヤードレー？」

机につくと、こう尋ねた。

「大変な重要書類を握ったんです」

私の声は少し震えていたかもしれない。

「だが電話はしませんでした。なにしろあまりに大物なもんだから、電話ではどうかと考えましてね」

大佐は何も言わない。私はワベルスキー暗号の翻訳を渡した。

### 訳文

メキシコ共和国所在ドイツ帝国各領事館御中　極秘

### 第9図〈第8図を曲線に従って置き換える〉

| 欄 | | | | | | | | | |
|---|---|---|---|---|---|---|---|---|---|
| ❶ | 65 andi | 81 ekai | 89 serl | 91 iche | 94 nkon | 102 sul | 6 arbe | 14 hoer | 25 deni |
| ❷ | 92 nder | 108 rep | 8 ubli | 10 kmex | 13 ikop | 21 unkt | 33 stre | 41 ngge | 52 heim |
| ❸ | 11 ausr | 27 ufun | 35 gsze | 37 iche | 40 nder | 48 inha | 60 berd | 68 iese | 79 sist |
| ❹ | 38 einr | 54 eich | 62 sang | 64 ehoe | 67 rige | 75 rder | 87 unte | 95 rdem | 106 nam |
| ❺ | 2 enpa | 18 blow | 26 aber | 28 skia | 31 lsru | 39 sser | 51 eist | 59 punk | 70 teri |
| ❻ | 47 stde | 63 utsc | 71 herg | 73 ehei | 76 mage | 84 ntpu | 96 nkta | 104 bsa | 7 tzic |
| ❼ | 56 hbit | 72 tnih | 80 mauf | 82 ansu | 85 chen | 93 schu | 105 tzu | 5 ndbe | 16 ista |
| ❽ | 20 ndzu | 36 gewa | 44 ehre | 46 nkom | 49 maih | 57 mauc | 69 hauf | 77 verl | 88 ange |
| ❾ | 29 nbis | 45 zuei | 53 ntau | 55 send | 58 peso | 66 soro | 78 naci | 86 onal | 97 vorz |
| ❿ | 74 usch | 90 iess | 98 enun | 100 dsei | 103 nec | 3 odet | 15 eleg | 23 ramm | 34 eand |
| ⓫ | 83 iese | 99 gesa | 107 ndt | 1 scha | 4 ftal | 12 skon | 24 sula | 32 ramt | 43 lich |
| ⓬ | 101 ede | 9 pesc | 17 hena | 19 bzus | 22 ende | 30 npun | 42 ktvo | 50 neck | 61 ardt |

〈※黒丸の数字は欄を表す〉

本信所持者はロシア人パブロ・ワベルスキーの仮名をもつて旅行するドイツ帝国臣民にして、ドイツ課報の任務に服する者である。要求に応じ保護援助を与えられたく、またメキシコ金一千ペソまでは随時前貸しありたし。本人の差し出す暗号電報は領事館電報として本公使館に打電を請う。

ヴァン・デマン大佐は繰り返し繰り返し訳文を読んだ。

「それがワベルスキー暗号の翻訳です」

私は説明した。

「メキシコのドイツ各領事に宛てたもので、ドイツ公使フォン・エカールトが署名していま
す」

ヴァン・デマン大佐は椅子の上でそり身になった。

「実に驚くべき書類だ」

彼は言った。

「ワベルスキーを絞首刑に処さねばならんね。一体どういう種類の暗号を使っていた?」

「これが私の翻訳したドイツ語です」

私はドイツ語の原文を大佐に渡しながら、

「これはドイツの転置秘語式の暗号なんでしょうね。宛名、署名、本文を最初ドイツ語で書き下し、それから打ち合わせた図表によって文字をあちこちと転置し、混合したものです。

私どもは文字をどういう風に転置するか、その原則となっている方式を発見するのに骨を折

ったわけです」

「図表は見つかったかね」

「見つかりました」

「実に感謝に堪えない。ＭＩ８の人たちにくれぐれもよろしく言ってもらいたい。仮に何一つ他の仕事をしないとしても、この大仕事をただ一つだけし遂げたというだけでも、君の事務所を置いておく理由は十分だ」

大佐は一人で頷きながら言った。

一時間あまりも私たちはワベルスキー文書の解読について話し合った。こうしてドイツ諜報員の身分証明方法が発見された以上、ワベルスキー暗号を使ってメキシコにいるアメリカの諜報員の身分証明証を作り、逆にドイツ密偵のように装わせることはできないものか、というようなことも話し合った。

パブロ・ワベルスキーことラタ・ウイトケ。第１次世界大戦中に米国で死刑を執行された唯一のドイツスパイ

二月十六日、パブロ・ワベルスキーは手錠をかけられ、厳重な監視をつけて汽車でサン・アントニオに送られ、フォート・サム・ヒューストンの陸軍刑務所に入れられた。獄中で裁判を待つ間、ワベルスキーは厳重な監視を受けていながらも、暗号の密書を書き、獄中から密かに通信しようとしていた。しかし密書はすぐに押収され、ＭＩ８に解読を要求された。密書は Señor K. Tanusch, Calle Tacuba 81, Mexico, D. F. に宛てたもので，文面は次のような内容だった。

「パグラッシュ氏の金庫に残しておいた手帳が欲しい。是非とも必要だ。サン・アントニオにある私書箱六八一 Señor Jesus Andrada 宛とすれば絶対に安全で、密かに私の手に渡ることになっている。この人たちに私の無罪を立証するのに必要な人名住所等忘失した。金、必要」

ワベルスキーは明らかに自分が絶望の淵に陥っていることを自覚していた。この密書に対する返信を押さえる目的で、アメリカの官憲はわざとワベルスキーの密書を郵送してやったが、返事はなかった。

一九一八年八月中旬、パブロ・ワベルスキーことラタ・ウイトケは、とうとう軍法会議に回された。罪名はドイツスパイ。審理は二日ほど続いた後、有罪の宣告を受けて絞首刑が言い渡された。パブロ・ワベルスキーの失敗は他のスパイたちの失敗同様、ＭＩ８の不眠不休

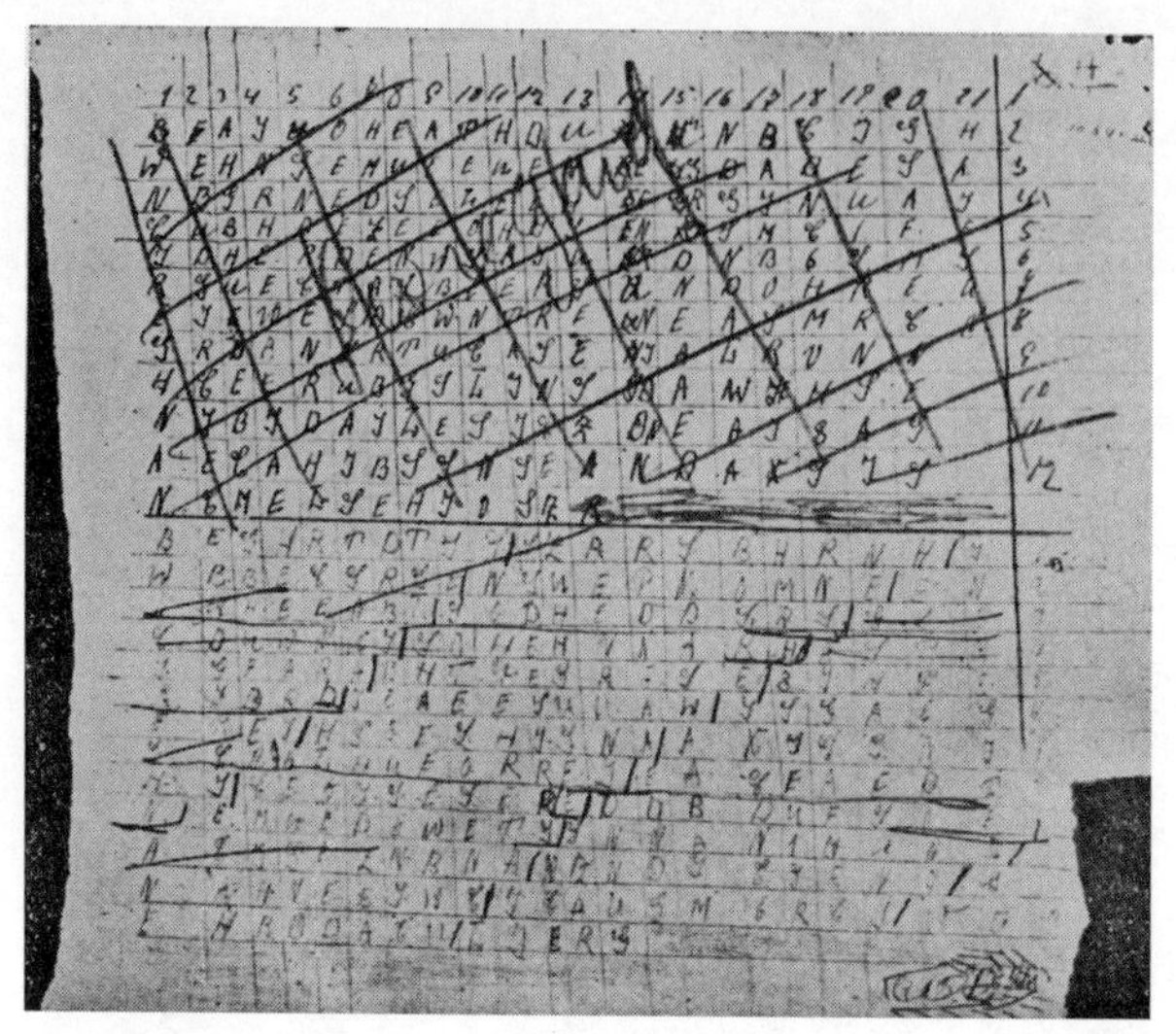

パブロ・ワベルスキーがメキシコのドイツ諜報本部に救いを求めて獄中で書いた暗号

の努力のたまものだった。

我々が経験と練度を積んでいくにつれ一個の組織体としての我々の勢力は、単にある個人の生命に影響するばかりではなく、諸国政府の決定をさえ動かすことになった。

# 第八章　女性スパイの活躍〔盗み出された暗号〕

## スペインの暗号解読に躍起の国務省

ある朝、国務省にいる私の旧同僚から電話があり、大急ぎでやって来いという。国務省を切り回しているのは外交畑の少数の閥で、電話をしてきた仲間も、この閥の中ではチャキチャキのエリートの一人だった。彼はＭＩ８の堂々たる後援者で、国務長官と膝組みで話のできる人物だった。この人物は、十六年にわたる私と国務省との関係中、最大の神秘的な人物であり、最大の黙り屋であった。彼と直接連絡をし合うようになってからもう何年にもなるのだが、彼の人柄は、私が初めて彼を知ったときとちっとも変わってはいない。生きたスフィンクスといってもよかろう。彼が何かいうときの声ははなはだ低く、聞き落とすまいとする私は、耳に全神経を集中しなければならない。

彼は一言も言わずに煙草を一本私にくれ、自分も火をつけた。彼がやっと口を開くまでにはたっぷり一分間はたっていた。彼のこの手に慣れきっている私が、いつも先方から口を切らせることにぬかりはない。ときとすると、彼の開口一番までには数分間経つことも稀ではなかったから、そのときは早い方だったのかもしれない。

「スペインの暗号」

まるで、ヒソヒソささやくような声だった。

彼の発した言葉の意味は、スペインの外交暗号文書の解読はいつになったらできるのかという催促であった。合衆国メーン州海岸の強力な無線電信局は、ベルリンのスペイン大使とマドリードのスペイン外務省間を往復する、外交暗号電報を幾百通となく傍受している。右の電報は、ドイツのナウエン無線電信局（ＰＯＺ）とスペイン無線電信局（ＥＧＣ）間でやりとりしているものだ。これらの他、ワシントン駐在スペイン大使の往復電報も、むろん我々の手に握られている。

「十人がかりでスペイン暗号を研究していますがね」

私は答えた。

「ぼつぼつながら研究は進んでますよ。数語だけは暗号の解読ができました。まだたくさんとはいえませんが、そのうちにはスペイン大使館同様の速さで読めるようになる確信はできました。いつまでにそれが……と、その点はまだ申し上げられませんがね。スペインは何種類かの暗号を使ってますが、その型は皆同じものです。一種類の暗号が解けさえすれば、他のはすぐです」

彼も私も、沈黙数分。相手は私の目を見つめ続けている。私はそれを外し、煙草を消した。この男の頭にどんなことが……私は考えてみた。

「なんとかならんのかね……」

「なんとかなるように一生懸命なんですが……」

また長い沈黙が続く。

「大丈夫か……な」

彼は何をいうつもりなのだろう……？　確信はないが、わかるような気がした。

「全力を挙げてやってます」

私は答えた。これでこの日の会見は終わった。他の筋から知ったことだが、スペインはドイツのスパイ援助の嫌疑をかけられていた。「スペインの暗号は解けたか！」とＭＩ８がうるさく催促されるのは、そのためなんだ。現に私のボスからも何度か解読の様子を聞き質(ただ)されている。断固たる手段に出る方がよくはないか……、そうした形勢になってきたようにも思えた。

みんなが興奮し焦っているなら、私としてもなにか情報を取って、うちの暗号学者たちを助けなければならない。そうだ、紙一枚でもいい。たった一つの解読した暗号文書でもいいのだ。いっそのことスペインの暗号帳を盗み出して写真に撮ってしまおうか？

国務省を引き揚げる前に、スペイン大使館の外交官連の履歴を一人残らず書き写した。そして私は、帰り道にキャプテンに会わなければなるまいと思った。

**暗号奪取工作計画**

情報部のような大きな組織では、たくさんの怪物を包容しなければならないものだ。だが、そのうちでも奇々怪々の筆頭にいるのは、私がこれからキャプテン・ブラウンと名をつける某キャプテンである。ある気の毒な犠牲者から秘密を探るために、女の密偵が必要になったとする。このとき合図を一つすると、「オー」と答えて、即刻、どんな用向きにでも適する女性を見つけ出してくる特技にかけては、このキャプテンは天下一品だった。

私がキャプテンに用事を頼むのは、これ以外にはなかった。若い女でも、年老いた女でも、痩せた者、肥えた者、美人でも、地味な女でも、ブロンドでも、ブルーネットでもお望み次第で、キャプテン・ブラウンは探し出してくる。

国務省からの帰り道、私はキャプテンをいきなり襲った。先生は一人でプカプカ煙草を吸っていた。おそらくひと仕事を片づけた後なのかもしれない。

「どうぞ」

椅子を指してのご挨拶だ。

「どうですキャプテン、景気は？」私は尋ねた。

「まあね」キャプテンは軽く笑って言った。

「さて、あれのことだがね、キャプテン、マイアミ（フロリダ州の有名な避寒地）の方にあの領事と一緒に送り込んだブロンドの美しいのはどうなりましたかな？」

キャプテンはデスクの上から両脚を下ろし、ぐいと机の引き出しを開けた。

「これはどうです」

写真を私に渡して、キャプテンは、

「今朝着いたばかり……。あの女のそばに領事が並んでいますね、奴さんも海水着を着るとよく見えますね。まるで若い恋人同士のようじゃありませんか」

なるほど、二人は大きなサンシェードに隠れて海岸に座っている。女は右の手を男にまかせて、左の手では美しい砂をすんなりした両脚にかけている。女は頭を後ろにかしげ、微笑む。何と美しい輝いた歯だろう。

「美人だね」

写真を返しながら私は言った。

「美人でしょう。私の傑作なんだからね」

キャプテンは叫んだ。

「領事は長持ちはせんね。こう、女から毎日情報が入るようではなあ。随分手数をかけよった。女が接近するまでに領事先生、二週間も恋愛ごっこだけで突っ放してたんだから。だが、そいつがいけないんだ。こうして恋仲となった領事先生は、もう前後の見境がなくなり、次の一週間以内には奴さん、ドイツ諜報部との因縁を吐いてしまうだろうよ」

領事は順調に進んだ。女は領事の愛人になった。もちろん予定通りである。だが、困ったことは女の方から美男の領事に本当に惚れてしまったことで、それ以来、情報はぱったり来なくなった。女の密偵が役に立たないのはこのためなんだが、チャンスはいつもないことはない。

「キャプテン、また一つお願いなんだが……」

「なんでしょう……」

「それをこれからお話しするんだがね、私はワシントンの社交界の娘さんをね……」

「そいつはどうだか、私は上流方面の娘は扱っていないのでね」

「扱わなくちゃあね。むろん本国人のようにスペイン語が自由でね、教養も、頭脳も、そして魅力も、三拍子四拍子そろっててほしい。その上に話がうまく、陸海軍、外交閥、国粋党の伝統の後光が射しているとなおいい。年は三十に手の届くところ。以上の条件は絶対に必要だ。美人の条件、こいつは君の判断に任せるが、その候補者には明日の午後、ここで会うことにしたい」

キャプテンは返事をする前に、ちょっとたじろいだ表情を見せた。

「その女が何の御用に立つのか、お伺いできればいいですね」

「それはいえないよ」

「よござんす。ブレークスリー夫人（特に仮名—原著者注）に会ってみましょう。あの夫人ならワシントンの社交界を切り回しているし、引き受けました。その女が来るときはお知らせします」

ヴァン・デマン大佐は海外に出張を命じられ、陸軍課報部長はチャーチル将軍に代わった。かれは参謀長マーチ将軍と昵懇（じっこん）の間柄なのでヴァン・デマン大佐以上に自由に手腕が揮（ふる）える。私は何べんとなく新課報部長と会見はしたが、将軍の事務所に行くたびに、何かこう気が許せないような気がしてならない。チャーチル将軍のＭＩ８に対する感じはいいようだったけれども、将軍はこの冒険にどんな風な相槌（あいづち）を打ってくれるだろう？

たくさんの将校たちが将軍との会見を待たされていたが、一部の責任者にすぎない私は優待を受け、大して待たされはしなかった。

ドアを開けたとき、チャーチル将軍は部屋の中にぽつねんと一人でおり、卓上電話で司法部と話をしていた。ヴァン・デマンとは違い、チャーチルは堂々たる恰幅の持ち主で、物腰も恰好も立派な将軍である。灰色の双眼は炯々として人を射るかのようだ。一文字に結んだ口元、顎先に力をためてときどきは破顔し、微笑する。まことに兵隊の様子は知っているけれども、下僚に向かってことさらに威儀を繕うこともない。自分たちも将軍に対しては、つい胸襟を開く気分になる。そして、我々が使われているこの将軍が、大戦中に育成された、最も偉大な行政官の一人であることを発見するには、さほどの手間ひまはいらなかった。

マールボローウ・チャーチル少将

将軍は受話器を掛けた。右手で椅子を勧める。

「用事は？　ヤードレー」

「今朝、国務省に呼ばれまして、国務省ではスペインの暗号電報が大変な心配ごとでして……」

「それは、わしたちも同じことだ」

チャーチル将軍はMI8を何時間か見学したことがあるから、暗号解読作業がどれほどの大事業かは、少なくとも表面的には理解していた。

「チャーチル将軍！」

私は切り出した。

「スペインの暗号は、最後にはわかりましょう。ですが、いつそれができるかということになりますと、外部からのご援助を願わなくては申し上げられません。暗号解読のセクションとして成功するには、外国暗号の情報を誘い出す秘密の手先が必要です。こまごまとしたことでお暇はとらせません。ただ、引っくるめて暗号といっている秘語、隠語の型はほとんど無限だ、ということだけは申し上げられます。

機密室の中で働く暗号解読者は、まず第一に暗号の『タイプ』は何であるか、それを突き止めなければなりません。無限の材料があり、無限の下働きがあるにしても『タイプ』を突き止めるまでには数カ月はかかります。ましてや解読の手引きとなる解剖の文脈を突き止めるのはなかなかのことではありません。暗号解読者は、こんなたくさんの問題を暗中に模索しなければならないものです。役所の情報部から資料をお授け願わなければなりません。それが叶ったとしても、暗号解読者の仕事は本人の創造力のすべてを傾注しなければなりません」

「話はよくわかる。では、何をしてくれと言いたいのかな？」

　そこで私はキャプテン・ブラウンとの相談を話し、その女を使うのはどういう魂胆からであるかを打ち明けた。

「やってくれ。これで好いのかな？」

　将軍はいった。あとの計画まで打ち明けたものかどうか？　潮時のようにも思われる。

　私は言った。

「蓋を開けたばかりですからね。ぶちまけますと、私は手先を南米にやって、スペイン政府の暗号の写真を撮らせたいんです」

「誰をやろうというのか？」

　将軍が唸った。

「将軍はボイドをご存じでしょう」

「知ってるよ」

「ボイドを使いたいんです」

「ええ!?……ボイドは合衆国政府が使っている南米きっての工作員じゃないか」

　チャーチル将軍の横槍だ。

「それは知ってます」

私は答えた。将軍は私を眺めて、ちょっと顔をしかめたが、すぐ、

「ボイドと相談したらいいだろう。まず計画を樹てることだ。それから費用の見積もりだね。それができたら二人揃って私に会いに来てもらおう」

ボイドはワシントンにいなかった。次の日でないと帰ってこないらしい。私は帰ってきたらただちに私の事務所で会うことに手筈を整えた。

## ブルーネットの女性工作員

次の日の午後遅く、キャプテン・ブラウンは電話で私を呼び出し、来てくれないかという。奴さん、よほど上機嫌らしい。

「女は見つかったのかい？」

私もつい熱心に訊いてしまった。

「自分で来て見たらいいじゃないですか」

奴はクスリと笑った。

「そして、合図は『好かったね』とやってもらいましょうかい」

キャプテンの部屋に入ったとき私は思った。いやはや彼は美人の判断にかけては大したものだと。先生は十中八九までブロンドを採るんだが、その女はブルーネットだった。女は黒

の粋な洋服、ピッタリあった帽子、褐色の大きな眼だ。キャプテンが紹介してくれると、赤い唇がパクリと開く。魅力的な微笑だ。キャプテンご自身もご機嫌に浮かれていた。掘りだしものはどうですかといった自慢の表情である。

ご両人は非常に仲が好いらしい。現に私がオフィスに入ったときにも二人は旧友のように話し合っていた。キャプテン・ブラウンは紹介が済むと、タイプした三、四ページの紙を私に渡し、私たち二人を残して出ていった。

渡された女の秘密の履歴書を静かに読みながら、私はこれからどう工作を進めて行ったものかと考えた。これは自分の経験にもほとんどなかったからである。

「お嬢さんは、アボットさんとおっしゃるんでしたね？　キャプテンは何かお話ししたでしょうか？」

そろそろと始めてみた。

「なんにも。面白いお話は伺ったんですけど……」

この女性は信用していいのかどうか、たじろぐ気味もないではない。女の履歴が気を落とさせたのではない。女性工作員の失敗談を聞き過ぎているからだ。だが、成功のチャンスはいつでもあるのだ。よし、女が私たちの秘密をすっぱ抜くにしても、女がやることはといえば、せいぜいアメリカ政府はスペイン政府の暗号解読に血道をあげている、とただ告げ口をするだけじゃないか。スペインがそれに感づいたら、暗号を変えるまでじゃないか。

「お嬢さんは、どうしてここに来ていただいたのか、お分かりにならんのですね」

私は最初から説明を始めることにした。

「ええ、分からないんです。ブレークスリーの奥さんからも、こちらにお伺いするようにというお電話だけだったものですから。そのわけは何にもおっしゃらないんです。本当におかしい、とは考えたんですけど、奥さまはいつもそういうお方なもんですから……」

「スペイン大使はお知り合いでしょう？」

「え、存じてますけど」

「大使館の方は？」

「少しですが」

そうだ、と私は考えた。最善の策をとるとすれば、何かの機会に女の性質、分別力の見極めがつくまではなるたけ話をしないでおくに限る。

「スペイン大使館のどなたかともっと深い関係になられることはできるでしょう」

「それはね……」

と彼女は微笑して、いった。

「あちこちでお眼にかかるんですから」

すでに彼女は陸軍の情報部で訊問（じんもん）にあった経験があるのだから、好奇心に燃えているに相違ないと思った。しかし彼女は何も訳を聞こうとしない。それを善意に解していいのかどうか、私にはわからなかった。しかし、どんなに安く踏んでも女は賢く、稀に見る美貌の持ち主には違いなかった。

「スペイン大使館のどの書記官が、外交文書の暗号帳の受け持ちになっておられるんでしょう？　ただその方のお名前だけを伺えばいいんです。目立たないように、それとなくこのお調べをお願いできないでしょうか」

「できましょうとも」

彼女は自信があるように「そう難しいとは思えませんけど」と、いとも軽く答えた。

「結構、ご成功でしたら、一刻も早くお眼にかかりたい。こんなことが面白いと思われるなら、あとでいくらでもお願いすることがありますよ」

「もちろんです。面白いどころではありません。でも、ハッキリお指図を伺っておきませんとね。外交文書の暗号を担当していらっしゃるお方の名前、それもスペイン大使館で疑念を起こされないように調べてくれ、とこういうご注文なんですね？」

「その通りです」

彼女は私のこれまでの苦労を憫笑（びんしょう）したように思われた。というのは、彼女が入口に立って、

ニッと笑いながら、

「では、明日ね」

と言って立ち去ったからである。

## アメリカの南米秘密工作員

事務所の階上に上がると、ボイドが待っていた。ふさふさとした黒い髪、がっしりとした体格に漂っている敏捷な感じが私を引きつけた。彼は極端なほどに怜悧な男で、信頼できる男だ。

私たちはすぐに当面の諸問題を打ち合わせた。ボイドは恐ろしいくらいに興味を示した。

ボイドは諜報工作の成功談ではかなり知られた実績を持っていた。スペイン語はスペイン人顔負けに喋るし、ニューヨーク銀行の現地代表者として、これまでの人生を南米に捧げた男である。南米諸共和国の著名な人物のほとんどとは昵懇の間柄だ。


「暗号帳を手に入れる相談だが、どうする?」

私はいきなり突っ込んでみた。

「話の筋が通らんようだが」

と、しっぺ返しがきた。

「戴けるものが戴ければ、暗号帳でも手に入れてご覧にいれますが、勘定書はきっと突きつけますよ。だが、役人を買収するか、金庫破りを使うか、使いの者を闇討ちにするかどうか、その辺のところは私の胸三寸にたたんでいたい」

私は苦笑した。

「いいね、金はどれほどに、ということになるようだが……」

彼は返事をする前に一考した。

「二万ドル、と切り出したら、どうします？」

「そんなことなら……」

私は答えた。

ボイドは黙って部屋の中をあちこち歩き回っていたが、私も黙って見過ごしていた。そしてとうとう彼は切り出した。

「だいぶ難しいことになるようだ。最初にパナマ運河地方に出かけ、どれほどのことができるか調べてみます。うまく行ったらコロンビアからチリにのすんですね。ここいらでは渡りは十分についています。パナマの情報部の人や、コロンビア、チリなどの合衆国代表などに用はない。私一人だ、働くのはね」

「よさそうだね」

私は受けた。

「合衆国の代表者に渡りをつける必要があれば、なんとか私の身分証明をしていただかないとならないが……」

「いつもの通りでいいだろう」

「そうですね、でもワシントンとは電報の連絡をつけておかなければいかん。訓令も受けなければならないかもしれないし、私の仕事がどうなっているかも報告しなければならんでしょう。どうでしょう、あなたのご意見は？」

「もちろん」

私は答えて、続けた。

「君の電報は合衆国官憲の手で送らせるが、そうすると君の身分がわかってしまうだろう。知っての通り、合衆国か中立国の代表者の打つものでない限り、電報を個人の暗号で打つことはできない。それ以外の電報は普通語で打つことになっている。そうでなければ、商業暗号帳のどれかの標準に従って打つことになっている。商業暗号の電報なら、検閲官がＯＫする前にその暗号を解読し、電報に何かの隠した意味があると睨(にら)んだが最後、決して打電させる温情など持ち合わせていない」

「むろん検閲官に私の電報を読ませる訳にはいきませんね」

「もちろん駄目さ。君はドイツのスパイと同じ立場にあるものと考えておかないとなるまいね。問題はどうして中部アメリカからワシントンに打電するかということになるだろう。この電報はワシントンの隠し宛名に打つんだ。そうだね、調べを受けてもバレないようなところに打ってくるんだ」

「送受信双方の隠し宛名は、この際実に簡単だが」

ボイドは答えた。

「問題は検閲官の眼をくらまさなければならないことです。で、表面は何の企みもないような暗号電報で、内実は他の意味を持たせた電報を打ってもらいたい」

「そうだね」

私は言った。

「検閲官を遣りこめにゃならん。訳もないこったよ。今夜訓令を書き上げておこう。明日、君がそれをみて暗記してくれるんだね。それから、君に隠しインク実験室に行ってもらわなきゃならない。郵便を利用する場合もあるだろうからね。君にその隠しインクというものを差し上げよう。それに使用法、手紙の書き方、あるいはこちらから出す密書をどのように現像するか、というようなこともお話しするわけだ」

ボイドはうなずいて、質問をしてきた。

「検閲官を電報でごまかす方法ですが、どんな工夫がありますかな」

「そう、ドイツ式暗号の変えた奴をやればいいだろう。ドイツの有名な女スパイ、ヴィクトリカ夫人というのが二、三カ月前にニューヨークで逮捕された。夫人宛の手紙が官憲の手に押さえられた。それを手本にすればいい。手紙の秘密な書き方が幾通りも発明されている。その中の一つの方法によって電報を打てば、英国検閲官の目をパスするのは雑作もないことだ。実に滑稽なほど簡単な方法だけれども、腕利きの暗号学者の眼でもごまかすことができるものだ。そうだね、お話をしている間に一つヴィクトリカ夫人の秘法というのをお目にかけようか」

私は金庫を開いて書類の綴りを引き出した。ボイドの眼が興味に輝いて、私についてきた。

「合衆国が世界大戦に参加するちょっと前のことだった。次のような電報がドイツから夫人の許に届いた。ちょっと見ただけでは何の魂胆もない電報だが……」

と言いながら、私はボイドにその電報を見せた。

From Germany
To Schmidt & Holtz. New York
Give Victorica following message from her lawyers lower terms impossible will give

further instruction earliest and leave nothing untried very poor market will quote however soonest our terms want meanwhile bond have already obtained license.

Disconto

「この電報は表から見ると何でもないように見えるんだが」

私は言った。

「訴訟事件か商売の用件と思われるだろう。とにかく、その時分はヴィクトリカなるものが何者だかまるでわからなかったので、手もなく英国検閲官を通過したものだ」

私は一つの書類を引き出した。

「これだがね」

私は言った。

1=d t
2=y n z y
3=m w
4=q r
5=s sh
6=b p
7=v f ph
8=h ch j
9=g k x
0=l c

「このタイプの暗号電報の解読方法を教えた手紙の写真がこれなんだ。これで我々の研究室で仕上げた密書の書き方がおわかりだろう。平文で書いた文書の一語一語中の最初の子音は数字の代わりになっている。右の電報をこの原則に当てはめて見ると次のようになっ

0=lower
1=terms
*=impossible
3=will
9=give
7=further
* instructions
* earliest
* and
0=leave
2=nothing
* untried
7=very
6=poor
3=market
3=will
4=quote
8=however
5=soonest
* our
1=terms
3=want
3=meanwhile
6=bond
8=have
* already
* obtained
0=license

ている。数字表をこの電報の最初の子音に当てはめていくと、右のようなことになる」〔訳者注、*印は母音で始まっているから問題外とする〕

「上の数字を五数字一連にしてまとめ上げると01397, 02763, 34851, 33680となる。ところでドイツからヴィクトリカ夫人に来ていた指令というものは、五数字一連を逆さまに読めということになっておったから、33680, 34851, 02763, 01397となるだろう。一番広く用いられているのはＡＢＣコードだ。これはどこの電信局にもあるものだ。ヴィクトリカ夫人への指令というのは、この五数字一連をＡＢＣコードによって解読せよということになっていたから、文面は次のようになる。

（1） 33680 = Remittance sent to-day

（2） 34851 = as safe as possible
（3） 02763 = you must arrange immediately or it is useless
（4） 01397 = on account of political affairs
〔訳者注、（1）今日送金した。（2）出来るだけ安全に。（3）即刻手配すべし、遅れれば無益。（4）政治事件のために。全部の大意は「今日できるだけ安全に送金した。即刻手配あれ、そうしなければ政治事件のため無益となる」となっている〕

「いい頭だな、それに非常に安全にできている」

ボイドは答えた。

「よろしい。ではこの式をもじったものを作り上げて、明日お会いすることにしよう」

## 女性工作員の誕生

翌朝、事務所へ行ってみるとアボット嬢が応接室で待ち受けていた。私は驚いた。なにか非常に興奮しているように見え、女の両眼は異様に輝いていた。

「もう何か始まったかな？」

私は言った。

「ゴメス（原著者注、特に仮名）ですよ」

彼女はそう言い、唇をほころばせた。

「実に素早くわかったもんですね」

「全く偶然のことからでした。昨晩、ある大使館員の方をお伺いしたんです。いろいろお話ししているうちに、自由公債（リバチ・ボンド）の売り出しだけでは面白くない、何かもっと面白いことはないかしら、と真顔で言っちゃったんです。アメリカ政府は、本国でも外国でも、しきりに役人の大増員です。私はタイプも速記もできない、だけど書類を整理するとか電報の暗号を解くとかいうことならできます。こんなことは本当に難しいことでしょうか……。などとおしゃべりをしているうちに、とうとうゴメスさんの名が出てきて、暗号を取り扱っているようなこともわかったんです」

「そんな偶然のことで、何を言っているのかわかりませんね。何か計略を使ったんじゃないのかな？」

アボット嬢は答えなかった。二つの眼が私を見て笑う。

「あなたはゴメスと知り合いですか」

私は尋ねた。

「今は駄目なんです、けど……」

「ではつづけて仕事をしたいというんですね」

「もちろん、そうです」

私は事務所で彼女と二人っきりでいる間に、たくさんのスペインの外交文書を見せた。

### スペイン政府暗号電報の一例

*Example of Original Spanish Diplomatic Code Telegram*

W U
Govt Code

4-8-18
Dato Ministre Affaires Etrangeres G Madrid Ambassadeur Espagne Washn.

| | | | | | | | |
|---|---|---|---|---|---|---|---|
| 30116 | 2379 | 1623 | 6350 | 0675 | 7747 | 4396 | 4327 |
| 2424 | 4338 | 0803 | 3883 | 1214 | 0571 | 1638 | 1215 |
| 1899 | 3369 | 1214 | 1703 | 5156 | 1214 | 5180 | 1703 |
| 1093 | 7276 | 7632 | 0414 | 7987 | 2413 | 8330 | 7096 |
| 6815 | 0733 | 1214 | 1126 | 8676 | 5686 | 6815 | 0373 |
| 3780 | 8373 | | | | | | |

Dato Ministre Affaires Etrangeres（stop）

「スペインの外交文書の暗号を解くのが一つの仕事になっているんだが……」

私は説明を始めた。

「この数字の一連一連に、あるいは一文字、あるいは一音節（シラブル）、一語、一句、場合によっては一文章が代表されている。だんだん解剖を進めていけば、結局、右の暗号の意味はわかるわけです。スペインの暗号組織の断片的な知識ならもう手に入ってはいるが、まだまだたくさん知りたいんです。あなたがゴメス君からとってくれる情報は、私たちに何カ月かの辛労を省いてくれるでしょう。たとえば――」

と私は続けた。

「たとえばコードの大きさはどうか？　アルファベット順になっているか、それとも一部二部に分かれているか。アメリカ政府の暗号組織を例にとって、あなたに説明してあげることはもちろんできないが、ここにあるドイツ軍の塹壕（ざんごう）用暗号の戦利品をご覧なさい……」

「これには千二百語くらいの暗号しかない。二冊一巻、一冊は平文を暗号にするためのもので、もう一冊は暗号を平文に直すものだが、この式は我々が転置暗号と言っているものです。ご覧なさい、平文のドイツ語はアルファベット順になっているけれども、暗号の方はアルファベットの順序が滅茶苦茶（めちゃくちゃ）になっている。この頁の最初のドイツ語はWACHEだが、暗号

## ドイツ軍塹壕用暗号の1頁

Wache ……………………uwl
Waffe ……………………rjw
＊Wagen ………………apl
während……………………sjk
wahrscheinlich…………ktf
Wald ……………………apw
wann ……………………rqv
＊war ……………………upx
＊waren ………………rvp
warm ……………………kkv
warten …………………rej
warum……………………uxw
was…………………………rrd
Wasser …………………kud
＊Wasser, destilliertes
……………………rzl, sga
Wechsel ………………aqs
＊Wechselstrom-maschine
…………………………rlf
weder …………………ubm
Weg ……………………rkx
＊weg……………………aiv
Wegegabel ……………ryx
Wegekreuz ……………klj
wegen……………………sse
weichen ………………uuh
weiss …………………kvw
＊weisse Leuchtkugeln…rbl
weit ……………………ksi
＊zu weit………sqr
weiter …………………rsq
weitergeben ……………aov
welcher …………………sfi
＊Welle …………………kvx
wenig ……………………aex
＊zu wenig………ung
wenn ……………………acd
werden …………………kdo
＊wird ……………uoz
werfen……………………rtw
＊geworfen ……uqk
Westen …………………rle
westlich …………………spd
Wettr ……………………uke
Wetterwarte ……………anj
wichtig …………………umx
Widerstand………………smj
＊wie………………………rfe
wieder …………………uvd
wiederholen……………sip
wiederholt ………………kcr
wiedernehmen …………adv
Wiese ……………………ulf
wieviel …………………ajf

Blinde Signale………………sxk, kio, urm, ayo, rbi

の方はUWLになっているでしょう。次のドイツ語はWAFFEとなっているが、それを表している暗号はUWでは始まらずRJWとなっている。この通り暗号の順序は滅茶苦茶になっているんです。これもそうだが、この頁の一番下の

Blinde Signale………sxk, kio, urm, ayo, rbi

です。この三文字一連の暗号は全然なんの意味も持たせていない暗号です。この無意味な暗号が全文中のあちこちにバラまかれている。暗号を解く者には、これが大変な厄介もので、無意味な暗号だということを突き止めるのは非常に難しい。私どもはスペイン政府の電報にはこのような無意味語を混ぜ込んではいないかと疑っています。で、貴女(あなた)がこの辺の消息を突き止めてくれたら、大助かりというわけなんだが……」

彼女が入念にドイツ軍の塹壕用暗号を調べている間、私の言葉も途切れていたが、

「お言葉はわかりましたですが……」

彼女はとうとうそう言った。

「そうかな……。とすると、ほんのチョッピリの情報でも、暗号解読に苦労する者にはどれほどにありがたいものか、ということもわかっていただけることになりますね」

といっても、もちろんボイドの使命のことを彼女に話して聞かせる気はなかった。ボイドが見事、自分の役目を果たすとしても、それはそれだ。この女も同様に、非常に役に立つは

ずだ。

「ご覧の通り、ここにあるスペインの暗号文を解剖していくと、スペイン政府は随時随所に、あらまし十種類の暗号を使っています。しかしこれにはすこし疑問があるので、どうしても基礎の暗号となっているのは一つか二つしかないと考えてしまいます。その他の暗号は、このただ一つか二つかの基礎的な暗号から転化した暗号にすぎないと見ています。私どもの間では後の方の暗号をエンサイファメント（ENCIPHERMENT）といっている。つまり新規まき直しに新しい暗号帳を作るというのではなく、古い暗号の配列の順序を変えただけのものです。

そこでご相談だ、私はスペイン政府がどういうふうに暗号順序を変えたか、それを貴女に探り出して下さいとまでは言いません。だが、スペイン政府が果たして右のエンサイファメントをやっているかどうか、その点だけでも突き止めてくれたら、私たちは大助かりだ」

ボイドが右の幾種類かの暗号帳の一つを手に入れてくれて、またこの女が他の暗号は転化した暗号かどうかの事実を確かめてくれる――ここまでうまくいけば、残りの私たちの仕事は、スペイン政府の暗号構成を発見するだけだ。もし構成というほどのものがないときまったら、スペイン政府は基礎的な暗号と、それから転化した第二次の暗号とを使用している、というそれだけの事実を確かめられただけでも我々は大いに助かる。否定的な情報と肯定的な情報とが、同じように価値のあることも間々あることである。

「私も暗号学を研究したくなりましたわ……」

彼女は言った。

「よろしい、速成で貴女にお教えしよう。だが、あまりのめり込んではいけないですよ。だいたい暗号学者というものは大したことは仕出かさないものです。それよりも、何か情報をとってくれたら、私たちにはどれほど役に立つかわからない。あなたがゴメス君をモノにすることができたら、それで貴女はもう仲間第一の暗号学者になるんだからね」

「やって見ます！」

彼女は言った。

様子を見ただけで、この女性が成功するだろうという見極めはつく。私はそのとき、なぜかゴメス君を気の毒に思ったことを自白しなければならない。

彼女が帰りそうな素振りを見せたので、私は彼女の方に振り向いて言った。

「何か情報があったらすぐ知らせてくれますね。用心をしなさい、他のこともね。まあ私から余計な念を押さんでもいいことかもしれませんが」

「え、え」

彼女はそう返事をして、「大丈夫です」というような微笑を眼元に見せながら出て行った。

## 見事な手際を見せた二人の工作員

　ボイドがパナマ運河地帯に向かってワシントンを出発したのはそれから数日後であった。そしていくばくもなく、彼から便りがあって、私の手元にあるスペイン政府の外交文書の写しを電報で急送するようにいってきた。「首尾はどうだ」と打ち込んで見ると、簡単に「満足に進捗中」と打ち返してきた。続いてカナダのロイヤル・バンクを通じて送金を求め、至急取りはからってくれというような通信がきた。

　その頃、ボイドは写真に撮ろうとしている暗号について疑いを持ち出したようだった。ボイドはその暗号帳が、果たして我々が要求した暗号帳であるかどうか、確信がなかったらしい。ある夜、ボイドはスペイン領事館に忍び込み、外交文書用暗号の入っている鋼鉄の金庫を開いたが、その暗号帳で我々が打電したスペインの暗号電報を解読することはできなかった。暗号帳が間違っているのではないか？　ボイドは疑ったのだ。のみならず、この暗号帳を夜毎に忍び込んで写真に撮れる頁数はほんの数頁にすぎない。これではかなりの日時を要すると言ってきた。

　ボイドが発見した暗号帳で、スペインから米独間に往復された暗号電報の解読ができないと聞いても、私たちは別に驚かなかった。アボット嬢から入った詳しい報告で、スペイン政府の外交暗号のさまざまな状態を私どもはすでに手に握っていたからだ。各種のコード間の入り乱れた構成は、ただ驚くほかはないくらい上手にできている。アボット嬢の報告に基づき、また暗号学上の解剖によってそれを確かめてみると、スペイン政府は全部で二十五種の暗号帳を使用している。電報ごとに「指令」の一語が頭に座っている。この指令でその電報を解読する特定の暗号帳を教えてあるわけだ。私どもが確かめ得たところによると、右の「指令」並びにその使用される都市名の全部の表は次頁の通りである。

アボット嬢は、右の指令の性質について多少の情報をとってくれたが、二十五種の暗号帳を研究し、見事に金的を射ち落とすことは実に難しいことだった。

アボット嬢が取ってきた一番重大な情報は、この二十五種の暗号は九種に類別され、一類別間の暗号はわずかに違っているだけだということであった。九種の類別というのは次の通りだ。

1. 9–32–74
2. 131–132–133–123–153–143–141
3. 153–155–159
4. 153–253

| INDICATORS | CITIES |
|---|---|
| 9 | San Juan |
| 32 | Santo Domingo |
| 74 | Panama |
| 101 | Berlin, Bogota, Havana, Washington, Lima, London, Vienna |
| 123 | Mexico |
| 129 | Buenos Aires |
| 131 | Caracas, New York |
| 132 | Mexico |
| 133 | Mexico |
| 141 | Lima, Quito, Buenos Aires, Mexico |
| 143 | Havana, London |
| 149 | Montevidio, Buenos Aires |
| 153 | Washington |
| 155 | Bogota, Havana |
| 159 | Vienna |
| 167 | Berlin |
| 181 | Costa Rica, Guatemala, Salvador |
| 187 | Mexico |
| 209 | Salvador, Costa Rica |
| 215 | Sofia, Vienna |
| 229 | Havana, London |
| 249 | Washington |
| 253 | Berlin |
| 301 | Washington, Berlin, Havana, Mexico, Buenos Aires, Paris, Bogota, Lima, Panama |
| 303 | Berlin |

5. 167-187
6. 181-141-101
7. 209-229-249-129-149-159
8. 215
9. 301-303-101

ボイドから消息があった数日前に、マドリードのスペイン外務省はワシントン、コスタ・リカ、パナマ、サント・ドミンゴおよびリマに宛てて同文電報を送った。この電報が同文電報でなければならないと睨んだのは、それぞれ電報が同一の指令番号をつけられていたからだ。この同文電報は四つの違った方法で送られた。ワシントンとコスタ・リカへは暗号番号301、リマへは141、サント・ドミンゴへは32、パナマへは74だった。

これこそ待ちに待った好機会の到来である。同一文言の電報が、各種の違った暗号で綴られているではないか！　ボイドはそのうち暗号番号74にあたる暗号帳を送ってくるという情報だ！　74号の暗号帳が手に入る以上、右の同文電報の解読ができるのはもちろんである。同時にまたワシントン、リマ、サント・ドミンゴ宛の同文の暗号電報に、右の解読したものを照合すれば、残る三つの暗号帳の正確な正体も突き止めることができることになる。数語だけ突き止めさえすれば、同一暗号中の他の暗号は自ら氷解していくものである。

ボイドの情報がＭＩ８のスペイン部に伝わると、たちまち興奮の渦が巻き起こった。一刻も早くその暗号帳を写真にとって、郵便行嚢で急送するようボイドをせきたてた。251頁の写真がすなわちそれで、私が手に入れた書類の中でも最も興味のあるものの一つだった。

写真の上部の紐が面白い。これはボイドが一頁を一度に写真に撮るため、開いておいた証拠だ。なおよく写真を見ると、スペイン政府がその暗号帳をほんの少しずつ変えていった仕方がわかる。この暗号帳は基本的な暗号帳から転化された第二次暗号帳だった。数字暗号に向かい合って、スペイン語でその暗号の意味が出ている。だがよく見ると、基本暗号帳の数字欄の上に薄い紙を貼り、別の数字を印刷して貼りつけている。

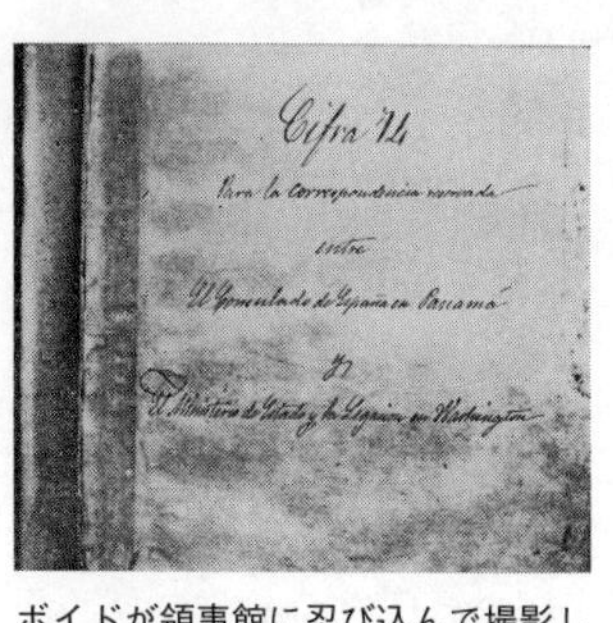

ボイドが領事館に忍び込んで撮影したスペイン政府の暗号帳の表紙

指索引 THUMB INDEX（書物の横側に指ではねるようになっている索引、写真参照）はペンで書き足してある。頁の上の普通語に向かいあっている数字はいろいろな形の言葉を指示する。たとえば最後から二番目の"ACEPT-AR-ACION-ES"はいろいろな使い途がある。電報を解読する者は、その電報の内容に従って適当な解釈を加える。

この暗号帳が手に入ったので、我々は徐々に、且つ確実に九類別になっている暗号帳とそれから転化している二十五種の暗号の解読に取りかかった。

ボイドは暗号帳撮影に使った乾板（ネガ）をどう処置したものか問い合わせてきたので、普通の洗濯用アルカリ液で洗えば感光膜は綺麗になると教えてやった。もちろん問題の文書一切は破棄するようボイドに命令した。

外の類別に属するスペイン政府の暗号帳も手に入れた。ボイドにはコロンビアのボゴタに行けと電報を打った。彼はその翌日ボゴタに向かうと、「まだ残っている暗号帳があるなら手に入れて見せる」と返電してきた。

アボット嬢の役目は完全に終わったが、彼女はワシントンの外交団を翻弄するゲームを続けていきたいと熱望した。我々はチリ政府の外交暗号の秘密を打破し、すでに数カ月間、同政府の暗号電報をやすやすと解読していたが、チリ政府は突然別の暗号を使い出した。しかし、新暗号は我々の手に握られている旧暗号の配列を変えているだけだから問題はない。もっとも、解剖の結果、それがわかる前にアボット嬢はチリ政府の新暗号の写真を我々の手に渡してくれた。

字からでも判断できるように、チリ政府はまずその外交文書を暗号にすること、ついでにその暗号を旧暗号から転化させることによって、政府の往復通信を一層難解にしようとした

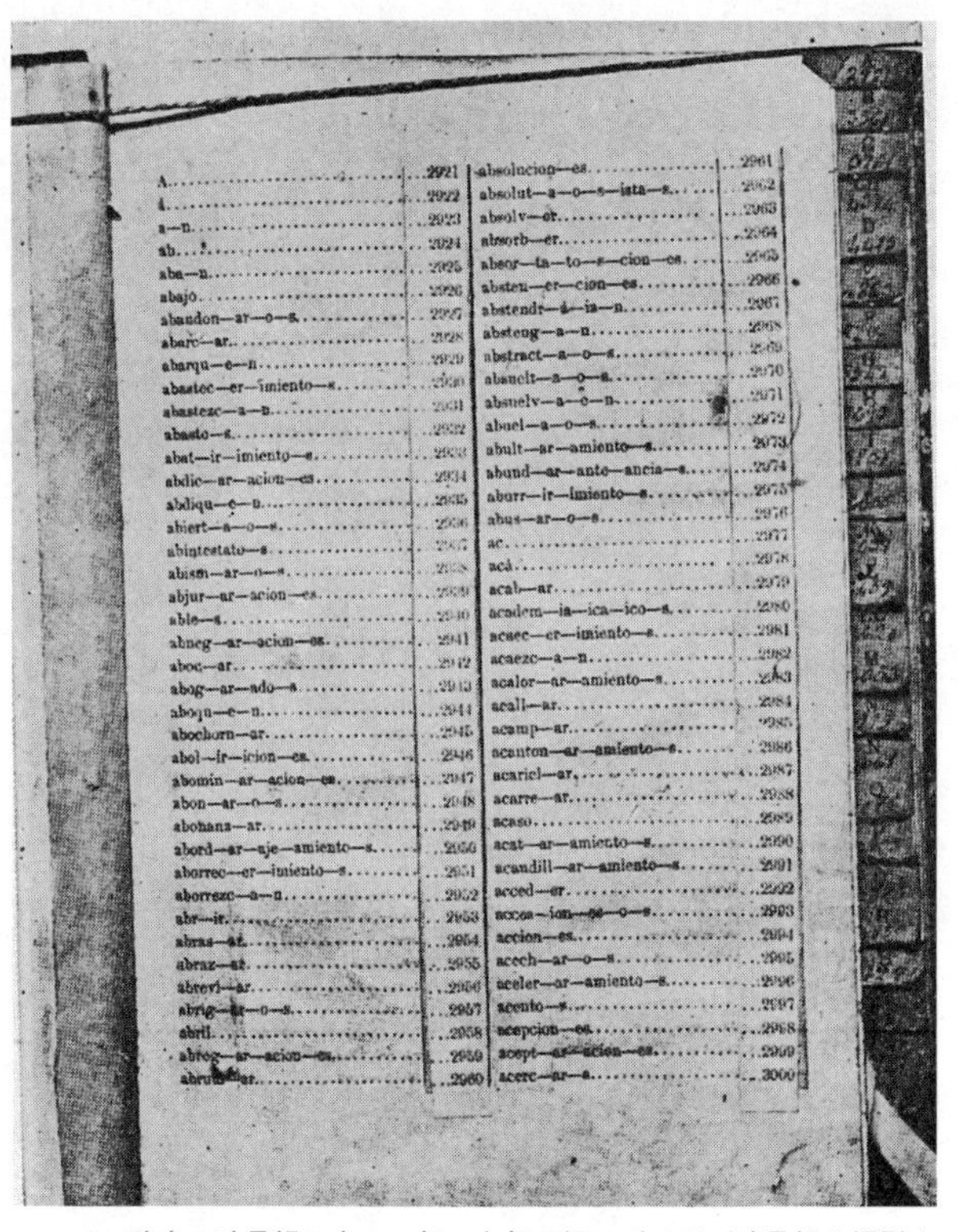

| | | | |
|---|---|---|---|
| A | 2921 | absolucion—es | 2961 |
| á | 2922 | absolut—a—o—s—ista—s | 2962 |
| a—n | 2923 | absolv—er | 2963 |
| ab | 2924 | absorb—er | 2964 |
| aba—n | 2925 | abser—ta—to—s—cion—es | 2965 |
| abajo | 2926 | absten—er—cion—es | 2966 |
| abandon—ar—o—s | 2927 | abstendr—á—ia—n | 2967 |
| abarc—ar | 2928 | absteng—a—n | 2968 |
| abarqu—e—n | 2929 | abstract—a—o—s | 2969 |
| abastec—er—imiento—s | 2930 | absuelt—a—o—s | 2970 |
| abastezc—a—n | 2931 | absuelv—a—e—n | 2971 |
| abasto—s | 2932 | abuel—a—o—s | 2972 |
| abat—ir—imiento—s | 2933 | abult—ar—amiento—s | 2973 |
| abdic—ar—acion—es | 2934 | abund—ar—ante—ancia—s | 2974 |
| abdiqu—e—n | 2935 | aburr—ir—imiento—s | 2975 |
| abiert—a—o—s | 2936 | abus—ar—o—s | 2976 |
| abintestato—s | 2937 | ac | 2977 |
| abism—ar—o—s | 2938 | acá | 2978 |
| abjur—ar—acion—es | 2939 | acab—ar | 2979 |
| able—s | 2940 | academ—ia—ica—ico—s | 2980 |
| abneg—ar—acion—es | 2941 | acaec—er—imiento—s | 2981 |
| aboc—ar | 2942 | acaezc—a—n | 2982 |
| abog—ar—ado—s | 2943 | acalor—ar—amiento—s | 2983 |
| aboqu—e—n | 2944 | acall—ar | 2984 |
| abochorn—ar | 2945 | acamp—ar | 2985 |
| abol—ir—icion—es | 2946 | acanton—ar—amiento—s | 2986 |
| abomin—ar—acion—es | 2947 | acaricl—ar | 2987 |
| abon—ar—o—s | 2948 | acarre—ar | 2988 |
| abohana—ar | 2949 | acaso | 2989 |
| abord—ar—aje—amiento—s | 2950 | acat—ar—amiento—s | 2990 |
| aborrec—er—imiento—s | 2951 | acaudill—ar—amiento—s | 2991 |
| aborrezc—a—n | 2952 | acced—er | 2992 |
| abr—ir | 2953 | acces—ion—es—o—s | 2993 |
| abras—ar | 2954 | accion—es | 2994 |
| abraz—ar | 2955 | acech—ar—o—s | 2995 |
| abrevi—ar | 2956 | aceler—ar—amiento—s | 2996 |
| abrig—ar—o—s | 2957 | acento—s | 2997 |
| abril | 2958 | acepcion—es | 2998 |
| abrog—ar—acion—es | 2959 | acept—ar—acion—es | 2999 |
| abrum—ar | 2960 | acerc—ar—a | 3000 |

スペイン政府の暗号帳の中の一部。上部の紐はボイドが暗号帳を撮影するために、暗号帳を開いて置くために使用したもの

ものらしい。これは暗号転化表を使えば簡単にできることだった。つまりコード（隠語）をサイファー（秘語）に変えたので、数字暗号0000はCoCoとなるし、0001はCOEBといったように変わっていく。

アボット嬢がこの転化暗号を手に入れた経緯は、彼女がこのことをひどく秘密にしていたので、私にもわからなかった。ミス・アボットは金をくれなどと自分で切り出したことはなかった。代償を払わずにそれを手に入れたものか、自腹を切って買い取ったものか、この間の消息を突き止める術（すべ）はなかった。

H.V.G.
Sec. Ge.

Santiago, 22 de Abril de 1918.-

CONFIDENCIAL N° 2

# TABLA N.° 2

| a - x | | [illegible] | | | | [illegible] | |
|---|---|---|---|---|---|---|---|
| ec | 00 | eb | 01 | ul | 02 | la | 03 |
| ma | 04 | ab | 05 | ur | 06 | le | 07 |
| me | 08 | mi | 09 | ac | 10 | li | 11 |
| mo | 12 | mu | 13 | ca | 14 | lo | 15 |
| ra | 16 | af | 17 | bi | 18 | lu | 19 |
| re | 20 | pa | 21 | ob | 22 | au | 23 |
| ag | 24 | da | 25 | ou | 26 | ed | 27 |
| fa | 28 | be | 29 | de | 30 | cm | 31 |
| fe | 32 | pe | 33 | oc | 34 | aj | 35 |
| fi | 36 | pi | 37 | od | 38 | on | 39 |
| fo | 40 | po | 41 | di | 42 | op | 43 |
| | | | | | | | |
| ba | 44 | ap | 45 | of | 46 | am | 47 |
| et | 48 | pu | 49 | og | 50 | do | 51 |
| fu | 52 | ne | 53 | ad | 54 | or | 55 |
| an | 56 | du | 57 | em | 58 | os | 59 |
| ri | 60 | er | 61 | cj | 62 | ar | 63 |
| eg | 64 | ne | 65 | al | 66 | bo | 67 |
| ro | 68 | si | 69 | le | 70 | ej | 71 |
| ru | 72 | [illegible] | 73 | il | 74 | ot | 75 |
| ta | 76 | so | 77 | in | 78 | af | 79 |
| [illegible] | 80 | bu | 81 | el | 82 | ne | 83 |
| te | 84 | su | 85 | ne | 86 | ep | 87 |
| ti | 88 | en | 89 | el | 90 | co | 91 |
| to | 92 | uc | 93 | at | 94 | es | 95 |
| tu | 96 | ad | 97 | cl | 98 | rn | 99 |

Para preservar debidamente el secreto de las comunicaciones en cifras se hace necesario renovar cada cierto tiempo la Llave o tabla cifrante, en la cual, como V.S. sabe, reside el secreto de la Clave.

El Departamento ha demorado algún tiempo la órden de hacer esta renovación deseoso de llevarla a cabo juntamente con la distribución a las Legaciones de la nueva Clave, pero, en vista de que la terminación de este trabajo no puede precisarse aún, cree prudente no retardar más la substitución de la Tabla en uso actualmente.

Siempre que circunstancias especiales no aconsejen ponerla en uso antes o después del primero de Junio próximo-lo que se avisaría oportunamente a V.S. - sírvase disponer que la nueva Llave empiese a usarse en la fecha indicada.

La Llave que se remite va en sobre cerrado y lacrado con el timbre del Ministerio. En caso de no recibirla V.S. en estas condiciones le agradeceré dar aviso inmediato al Departamento.

Dios gue. a V.S..

AL SEÑOR MINISTRO DE CHILE ANTE LA SANTA SEDE.-

チリ政府の隠語解読表とミス・アボットが手に入れたチリ外務省からの公文書

# 第九章　英国陸海軍暗号解読班

## 恋の暗号文

今まで言わなかったことだが、郵便検閲官から暗号解読のためにＭＩ８に回されてきた暗号私信は幾百通にも上っていたろう。時折、軍事上の情報もあったが、十中八九までは恋の秘め事のラブレターといったところだ。

ここに一通、口説にかかった男から情婦に宛てたとても面白い手紙がある。次に紹介するのがそれで、綴(つづ)りは原文のままにしておいたが、暗号になっていない部分はアンダー・ラインを引いておく。

My dearest owhn,

Received your loving letter o.k. Was more then glad to hear from my love. Oh hun, so he was to stay with you from Sat till Sun night. Well, then, you wasent lonesom or homesick and even asked him to come next Sat and stay till Sunday night. He says he is going <u>and</u> he took you a lot of <u>things</u> for you <u>and</u> babe. And you a new Easter hat. Ge it must <u>have</u> ben a nice day to morrow to want to come so <u>quick</u> again.

Well, love, I dident have very good luck, only 32 rats; that only means 35 dollars. Hun, shall I use 8 of that for you know what? Love, I am a lot better, am going to fish a while, tho then I am going on the road with Dad.

Hun,when the time <u>coms I will</u> help if I can.

<u>Chear up</u>, fot God's sake <u>dont</u> go with him again.

For if you do, it will kill me.

It come near it before.

Oh, love, I wish you were here to trap and fish with me. I think the reason you saw me was those nights you spoke of I praied to see you, that or those nights in my sleep. But I do want to see you <u>afuly</u> bad but nothing any more searus then the longing of my heart.

It is not sickness but love. I do pray you will get free for some one to woe and win your love again, Darling. Mother is having a nother one of those times with her stomack. You know when she has those aful pains and vomit so, she is vomating now. Well, so long till I heare from you again. You will find a stamp. Good by, my love, my owhn. A kiss to you and mine.

### ラブレターの概要

最愛のオーエンへ

貴女からの愛しい手紙を受け取りました。愛する人から便りをもらって、なによりも嬉しかったです。嗚呼！　〝彼〟が週末に貴女のところにとどまることになっていたなんて！　そして貴女は心細くもホームシックでもないのに、次の週末もずっと〝彼〟に来て欲しいと頼むなんて、嗚呼！　〝彼〟はたくさんのお土産を貴女と赤ん坊のために持ってくると言ったなんて。なかでも貴女には新しイースター・ハットだなんて……。〝彼〟がはやく来るのを待ちわびているなんて、明日も楽しくてしかたのないことでしょう。

さて、愛しい人よ、私はあまり幸運とはいえなかった。たった三十二匹のネズミ〈訳者注、海軍ではネズミを見つけるとその御褒美として特別に上陸が許可されたので、そのことを指すのではないかと思われる〕で三十五ドルにしかならなかった。貴女が知っているもののために、そのうちの〝八〟を使いましょうか？　愛しい人よ、私はだいぶ調子がよくなってきたので、パパと一緒に釣りに行ってこよう。

ときが来れば貴女を助けてあげたい。

決断してください！　お願いだから〝彼〟と一緒にふたたび行かないでください！　そんなことをすれば、私は死んでしまいます。

そのときが近づいています！

嗚呼！　愛しい人よ、貴女が罠にかかった魚になって、私と一緒にいてくれたら……。あの日の夜、私は貴女の姿を見て、素晴らしいと思い、それを正直に打ち明けた。貴女も私に好意を寄せてくれましたね。その夜のことを思って私は眠りにつきます。

しかし、私のハートは貴女に会うためならば、どんなひどい目に遭ってもかまわないと望んでいる。それは、病気ではなく愛なのです。私は切実に、貴女が誰からも自由になれるように祈っています。そして貴女の愛をふたたび獲得します。オー、ダーリン！

母はいつも胃の痛みを抱えています。貴女も知っているように、彼女はひどい胃痛に悩まされ、いまも嘔吐に苦しんでいます。ふたたび貴女から便りをもらうまで、しばしのお別れを。さようなら、私の愛する人、貴女へのキスと、愛を込めて。

暗号の恋文を書くのは、なにも無学の徒に限られたことではない。暗号の手紙を書きたがるのは、教育のある者でも変わりはない。先生方だって暗号を使って秘めた恋の便りをする。しかし、この種の手紙の大部分は猥褻すぎて公表はできないものと考えられている。およそ暗号の恋文ほど解読しやすいものはない。亭主にしろ女房にしろ、自分の秘めごとをこんな安全でない方法に頼ろうとしているのに腹が立つくらいだ。

今一つ面白い暗号通信がアメリカの無電局で押さえられた。これはメキシコの陸軍からピエドラス・ネグラスにいるメキシコ将校に宛てたもので、メキシコ将軍の暗号図表によって次のような暗号となっていた。

No.674 Clave Circulo A. 26 49 56 91 sirvase decir al 15 49 73 31 04 36 75 95 alistar dos 07 27 68 92 17 49 74 de las 12 27 65 70 17 27 74 hoy llegare esa.

これをスペイン語に解訳すれば、次のようになる。

Clave 26 49 56 91

Sirvase decir al 15 49 73 31 04 36 75 95
p a r i e n t e

alistar dos 07 27 68 92 17 49 74 de las
h e m b r a s

12 27 65 70 17 27 74 hoy llegare esa
m e j o r e s

英語に直してみよう。

key 26 49 56 91.

Please tell aunt to have two women of the best ready. I will arrive to-day in your city.

ご参考までに日本語に訳せば「暗号要式26　49　56　91。叔母（おば）さんに。飛び切り上玉の女二人を、そう言っておくようにお願い。今日そちらに着く」という内容である。

手紙の暗号解読が（我々に）確かに行われるように、このメキシコ将軍は鍵（暗号要式）

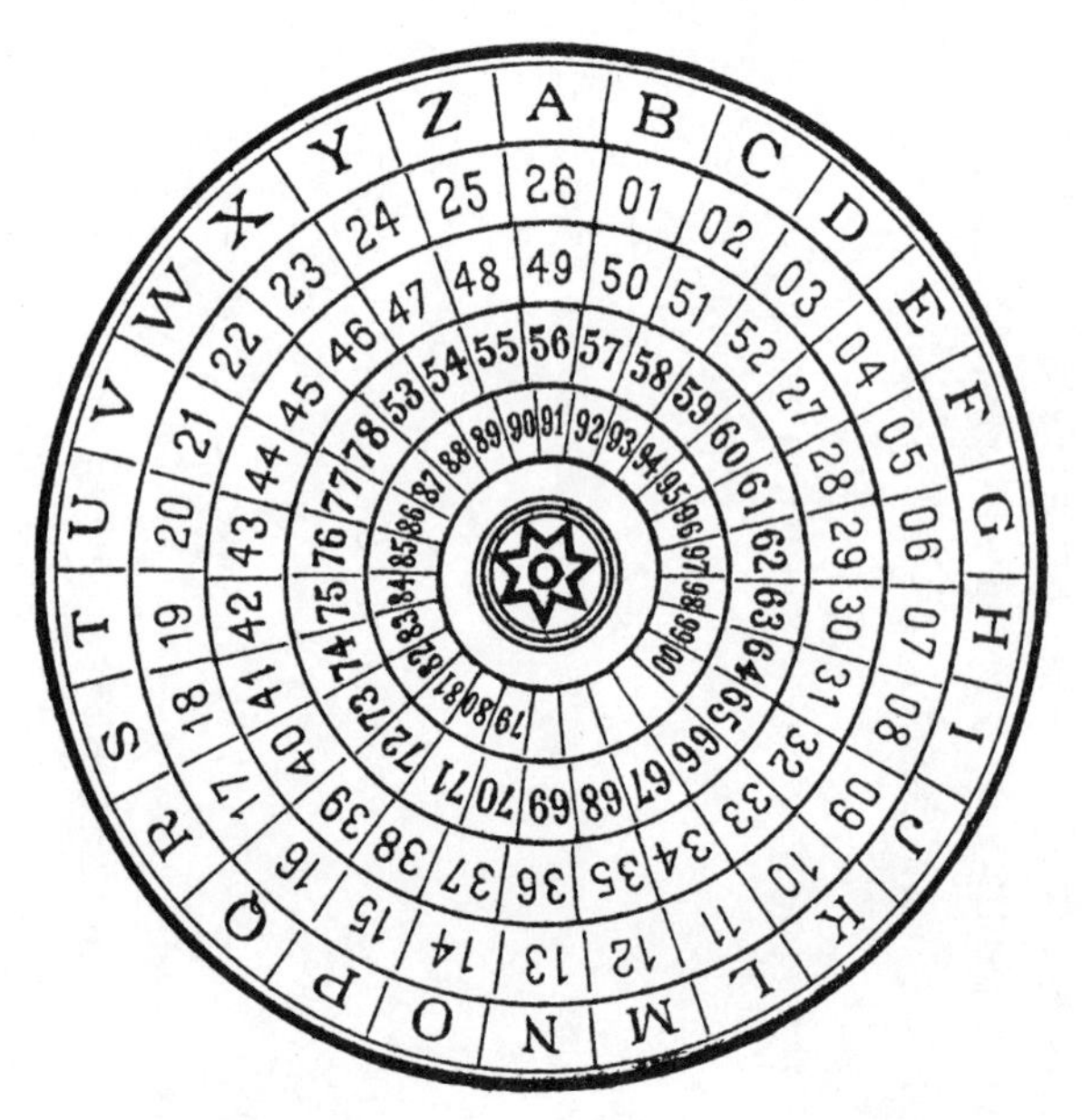


メキシコ陸軍の改良暗号図表（符丁 26 49 56 91 前掲手紙の暗号解読に用いる）

も一緒に送っておけばよかったのに。そうすれば我々は、二人の女にゾッコンなこのメキシコ将軍は、ドイツの密偵と接触しているのかもしれないという疑いをかけ、さっそくキャプテン・ブラウンに手配をさせたかもしれない。女性の御用達にかけては自慢のキャプテン・ブラウンは、必ずや「飛び切りの上玉二人」を供給したに違いない。メキシコの将軍さん、誠に残念なことをしましたね。

## 解散させられた海軍省暗号解読班

ＭＩ８はただ単に郵便検閲を代表する公のビューローであったばかりではなく、アメリカ司法省、国務省、それから陸軍省の機関でもあった。海軍省は独自に暗号解読班組織を持って意地を張っていたが、一九一八年七月に突然、暗号解読班の人員を全部解雇してしまった。海軍省の精緻な隠しインク装置も我々の実験室に寄贈され、そして海軍省とＭＩ８との連絡将校も新たに任命された。この海軍省の豹変（ひょうへん）ぶりには全く驚かされた。

七月初旬のことだった。チャーチル将軍の直属部下のＡ・Ｂ・コックス大佐が海軍省情報部のエルキンス大尉を連れてきて、私の事務所を見せてくれと頼んできた。この将校に私どもの秘密を打ち明けてくれと将軍から命令されてきたと聞いて、いやな気分になったことは事実だった。だが、読者に私の気持ちを理解していただくためには、ここでちょっと脱線することを許してもらわなければならない。

ＭＩ８は海軍の隠語、秘語の暗号を編纂（へんさん）する海軍信号局とは仲よしだ。実際、同局は戦時暗号で綴られたいくつかの電報を送ってくれたし、手捌（てさば）きは大丈夫だろうかと、尋ねてもくれたものだ。海軍信号局が、最初に私の意見を聞いてきたとき、先生方は「うまくやってくれよ」と戯（ざ）れ言（ごと）をいった。相手はそのとき私の腕を知らなかったものらしい。

英米両国の軍隊は密接な連絡を保っていた。それは、いざ交戦となったとき、相互の通信をうまくやるために必要だったからだ。アメリカ海軍省の秘密通信の方法は、イギリス側の暗号解読班に送られていたが、イギリス側ではとても解読しきれないということもあったので、私は、いっそのこと俺の腕前を見せてやれという気にもなっていた。

海軍省の暗号組織はおそろしく精緻をきわめたもので、ちょっと見ると、それを解くには幸運の神様に大変なご厄介をかけなければならないようなものだった。だが、我々の数人の事務員たちが総計千三百頁にわたり、項目総数六十五万にわたる精密な統計を作り上げると、海軍省の暗号通信はやすやすと解けてしまった。千三百頁！　項目総数六十五万！　これだけでも、アメリカ海軍が素人暗号学者の支配を受けていることが証明されるではないか。

その結果、アメリカ海軍省はちょっとした模様替えをしたが、暗号学がどんなものか見当がつかないために、その模様替えも秘密を保つ点からは何の役にも立たなかった。事実、私がパリの平和会議に行っていたとき、海軍省はウィルソン大統領と国務省の通信とを海軍流で暗号にした。海軍側では解読至難の看板を掲げてはいたが、私が「ワシントンでは私が研究したテクニックを用いれば、皆さん方の通信を解読できることは請け合いです。どうです、一つ賭をやろうじゃないですか」と切り込んでみると、海軍側は、私の見解は間違っていないだろうということを、こっそりと白状してくる始末だった。問題というと、それはあとで述べることだが、慣習的な方法で組み立てられた隠語、秘語の暗号で解けないものはないということである。

海軍省の暗号解読班を海軍信号局と混同されては困る。前者の暗号解読班はというと、ＭＩ８との交渉は絶対に拒否する。だが、おかしなことには、海軍省の信号局の人たちは、海軍省暗号解読班の連中には本当に「腕」があるのかどうかと私に聞きにきたことさえある。私はたびたび海軍省の暗号解読班と話し合いをしようとはしたが、いつも駄目だった。海軍省暗号解読班の先生方がこれほどまでに秘密主義を守っていたあとで、その海軍将校がいまさらＭＩ８の見学を求めてきたのもおかしなことだ。そうなると私どもの秘密を打ち明けていいかどうかということにもなる。

「大尉殿」私は言った。

「お尋ねになるのはどういう方面のことでしょうか？」

「そんなことはどうでもいい。はっきりいっちまうと、実は、嬉しくない役目で来たんですな。隠語、秘語、隠しインクなどということは、私はまるで知っちょらん。私は海軍省の暗号解読班から来たんじゃない。海軍省情報部長が行ってこいというので来たのじゃ。部長は海軍省の暗号解読班とＭＩ８とを比較研究し、気づいたところを報告しろと、こう命令した。部長は海軍省の組織には満足していない。海軍省の暗号解読班ができてからもう一年以上にもなるし、大変な人数を使った上に、精巧な隠しインク研究所も持っている。この始末でありながら、今までたった一つの秘語、隠語の暗号通信をも解読できない。加えて隠しインク用の文字も工夫ができちょらんのじゃ！」

全く青天の霹靂、驚くべきニュースだった。海軍省暗号解読班が秘密主義に徹底しているのも無理はない。だって、隠し立てするほどのことは何もないじゃないか。海軍省は諸外国政府や各省の例に倣ってＭＩ８を合衆国政府情報部の中心にすることを拒絶してきたのだ。私としては、破顔一笑せざるを得ないわけだ。

私は海軍省情報部長のためにＭＩ８の歴史といおうか、要綱といおうか、そんなものを作り上げて大尉殿にお目にかけた。一九一八年七月の日付でちょうど一九一七年六月、私が陸軍大学の方に行ってからの仕事のあらましを述べたものである。

ＭＩ８も初めは私の他に二人の事務員だけだったが、またたく間に男女合わせて二百人近い人員が集められてきた。暗号編集係は陸軍省のこれまでの法則に革命を与えて、数種の暗号帳を作った。我々自身の隠語、秘語の暗号通信を統制するために設けられた通信係は、週に五万語以上を扱っていた。速記係はというと三十種の違った速記符号で書かれ、且つどの国の言葉であれ、それを読み終えることができた。次は我々の隠しインクの実験室だが、これは週に二千通の文字を手がけ、主だった五十余のスパイ用隠しインク文字を工夫した。

各個人、陸軍およびスパイ通信の他にＭＩ８はアルゼンチン、ブラジル、チリ、コスタ・

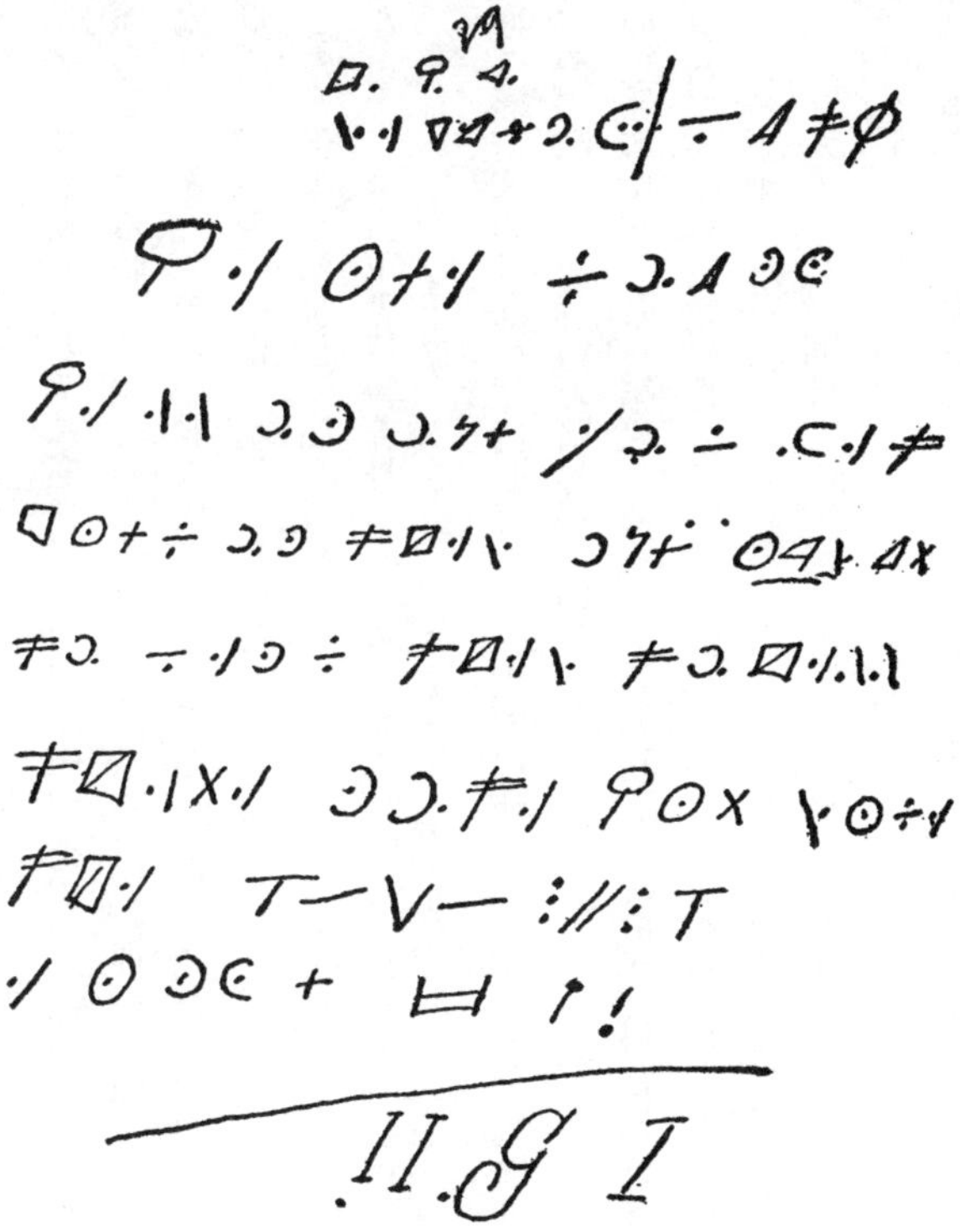

検閲官からＭＩ８に回された暗号私信の一つ

リカ、キューバ、ドイツ、メキシコ、スペインとパナマ政府の外交暗号電報一万通以上を解読した他に、アメリカ政府の要望に応じて、前記の中南米諸国全部の暗号を研究中であった。フランスに派遣している暗号解読者の訓練や、アメリカ政府が他の方面で使っている隠語、秘語の暗号安全率の調査報告、一般大衆から送ってくる暗号原式の試験、などなどについての私たちの責任も、報告書中に概説しておいた。

大尉殿はこの報告書を熟読してから、私に返した。

「なるほどなあ……。海軍省情報部長がこちらの調査を言いつけたのも誠にごもっともなことです」

私は大尉殿を機密室の各課に案内してから、別室に連れ込んだ。ここには非常に大切な隠しインク見本や、私たちが解いた暗号書類の見本などが置いてあった。

大尉が私の事務所を訪問した結果、海軍省暗号解読班は解散され、精巧な隠しインク装備も私どもの機密室に送り込まれた。そして、海軍省の代表者の資格で、一人の連絡将校がMI8に詰めることになった。私が海外赴任を命じられたときの紹介状として、海軍省情報部長からロンドンのアメリカ大使館付海軍武官に宛てて書いてくれた手紙には、次のような一章があった。

「当情報部は、敵国暗号通信解読に関する一切の仕事を、陸軍諜報(ちょうほう)課〔訳者注、MI8を指す」に委託した。海軍省の世話役としては、連絡将校一名を同課に詰めさせている」

名誉と面子を第一にする海軍省も、たった一度の調査で自分の失敗を認めてしまったのだ。

## 思わぬフランス派遣

暗号学といえば、けしからんことをやる仕事のように思われるかもしれない。もっとも神経衰弱にまで追い込んだ結果、辞職しなければならないような人間を作ったことも何べんかはあった。仕事は実に辛い。私自身、疲労困憊していた。ここ数週間は何も言わずに我慢をしてきたが、七月に入ると、突然「もう参るな」というような気がしてきた。そこでお暇を願い出た。

チャーチル将軍は同情してくれたが、私の辞表は受け付けなかった。その代わりに将軍は当時編制中のシベリア派遣軍（日本を含めた欧米諸国のシベリア出兵）に暗号班を組織してくれないかと頼んできた。私は引き受け、さっそく優秀な暗号解読者など数名を選りすぐり、シベリア派遣の命令書を待っていたとき、ヨーロッパ派遣軍総司令官のパーシング将軍から無電が入り、即刻、フランスに来てくれと言ってきた。

私は、フランスで働いてくれというパーシング将軍の懇請に、ある誇りを感じはしたが、前線の渦中で一生懸命働くには身体が弱り過ぎていた。だが、数回の電報による打ち合わせがあったあとで、連合国とアメリカの暗号班の連絡網を作るために私の海外派遣が決定したようであった。さらに連合国から暗号問題についての情報をとることも使命の一つに加えられることになっていた。

チャーチル将軍が、将来の情報戦を念頭に置いていることはわかる。将軍は、特に私が連合国諸国の情報戦略をすべて手中にしてくることを熱望していた。それができれば、MI8のみならず、フランスにいるアメリカの暗号解読班も助かるのだ。また戦後に、我々が暗号解読セクションを作るときの準備にもなろう。チャーチル将軍は他の官吏たちと同じように、たとえ戦後でも、アメリカが諸外国民の態度、目的、計画を知り通そうとするなら、暗号秘密電報を解読し得る有力な組織を持たなければならないことを確信していた。各列強は、こんな暗号解読班を持っているのだから、アメリカも自衛のために同じことをしなければならないのだ。

チャーチル将軍は国務省、海軍省の他にも、フランスの高等弁務官からも紹介状を取ってくれたのみならず、次のようなロンドン、パリ、ローマのアメリカ大使館付陸軍武官宛の手紙を作ってくれた。

「Captain H. O. Yardley N. A. をご紹介。同君はMI8の責任者です。このたび大佐 Nolan G. H. Q. と暗号問題協議のため一時フランスに出張します。米国がMI8というような素晴らしい組織を持っているのも、ヤードレー大尉の腕と創意の賜物です。諸君は有能なMI8を持っているということで毎日喜んで下さることでしょう。大使館付武官の諸君としては、ヤードレー君にできるだけの便宜をお計らい下さることと存じます」

国務省からロンドンのページ大使、パリのシャープ大使に宛てた手紙を見ると、私は破顔一笑した。だって、私が国務省の暗号室の一書記官として勤めていたときから、まだ何カ月とは経っていないじゃないか。ページ大使への手紙は次のようであった。

「この手紙の持参者Captain H. O. Yardley, U.S.N.A. は、合衆国参謀本部陸軍省情報部の暗号解読課を受け持っておられる方です。役目柄、ヤードレー大尉は国務省を代表しておられる。貴下のご尽力の及ぶ限り、お力添え下され。イギリス官憲の手中にある情報にして、敵国暗号の解読の助けとなるべきものをヤードレー君の手に入るよう、お計らい下さるならば感謝に堪えない次第であります」

一年と二カ月、アメリカ合衆国陸軍情報部に勤めていたことは、私の忘れ難い経験であった。たくさんの新しい友人もできたし、上役からも信用された。ヴァン・デマンやチャーチルのような人物と知り合いになるということは、そうそうざらにはないことだ。

陸軍大学に行ったとき、私は密かに成功の手だてを確信していた。だが、今度という今度は、私自身そんなに確信があったわけではなかった。しかしマンリ大尉が「君なら仕事はやっていけるよ」と言ってくれたことが慰めになった。

さて、今度フランスに乗り出して、どんなことになるのだろうか?

護送船で英国のリヴァプールに着くまでの二週間、その間MI8の仕事から離れていたので、弱っていた私の神経はすぐに回復した。たくさんの紹介状を持ち回りながら「アメリカ陸軍省オブザーバー」という、おっかなびっくりの私の役目が始まったのだった。

## 英国情報部との静かな戦い

ロンドンに着いたのは一九一八年八月下旬であった。アメリカ大使館付陸軍武官スロカム大佐に私は信任状を差し出した。大佐は私の役目について打ち合わせた後で、イギリス陸軍省フレンチ大佐、アメリカ大使ページ氏と、アメリカ大使館付海軍武官との会見を取り計らってくれた。コペンハーゲンのアメリカ公使館付陸軍武官トルバート大佐は特別任務でロンドンに来ていたが、私とスロカム大佐との会見が始まって一時間ほど経ったと思うころ、ぶらりとやってきた。スロカム大佐は別の用事が待っていたので、私とトルバート大佐は一緒に昼飯をとった。私の名前は世界中の大公使館付陸軍武官には知られていた。というのは、ワシントンから出る暗号と隠しインクの郵便物には、全て私の署名があったからだ。

トルバート大佐とスロカム大佐も、MI8がちょうどそのころ刊行頒布した新しい秘密暗号には恐悦の様子であった。話のついでに、私はコペンハーゲンのトルバート大佐の事務所のことを尋ね、アメリカの新暗号電報の秘密を守るためにどんな用心がしてあるかを聞いてみた。トルバート大佐は、大佐の事務所のスタッフは全員アメリカ人で、彼等の忠誠心は徹底的に調べてあること、またＭＩ８からの秘密防護の訓令は厳重に励行されていることを話してくれた。

大佐はアメリカ政府の通信が危ないことは知っていた。そして、イギリス政府が何べんか大佐の事務所に工作員を入り込ませようとしたことを話しながら、大声を上げて笑った。トルバート大佐のような鋭敏な将校をコペンハーゲンに置いただけでも、ヴァン・デマン大佐の用意周到な人間鑑識力はわかった。コペンハーゲンはドイツに隣り合わせで、陰謀の巣になっていた。

ロンドンのアメリカ大使館に帰ると、私は「暗号帳を」と申し出た。私は暗号電でロンドンに着いたことをワシントンに報告しようと思ったのだ。痩(や)せぎすで黒味がかった頭髪の一青年が私を案内したのだが、言葉つきからイギリス人ということがすぐにわかった。青年が地下室のドアを開けて暗号帳を渡してくれたときには、全く茫然(ぼうぜん)としてしまった。だって、この暗号帳を編集刊行するために我々は何カ月も働かされた上に、政府の金を何千ドルとなく消費していたからである。実際、私はその日から数日間というもの、物を言うのも嫌になにイギリス政府が密偵を住み込ませようとしたという話が、本当かどうか疑わしくなってくる。いや、すでにロンドンのアメリカ大使館にはイギリス人が働いているのではないか……。

私は次の日、イギリス陸軍省にフレンチ大佐を訪ね、午後にはアメリカ大使館一等書記官エドワード・ベル君を訪ねた。ベル君は、ロンドンで暗号の情報を探りだすのは大変なことだという。同君が使っている密偵の情報によれば、イギリス政府情報部のワシントン駐在連絡将校が、私の使命についてフレンチ大佐に警報電を打って寄こし、従って私の仕事を妨げるようにあらゆる手配がしてあることを話してくれた。

数日間というもの、私の仕事はまったく進行しなかった。イギリス陸軍省でいろいろな将校を相手にどれだけお茶を飲んだことか。どれだけのウイスキー・ソーダを飲んだことか。将校たちは気持ちのいい連中で、自分たちのクラブへ私を招待してくれた。だが、なんらの情報も手に入らない。私が打電する暗号電報の一語一語は、必ずイギリス政府が解読するだろうから、ワシントンとの通信はできる状態ではない。それが私に大変なひけ目をいだかせ、憂鬱にしていた。

ロンドンに来るまで、私はイギリスが我々の暗号を握っていようとは思いもかけなかったので、私は自分の電報を暗号に直すにあたって特別な方法を考えてこなかった。私とイギリス陸軍省とのゲームはどうなるのだろうかとやきもきしている間に、私はアメリカ大使館付陸軍武官の立場というものをじっくりと調査した。その結果、イギリス政府にはとても解読できまいと思われる方法で、ワシントン宛に秘密文書を送るチャンスをつかんだ。その方法というのは、ここで紹介するのに十分な価値があると考える。

数カ月前のことだった。そのころメキシコ政府は外交文書の暗号を取り替えたので、MI8でメキシコ電報を専門に取り扱っていた少数の暗号係は、まだメキシコ政府の新暗号を突き止めることができないでいた。暗号係たちは暗号の型や方法は発見していたが、秘密暗号の意味を突き止めるまでにはいたっていなかった。私は彼等が循環論法にはまり込んでいることを発見した。私は彼等の統計と解剖要目を自宅に持ち帰って研究をしてみることにした。

私はスタッフが作った暗号の解剖資料を眼前に広げて眺めているうちに、その秘密電報が、まぜこぜのアルファベットを用いて暗号にしていることを発見した。暗号の合鍵になっているのは五文字一連宛の暗号だ。何時間か研究してみた後で、私はその秘密電報が容易に解けなかった理由がわかった。

メキシコ政府の暗号学者が、最初といおうか、原本といおうか、まぜこぜのアルファベットで暗号を組み立てたときに間違いをやらかしていたのだ。不注意から、彼等はWを落として·jを二度使っていた。最初のアルファベットがわかると、それはjilgueroabcdfhjkmnpqstvxyz

となっているが、この間違いさえなかったら、次のようになっていたろう。

jilgueroabcdfhkmnpqstvwxyz

間違いは、一見ほんのわずかのようだが、暗号電報を迷宮に導く、暗号文字の独自の踊りを示していた。

打ち合わせた暗号を使ってワシントンと通信できるだろうかと考え込んでいた私は、突然、「これだ！」と、ポンと膝を打った。これなら大丈夫だ。最初、通信を大使館付陸軍武官の暗号帳で書き上げる。それから、ワシントン政府でわかっている方法で、右の文字をわざと間違えて置けばいいのだ。

私は通信文を書き上げた。電報全部はアメリカ陸軍情報部の暗号で書いてあるということをまず断ったあとで、メキシコ政府暗号の母音に子音を差し込み、二度の暗号にしてあることを注意した。メキシコ政府の暗号は私が解読し、改作したものである。実に細かな技術者的な通信ではあったが、目下、マンリ大尉の天才的な才能で指揮されているＭＩ８は、私の意図していることをわかってくれると密かに期待した。イギリス政府は、この暗号を複写用カメラで撮影していることだろうが、私の計画がうまくいけばＭＩ８以外で私の電文を解読できる者はいまい。

## 英国の陸海軍情報局との協力関係に成功

私は大使館付武官事務所の正確な状態のレポートを進めていた。だが、これは少々恐ろしいことだった。というのは、チャーチル将軍は私に興味があることは何でも報告しろ、とは言っていたけれども、私の使命以外の事柄に私が干渉することをどう思うか、その点に不安があった。トルバート大佐がコペンハーゲンの事務所にイギリス政府が密偵を入り込ませようと何回か挑んできたことを話してくれなかったら、果たして私に先の電報を書くだけの勇気があったかどうか、自分にもわからない。

しかし、私はこのように考えた。我々がたとえ一カ所の事務所においてでも、アメリカ政府の秘密通信網にイギリス人の接近を許している以上、このイギリス人たちが馬鹿でない限り、全世界のアメリカ大使館付陸軍武官から往復するどんな文書でも読まないでおくことなどあり得ないということである。早晩、平和は克復するだろう。戦利品の分捕り沙汰で列強の間に大喧嘩（おおげんか）が起こることだろう。そうなると、我々はアメリカへの通信方式の新たな構築に迫られ、どうにもならなくなってしまうのではないだろうか。

私は自分の面目を保つために、ヴァン・デマン大佐に調査命令を出して欲しいと要望した。なんといっても私は一大尉以上の何者でもなかった。私は、私の報告から生まれる騒動から逃れられるように処置したのである。なにしろワシントン政府は、ロンドンのアメリカ大使館付陸軍武官事務所にイギリス人がウヨウヨしていると知ったら目を回すに違いない。今までにも世界各国のアメリカ大公使館付陸軍武官事務所に対しては調査が行われてきた。それは、すべての外国人を追っ払って、ワシントンで訓練を受けたアメリカ人と入れ替えるためであった。

チャーチル将軍から謝電は来たけれども、そのために私の使命が助かったということは何もなかった。イギリス政府には何を頼み込んでもすべて断られる。やむを得ずパリに行く許可をワシントンに電請した。国務省がそれを取り上げてくれた。その結果、あまりイギリス政府を突っつくなという命令が国務省からきた。黙々として賢明に振る舞え、イギリス政府の信用を取れ、うまい具合に個人的な関係を結べ、というようなことであった。同時に、およそイギリス人は分別のある男、信用してもいい男、と納得するまではなかなか信用してはくれないから、という国務省の注意であった。

誠に堅実な忠告だが、別に役には立たない。私とイギリス側の関係はうまくいっているようであった。ともかくイギリス側はたらふくウイスキーを飲ませてくれるし、夜になると眼が回るほどご馳走をしてくれた。だが、とうとうイギリス陸軍省側のブルック・ハント大尉が、私に研究を頼んできた。それは暗号の組み合わせをいろいろに置き替えたものだった。イギリス陸軍は西部戦線でこの暗号電報を使おうとしていた。この電報は軍隊の入れ替えとか、ある方面の攻撃の時間とか、確定的な情報を伝えているものだから、交戦中の軍隊の生命を救うためにも、この電報は絶対解読されない必要があったのだ。ドイツの無電局は空中を飛び交うすべての電報を傍受し、ドイツ軍参謀本部の暗号電報解読班に送って研究させていた。読者の中には、大戦中にアメリカ陸軍省が出した言葉少ない発表文を覚えている方がいるかもしれない。

Our troops made surprise attack on－sector, but were repulsed by superior forces.
（米国軍は扇形陣地に奇襲を試みたが優勢なる敵軍のため撃退された）

誠に驚き入ったことである。ドイツ軍は無線電信局の傍受した電報を解読し、アメリカ軍の攻撃時間とその勢力を知っていたことは疑う余地がない。このためにどれだけの人間が死んだことか……想像の外だ。

もしイギリス陸軍がこれから採用しようとしている暗号を解読し、それを前線の陸軍通信に使用することは自殺に等しいことを立証したならば、私とイギリス陸軍省のいざこざは終わりになるかもしれない。これを成し遂げれば、文句なしに私の専門的知識は立証されるだろうと考えた。

私はアメリカ大使館付陸軍武官に、どこか静かに研究ができる部屋を貸してくれと申し込んだ。そして私は武官が提供してくれた部屋で、ブルック・ハント大尉が渡してくれた見本の通信をにらみつつ数日間を解読に費やした。解読のヒントは突如やってきた。そして、その暗号通信の内容が明らかになったので、私は解読文を片手にイギリス陸軍省に駆け込んだ。陸軍省は私を木戸ご免（フリーパス）にしてくれた。知りたいことは何んでも教えてくれた。

その晩、私はワシントンに電文を飛ばした。イギリス陸軍が前線で使おうとしている暗号をうまく解読したために、イギリス陸軍省と私の間は非常にうまくいくようになったことを報告したのである。ここまで辿りつくと、私はイギリス陸軍暗号解読班に入り浸りのようになり、イギリスの種々の暗号解読法を研究したり、さまざまな問題の解説を集めたりしていた。およそ暗号学者というものは、広い経験と習練がなくては大成功を望むことはできない。自分の修業も、いよいよ仕上げにかかったというような感じであった。

アメリカ大使館一等書記官のエドワード・ベルやページ大使を通じて、私はイギリス海軍省暗号解読班に近づいた。イギリスの暗号解読者は、我々アメリカの同僚よりもお利口でないことはわかったが、イギリスの当局者は暗号解読班を非常に重用して、提督をその責任者に任命したほどであった。ホール提督がその地位に座っていた。提督はその堂々たる解読班で手に入れた文書、情報を握っているためか、その素晴らしい勢力はロイド・ジョージ首相も一目置いているほどであった。

そのためイギリス外務省はホール提督の地位をひどく険悪視していた。外務省が敵国、中立国を問わず、諸外国政府の政治上の陰謀を探知する情報を取るためには、全面的にホール提督のご厄介にならなければならなかった。たとえば、読者諸兄はあの有名な「ツィンマーマン・カランザ通牒（つうちょう）」というのを記憶されていると思う。ドイツ政府はこの通牒で、もしもメキシコ政府が米国に宣戦布告をするならば、勝利の暁にはニュー・メキシコ、テキサス、アリゾナ諸州をメキシコに与えることを約束したのだ。ウィルソン大統領も、この通牒を知ったときどれほど驚かれたことか。この間の消息は、彼が宣戦布告の教書を読み上げるために上下両院の合同議会を招集したとき、大統領が右の電報から字句を引用しているのを見てもわかる通りである。ホール提督はこの電報をエドワード・ベルに渡し、ベルはそれを国務省に打電し、国務省からウィルソン大統領へと伝えられたのであった。外交上の手続きからいえば、これほどの重大な情報の場合、まずイギリス外務省からページ駐英大使に伝達されるのが筋道である。それをホール提督は自分の好きなようにやってしまった。提督がイギリス外務省から嫌われていたのも無理はない。

エドワード・ベルはホール提督といい仲であった。私がイギリス海軍省でそこそこの成功を収め得たのも、すべては彼の紹介のためであった。ホール提督は、フレンチ大佐からロンドンに来た私の使命を聞いていたので、できるだけ私に情報を渡すまいと覚悟していたという。彼はアメリカ政府と公式の交渉をやることを拒絶した。何事も個人関係でやってくれといい張った。彼はあくまでベルリン、マドリード間に往復する無線電信に使われているドイツ政府の外交暗号電報の情報を渡すことを拒絶したが、やっとこれだけのことは承諾してくれた。それはある中立国政府の外交暗号の幾つかの写しと、二冊になっているドイツ海軍暗号の写しを提供するということであった。

ドイツ海軍の暗号は実に不思議な訓令の下に私に与えられた。彼はそれをワシントンに送ることを約束はしたが、アメリカ国務省に渡すことは絶対にならんといった。私がワシントンに帰ったときに、その暗号をそっと私に渡してくれるということであった。この暗号は、ドイツ海軍省に忍び込んでいるイギリスのスパイが、暗号帳原本から写真に撮ったということであった。

イギリス海軍省の暗号解読班については、私は各方面の手を通じて随分いろんな知識を得た。そしてイギリスが自国の電線を経由するあらゆる暗号電報を、ほとんどすべて読んでいる事実を知るにおよんで、さすがにイギリスは世界の大国であるとの感を深くせざるを得なかった。

一九二一年になって、アメリカ郵便電信会社社長クレランス・H・マケイ氏は、電線揚陸の許可に関して、アメリカ上院委員会で証言して「検閲を廃止してからというものは、イギリス政府はいかなる電報でも、その発信もしくは受信後十日以内に引き渡すことを我々に要求した。イギリスはこの権利を、あらゆる電信会社に対して揚陸許可の条件として要求したものである」と言っている。

これは、イギリスがいったい何故に電線の大多数を支配しているかということを雄弁に物語るもので、通信を管理するとどんな利益があるか、それを十二分に承知しているからである。それ故に、イギリスの電線の多くは多額の補助とか保障契約の好餌（こうじ）でもって敷設（ふせつ）されているのである。

119

00 Binnenlandsee (Japan)
01 [illegible]
02 Bintang I.
03 Binz (Rügen)
04 [illegible]
05 [illegible]
06 [illegible]
07 [illegible]
08 Bird Id.
09 Bird Key
10 biri
11 biris
12 Birkenhead
13 Birma
14 Birmingham
15 Biscaya Golf
16 Bisceglie (Ital. O.-Küste)
17 [illegible]
18 [illegible]
19 Bisé (Frkr.)
20 Bishop Id.
21 Bishop Rock
22 Bishop Auckland
23 Bishop, North-
24 Bishop, South-
25 Bishop u. Clerks Bnk.
26 Bismarck *
27 Bismarck Archip.
28 Bismarck-Berg Ft. (Tsingtau)
29 Bismarckburg
30 Bissagos In.
31 Bissao
32 bit
33 Bittersee, Gr. —
34 Bittersee, Kl. —
35 [illegible]
36 [illegible]
37 [illegible]
38 Bizerte
39 bj
40 Björkö (Rußl.)
41 Björkö Sund
42 Björn I.
43 Björneborg (Finnland)
44 Björnnabben (Skegrund)
45 Björnö
46 Björnsund
47 Bjuröklubb
48 [illegible]
49 [illegible]
50 Blaavands Huk
51 black
52 Black Deep F.-Sch.
53 Black Head
54 Black Isle
55 Blackeney Overfalls Untf.
56 Blackpool
57 Black River
58 Black Rock
59 Blacksod B.
60 Blackwater B.
61 Blackwater Bnk.
62 Blackwell I.
63 Blair, Port —
64 Blairhafen (Malacca)
65 blan
66 blanc
67 Blanc, Port —
68 blanca
69 Blanca I.
70 blanche
71 Blanche
72 Blanche B. (Neu-Pommern)
73 Blanc Nez K. (Frkr.)
74 blanco
75 Blanco K.
76 blank
77 Blankenberghe
78 Blanquilla I.
79 blas
80 Blas, San-
81 Blasket I.
82 blat
83 Blauort Sd.
84 Blavet
85 Blaye
86 ble
87 blee
88 blem
89 blen
90 Blenheim
91 bler
92 bles
93 blesse
94 blet
95
96
97
98
99

ドイツ海軍暗号中の１頁（英国密偵が手に入れたもの）

ワシントンのＭＩ８とは異なって、イギリス海軍の暗号局は戦争の目的のためにできたのではない。これには思いきった、しかも巧妙な探偵方法の伴った長い、しかも暗い歴史がある。この暗号局の力、伝統、陰謀は、私の心の想像の炎を煽（あお）らずにはおかなかった。ワシントンのＭＩ８は戦争が終結しても決して閉鎖すべきものではないと思わせた。

イギリス陸軍省は、しきりに私がフランスにあるイギリス軍総司令部の暗号局を訪問することを希望して、飛行機に乗せて行ってやろうとまでいってくれた。ヒチング大尉というのは、その上官の語るところによると、イギリス陸軍の四個師団にも代えられないほどの有能な人物だそうであるから、私は是非会ってみたいと思ったけれど、たまたまロンドンに来ていたヴァン・デマン大佐は賛成しなかった。フランスへ行って大尉に会っても、すでにロンドンで聞き知った以上のものは何もあるまいというのが大佐の意見であった。大佐はその代わりに、私がパリのフランス暗号局へ行ってひと働きすることをむやみに勧めた。

私はイギリス陸軍省、海軍省、および検閲班での仕事をすべて終わらずにイギリスを去るのは不本意であったけれど、なにしろヴァン・デマン大佐はその翌日、陸軍長官ベーカ氏とともにロンドンを出発してパリに行くことになったので、大佐がパリにおれば、私にも万事好都合と思われたから、ついに私も一緒に行く決心をしたのであった。

# 第十章　ベルサイユ平和会議

## フランス暗号解読班へのアタック

パリではロンドンの陸軍省で遭遇したような困難は経験しなかったが、しかし私はこの有名なフランスの機密室の戸は、とても私には開かれないことを知った。私はワシントンにおけるフランス高等委員の手紙を携えて行ったが、その手紙は、少なくともフランス陸軍暗号局に関する限りは、大いに役立ったのであった。その内容は次のようなものである。

拝啓　陸軍諜報（ちょうほう）部長チャーチル将軍は、小生に対してH・O・ヤードレー大尉を推薦されました。同大尉は電報通信に使用する各種の暗号を研究するためフランスに派遣される方であります。ヤードレー大尉の使命に対してご便宜を与え、且つ陸軍大臣官房における暗号班を主宰せるカルチェ大佐および外務省の暗号局にご紹介下されば幸甚の至りに存じます。

フランス共和国高等委員

フランス・アメリカ戦争総務委員会内総務代表者殿

カルチェ大佐に会って私の任務を話すと、大佐はすぐに、フランスにおける暗号の天才ジョルジ・パンヴァン大尉を呼んでくれた。私は数週間前から、連合国政府間における最も卓越せる暗号専門家として名声がとどろいている、このパンヴァン大尉に会う日を待っていたのである。世の暗号専門家に対して捧げられた賛辞中、私がそれまでに聞いた最大の賛美は、実はアメリカ軍総司令部参謀フランク・ムーアマン大佐のパンヴァン大尉評であった。その一部にこんなことをいっている。

「フランス軍の主たる暗号専門家ジョルジ・パンヴァン大尉は、最上級の分析の天才で、暗号解読に誤らざること魔術師のごときものである……。この単純なる報告文を基礎として、大尉はその新暗号の全組織を探知発見し、且つ組み立ててしまった。この暗号の解読が、欧州大戦の結果に大変革を与えたといっては誇大に過ぎるかもしれないが、その無数のドイツ将卒の生命を奪い、多数の連合国軍将卒の生命を助けたことは疑いを容れないところである」

　事実を明確にするために述べるならば、大尉の最大の業績というのは、ドイツ軍がかなり以前から公言していた、かの一九一八年三月の大突撃を目前にしているとき、連合国軍側の暗号専門家を悩ませていたあの難解な「ＡＤＦＧＶＸ暗号」を見事に解読したことである。それは大尉が長期の重病（これはたいていの暗号専門家の運命である）からやっと回復した直後の仕事であった。

　なぜこの暗号をＡＤＦＧＶＸ暗号というのかといえば、この暗号通信にはこれらの文字だけしか現れてこないからである。ドイツ軍は最初、一ドイツ文字に対して暗号文字二文字を配し、一度に一文字ずつ記して通信を暗号化した。そしてその通信をことごとく暗号で書くと、つまりドイツ語の原文の倍の文字があるというわけである。さらにこの二字続きの文字を分離して、別に作ってある規則によって混ぜてしまう。しかもこの規則は毎日変更することになっているのである。簡単にいえば、この式は第一暗号化、第二分離、第三位置転換という順序ででき上がるのであるが、非常に難解な暗号で、この解読の鍵を大尉がほとんど創造的に発見したときには、何人もその卓越せる頭脳の働きに驚嘆の声を挙げたのであった。

　パンヴァン大尉が部屋に入ってきたとき、カルチェ大佐は電話をかけていたので、大尉は大佐が電話をかけ終わるまで待っていなければならなかった。その間、私はこの痩軀(そうく)にして冷徹な眼つきをした青年士官を静かに観察することができた。

カルチェ大佐が私を紹介して、私の用向きを述べたけれど、パンヴァン大尉はその浅黒い落ちついた顔には何の表情も浮かべなかった。強いていえば、アメリカ人がパリに来てフランスの暗号術を研究するのを、少々迷惑に思っているらしかった。しかしその後、二人だけで大尉の部屋に行ってから、彼が数個の難解な問題を分析して見せるのを、私が理解していく様子を見て、彼も次第に打ち解けてきた。

やがて私たちは非常に親密な間柄になってしまった。私は大尉の家庭の最も親しい一員となり、暗号学に関する彼の明快な議論を聞きながら、静かな晩を過ごすことがしばしばであった。

大尉は自分の事務所内に私のために机を用意してくれ、その綴込み(とじこ)書類の閲覧を許してくれたので、私はこの機会を逃さず一生懸命研究を続けた。後日、私が一九一九年から一九二九年にかけて、多くの暗号専門家を指揮監督して諸外国の暗号通信を解読した際に、当時のこの大家の教授とその刺戟(しげき)とが、どれほど役に立ったかはかりしれない。

しかし私のフランスでの経験はそう簡単ではなかった。ワシントンからは頻々(ひんぴん)と電報が来て、ベルリン―マドリード間で使われているドイツの外交暗号について報告せよとの要求が、猛烈に多くなってきた。「いったいお前の仕事はどれくらい進捗（しんちょく）したのか」という詰問は、ほとんど毎日のようにきた。

私はカルチェ大佐が私に親しみを持ち、慣れてくれるように、できるだけ頻繁に大佐を訪れ、しかも邪魔になることを避けるようにつとめた。ある日のこと、彼が特に私に親しさを示したとき、私はとうとう思い切って「外交暗号解読室で研究することを許してもらいたい」と申し出てみた。カルチェ大佐も、かねてこの要求を予期していたとみえて、即座に「私は外交暗号電報傍受の責任は持っているが、私の事務所でこれを解読翻訳するわけではなく、みな外務省に送ってやるんだ」と弁解した。

なにしろ私は大佐の机の上に外交暗号電報の写しがあるのを見ているのだから、全くそれに関係がないとは、どうしても言えなかったのである。

私はその言葉に疑いをはさんだけれど、今になってみると、各国政府が外交暗号電報を翻訳する暗号局の秘密を、どんなに一生懸命に保とうとしているかはよく理解できる。しかしそのときは、とにかくフランス外務省へ行ってかけ合ってみるより仕方がないと考えた。

現ベルギー駐在米大使ヒュー・ギブスン氏は、当時パリ大使館の書記官であった。私は国務省の役人を務めていた時代から彼を知っており、有望な青年外交官であると思っていた。私がギブスン氏に会いに大使館へ行くと、例の白い歯をむき出した彼一流の笑顔で迎えてくれた。
私はロンドンにいるエドワード・ベル氏からの手紙と、彼を訪問して助力を乞うがよいという意味のワシントン政府からの電報とを手渡して、私の困却していることを説明し、フランス外相ピション氏に会見することを斡旋（あっせん）してもらいたいと頼んだ。すると彼はアメリカ大使に会わせてやるから、大使を通じてフランス外務省に交渉するがよいと言ってくれた。

そこで私はシャープ大使に会って、国務省から大使に宛てた手紙を渡すと、大使はすぐにフランス外務省へ電話をかけて、翌日ピション氏に会見する時間を打ち合わせてくれ、親切にも私を連れて行ってくれたのであった。

私はピション氏に対して私の使命を述べ、さらにカルチェ大佐のいうところによれば、陸軍省は単に軍事関係の通信を解読翻訳するだけで、外交通信は外務省に回されて翻訳されるのだと言われた旨を話した。

すると外相は言下に「それは違う」と否定した。そして問題のドイツから送られるベルリン―マドリード間の暗号通信は、外務省へ来る前にカルチェ大佐の手で解読翻訳されるのだといい、さらに外務省には暗号局などというセクションはないとさえ断言した。

## LA CHAMBRE NOIRE（ラ・シャンブル・ノアール）

シャープ大使も私もこれを聞いて、いったいピション外相は私を回避しようとしているのか、それとも本当に外交暗号局がどこにあるのかを知らないのか、判断に迷ってしまった。大臣などというものは、とかく彼等に提出される外国政府に関する通信が、どこでどうして手に入れられるのやら知らないような顔をしたがるものである。

私はピション外相との会見の顚末(てんまつ)をカルチェ大佐に話すと「外相が、外務省の暗号局がどこにあるか、はっきり知らないのはありそうなことだ。実はその所在は、フランス国内でもごくわずかな人々しか知らないほど一種の秘密組織で、ラ・シャンブル・ノアール、すなわち機密室と呼ばれているんだ」との返答であった。そしてカルチェ大佐は、ピション外相が彼を妙な羽目に陥らせたといって怒った。あるいはそんな様子をして見せたのかもしれない。

ジョルジュ・クレマンソー首相

私はわが大使館付武官のワーバートン少佐、およびヴァン・デマン大佐と相談の末、クレマンソー氏（第一次大戦末期の首相兼陸相）の秘書官エルシェール大佐に手紙を出した。エルシェール大佐は、さらにその手紙を陸軍省官房主事のモルダック将軍に転送した。すると将軍はベルリン―マドリード間の通信には各種の暗号が使用され、しかも絶えず変更されているので、種々研究の末やっと読めるようになるのだ、などといってごまかしてしまった。

しかし将軍は、アメリカに関係のある通信だけは、ワシントンのフランス大使館を通じて国務省へ送付していることは認めた。この事実は、ラ・シャンブル・ノアール（機密室）の支配者はフランス陸軍省にほかならないことを表明したものであった。しかも最も驚くべきことは、そのときの手紙である。手紙にはモルダック将軍の自署があるが、顕微鏡でよく調べて他の手紙と比較してみると、それはカルチェ大佐の事務室で作られて、タイプライターで印刷されたものであることが明らかになったことだ。フランス人はいつも我々アメリカ人を単純な人種だと考えているらしい。

ステファン・ピション外相

カルチェ大佐は、私をラ・シャンブル・ノアールに近づけまいとすれば、どんな圧力がやってくるかを知っていたのかどうか、私が翌日大佐に会ったとき、この手紙については何もいわなかったが、しかしいかにも心配そうで、いつ私がパリを出発するかと何度も尋ねたりした。

数日後、私がモルダック将軍に会うと、将軍は、軍事関係の暗号を取り扱う陸軍省暗号局の書類は随意に利用してよいが、外交暗号に関する情報はいまだかつて外部に洩らしたことはなく、これが君たちに知れようものなら、君たちはたちまちフランスの外交暗号を読破してしまうであろうといった。将軍はさらに、フランスはアメリカの援助を受けているのだから、その要求を無下に断るのは苦しいわけで、もし大使館付の武官が、さらに手紙で何がほしいのかもっと明瞭にその要求を知らせてくれたら、クレマンソー氏の秘書官にも交渉してみようと言ってくれた。

ウィリアム・G・シャープ大使

私は残念にも、ワーバートン少佐とクレマンソー氏との会見の場所に居合わせていなかったが、これは非常に興味深いものであったらしい。ワーバートン少佐自らが語るところによると、少佐はすでに私の要望をクレマンソー氏に話し、私のラ・シャンブル・ノアールに入ることを禁ずるか、それとも許可するか、明瞭に言ってもらいたいと要求したのであった。するとクレマンソー氏は非常に激怒して、エルシェール大佐に向かって、モルダック将軍とカルチェ大佐を、その翌朝午前十時に召喚しろと怒鳴りつけた。

翌朝、どんな話があったかは知らないが、その後の出来事と我々が知っているクレマンソー氏の性格から推断すると、フランスがベルリン―マドリード間の通信を解読翻訳していることを右の両人が我々に認めたことについて、両人を激しく叱責したらしい。ただ氏は、両人に対して紛議をかもすようなことは巧みに避けなければならないが、しかしいかなる事があっても、私をラ・シャンブル・ノアールに入れてはならないと命じたことは明白である。ピション氏も「ル・チグル（虎）」（クレマンソーのあだ名）の激怒を受けたらしく、いまや氏も初めてシャープ大使や私との会見を拒絶してきたのであった。

翌日、カルチェ大佐は電話でワーバートン少佐に即刻会見を求め、しかも私を同席させないよう要求してきた。

カルチェ大佐はワーバートン少佐に対して、自分はクレマンソー氏から外交暗号を交付するように命ぜられたけれど、自分はそれを持っていないだけではなく、いまだかつて手に入れたこともない。無線で傍受する以外、外交暗号通信については何等関知していないといった。それからまた大佐は、ピション外相がシャープ大使と私とに向かって、大佐から外務省に届けられる暗号通信は解読翻訳済みのものであるといったことを否定したいと言った。大佐はモルダック将軍がすでに承認した、かの暗号通信が解読翻訳されている事実、および私が最初モルダック将軍を訪問して以来、ワシントンのフランス大使館はそれらの通信中に含まれていた報道を、国務省へ送付していたという否定しがたい事実を打ち消す不快な役目を演じなければならなかったので、ひどく興奮していた。

これより二日前、ワシントン政府から私に、ハウス大佐の助力を必要とするかどうかを聞いてきたが、ワーバートン少佐のクレマンソー氏およびカルチェ大佐両人の会見の様子を私が電報してやると、政府もたちまち、フランスは何人にもラ・シャンブル・ノアールに入ることは許さないことを見抜き、ハウス大佐の力を借りてもなんの効果もないことを理解したのであった。

読者も後章で、わがアメリカの機密室で解読翻訳された外交暗号通信を読まれるならば、私が外国の外交暗号通信事務室に入ることは、いかに難しいことであるかを諒解されるに相違ない。しかし私の交渉は全く無駄なことではなかった。なぜかというと、私のその失敗は、もしアメリカが他国政府の謀略を妨害しようとするならば、平時においてもわが機密室の存在が絶対に必要であることを、アメリカ政府当事者に痛切に感じさせたからである。

事実、アメリカ政府が将来に対して計画を立てていたことは、チャーチル将軍が私にたびたび手紙を寄こして、私が海外においてさらに暗号に関する知識を深めてくるならば、わがアメリカの機密室は暗号解読術において世界無比のものになるだろうと強調していたことからも、十分に察知できたのである。

## 平和会議の舞台裏で

ドイツ軍と連合軍との間で休戦声明が発表されたのは、我々がクレマンソー氏と会見した日であった。私はフランス官憲とラ・シャンブル・ノアールについての私の経験の概要を本国へ電報しておいて、それからショーモンの米軍総司令部へ行き、ノラン将軍へ報告した。そのとき私はチャーチル将軍からの手紙を持って行ったが、それはこんな内容であった。

「拝啓　MI8主任のヤードレー大尉をご紹介します。大尉は貴電に応じて、いずれフランスに向かうはずです。ヤードレー大尉と、その本国における顕著な功績については、すでにヴァン・デマン大佐よりお聞きのことと存じます。小生等は同大尉をもってわが米軍の最も有能な士官の一人と信じ、陸軍諜報部出張所へ、かくのごとき好個の代表者を送るを喜びとする以外、別に付言するものはありません。しかし同大尉は、単に臨時服務のために渡欧するものであることを固く記憶せられ、決してこれを〝盗み取る〟といったことのないようお願い申しあげます」

ノラン将軍は私を総司令部の暗号局に招き入れたが、すでに記したように、この暗号局のスタッフは大半がワシントンで訓練された人たちである。私はこれらの暗号専門家の業績について、ここで詳述する余裕はないが、しかし後日、信頼できる世界大戦の歴史が編まれるならば、勝利を手にするために米派遣軍が働いた中で、この小事務所が果たした役割も当然記述されなければならないと思っている。

私はショーモン滞在中に、ワシントン政府から平和会議における特殊な任務についてブリス将軍に報告せよという電命を受けた。そこで私がさらに詳しい訓電を要望したところ、私の任務というのは、平和会議代表団とワシントンの陸軍諜報部との間の暗号通信を担当することであることがわかった。そして、私の軍事諜報視察員としての地位および給与は、ブリス将軍への報告と同時に終結するので、その後は、やがてパリに到着するであろうチャーチル将軍が別の財源から給与するであろうという通知を受けた。

私はただちにベルサイユに向けて出発し、ブリス将軍に面会して報告した。すると将軍は、平和会議諜報監督に任ぜられているヴァン・デマン大佐に宛てて、パリにおいて暗号局を創設するについてはいかなる事柄に対しても、全ての権限を与える旨の手紙を私に託した。ヴァン・デマン大佐にその手紙を渡すと、大佐はさらに私に対してその権限を許可したのであった。

私は米軍総司令部に対し、数人の特殊技能のある士官と戦地書記の派遣を電請し、さらにプラース・ド・ラ・コンコルド四番地（平和会議本部）に二室を工面してもらい、短時間のうちに暗号解読組織をつくりあげた。私の任務がどのようなものになるかは予測もつかなかったが、とりあえず私は通信事務室と暗号解読事務室の二つを用意した。

やがて私は、陸軍長官と陸軍情報部長ブリス将軍の通信を取り扱うとともに、協商国の無線通信を傍受して暗号解読をすること、さらにその内容を大統領に報告するために協商国および連合国側へやって来たハウス使節の秘密委員のために、暗号を案出してやることになった。

〔訳者注〕 **エドワード・M・ハウス**＝アメリカの外交官。ウィルソン大統領の側近として第一次世界大戦中は大統領の私的使節として渡欧、連合国間の調整などに活躍した。パリ（ベルサイユ）平和会議では対独強硬論を展開する英仏に押され、ウィルソンの期待を裏切った。

ハウス使節は私を訪問して、これらの委員のために新しい暗号の制作を要求してきた。私はワシントンの機密室に新暗号システムの考案を訓令した。おかげでそれから七日間というもの、ワシントンのＭＩ８では、ほとんど誰一人ろくろく睡眠をとる者もなく働き、立派に新暗号を制作編集し、印刷したのである。このような早業は空前の業績に値する。つまり私が電報を打ってから、早くも三週間以内にこの新暗号帳が私の手元に届いたのである。

ハウス使節のこの要求は、また私の事務所をも騒がせた。というのは、各委員はみな別々の通信方法を備え、しかも各通信は別々の暗号で記されなければならないという、難しい要求だったからである。

多くの委員たちが行列を作って私の事務室へやってきて、各々特別のレクチャーを受け、各々使命の重大さを頭に焼き付けられて欧州の各方面へ乗り込んで行ったのであった。彼等によって報告される欧州の蹂躙（じゅうりん）された諸民族の要求や希望こそ、ウィルソン大統領がその重大なる決意の発起点にしようとしたものではなかったろうか。少なくとも彼等はそう信じていた。ところがそれは大いなる幻影で、私の知った範囲では、彼等の報告は一つも大統領の手に渡らなかったらしいのだ。

エドワード・M・ハウス

数カ月後、私がローマへ行っていると、ある夜、これらハウス使節の勇敢なる委員の一人にたたき起こされて、夜通し座ったままで哀訴を聞かされてしまった。彼はセルビアが連合国側のモンテネグロを占領する原因となった、いわゆる一般投票の真相をつかむため、モンテネグロへ派遣されたのだそうである。その話によると、セルビアはモンテネグロへ軍隊を侵入させ、大砲や機関銃を市街に並べて一般投票の日に外出するモンテネグロ人を片っ端から撃ち殺したそうだ。辛うじて山中へ逃れたモンテネグロの領袖たちを、彼は千辛万苦ののちやっと探し出して、この話を聞き取ったもので、その間、二度もセルビア人に暗殺されかかったという。

モンテネグロ人がいかに迫害されているか、次から次へと電報で報告したけれど、何等これに対する応答も返事も受けたことがないと、語り終わったとき、彼はほとんど泣かんばかりであった。

「いったいどうすればいいんだろう。ヤードレー君」

彼は私を責めるかのように言うのだ。私にしたところで、彼がすでにやったこと以上に何をしてよいのか、わかろうはずはない。

「君の力でチャーチル将軍になんとかできないものか働きかけてもらえんだろうか？　この話を暗号電信で報告してもらえないものだろうか」と彼は訴える。

「それが何の役に立つというのか。君の電報は大丈夫、パリに着いているよ。いったい君は自分の使命をそう大真面目に取るからいけない。大統領とその他の四巨頭たちは、モンテネグロなんて、そう大した問題にしてはいないんだよ」と言うと、

「では、一体全体、何故に私にこんな危険を冒させるんだい」

と食ってかかってきた。

これには返答に困ってしまい、私は「ハウス使節に聞くがいい」と言ってやった。私は眠たくて仕方がなかった。だいたい大統領がモンテネグロの迫害などを気にかけていないなら、

そのために他の者が寝ずに起きている必要などは少しもないはずである。

だが、この委員たちのことは、やがて忘れられてしまったにしろ、その当時にあっては、そのために我々は随分長く苦しい仕事をさせられたものである。我々アメリカの平和委員たちは、わが大統領の困難な大事業の準備をしておこうという殊勝な希望で、心は燃え立っていたのである。そのとき大統領はすでにパリへの渡航中であった。

**諜報謀略戦が渦巻く平和会議**

我々の仕事は、いろんな出来事で活気づけられた。ある探知事件を取り扱ったとても重大な電報が、私自身の秘密暗号でやってきて、私自身これを解読しなければならなかったこともある。パリには連合国、協商国双方のスパイたちが押し寄せていたので、そうした電報も必要だったのである。四巨頭は数百万の民族の運命を左右する世界地図の大改造をやろうとしている。こうした大事業、大バクチの机上には、ずいぶん印のついた不正なカードもあるだろうと思われた。

〔訳者注〕**四巨頭**＝ウィルソン米大統領、ロイド・ジョージ英首相、クレマンソー仏首相の三巨頭とオルランド伊首相。

私はすでに、パリには各国の腕利きの諜報員たちが入り込んでいるという秘密報告を受け取っていたから、そうした印のついた不正なカードがあることは予想していた。だが、ある電報を受け取り、それを解読したときには、私の心臓は思わず鼓動を高めたのであった。それはわが平和委員の一人が、その結婚前に交際していた一婦人が平和会議終了までの仕事に対して二万五千ポンドの報酬で、イギリス政府に雇われているということを知らせてきたものだったからである。その報告によれば、もし平和会議の結果がイギリス政府の満足するようなものにならなかった場合、その婦人を使ってわが全権を困らせてやろうというのであった。

私はこの電報に驚かされたが、やがてこうした報告には慣れてしまった。そうしたとき、また新たな報告が入ってきた。ある一人の婦人（仮にX夫人と言っておく）が、やはり平和会議のわが全権の一人を操る目的で、ある連合国政府に雇われてパリにいるというのである。

ヴァン・デマン大佐は一昼夜かかって調べたが、その婦人がどこにいるかわからなかった。そこへロバート・W・ゲーレットという大尉がやってきて、この話を聞くやどこへともなく姿を消していった。そして、ものの三十分とたたない間にその婦人の宿泊先を突き止めて帰ってきた。

平和会議の諜報係として、急に十年も歳をとったかと思われるほどやつれていたヴァン・デマン大佐は、驚いてその皺の寄った顔をゲーレット大尉の方へ向けて、どうして探し当て

AMERICAN COMMISSION TO NEGOTIATE PEACE

PASS No. 92

Permit Bearer YARDLEY, H.O., Capt.

To enter HOTEL CRILLON,

4 PLACE DE LA CONCORDE

Signature of Bearer H.O. Yardley

R. H. Van Deman

R. H. VAN DEMAN
Colonel, General Staff
U. S. A.



パリ平和会議に際してヤードレーに発給されたホテル・クリオンの出入許可証

たかを聞いた。大尉は硬骨漢らしい微笑を浮かべ、おとなしく語り出したが、それは諜報マンとしては誠に上乗なものであった。

X夫人は非常に金持ちというばかりではなく、その社交的位置からパリでは誰知らぬ者もいないほどの人であった。そこで大尉は、もしX夫人がそれほど美しくて有名なら、このパリの中には夫人を知っている男がたくさんいるに相違なく、それらの中には彼女に花束を贈る者も多いに違いないと考えた。そこで大尉はある立派な花屋へ行き、顔見知りの主人に「ひとつ美しい花を選んでX夫人に届けてほしい」と頼んだのである。

口軽の花屋の主人は「ああ、X夫人にですか」と言い返したので、この若い大尉は、してやったりとほくそ笑んだ。

主人が自ら花を選んだり、包んだりしている間も、ゲーレット大尉はたえず主人にまとわりついて話を続け、さらに主人が花束の届け先を書いているときは近くににじり寄って、ヴァン・デマン大佐が探しあぐねたX夫人のアドレスをまんまと盗み見してしまったのである。

女性を手先に使ってわが平和会議全権の決心を動かそうとするような謀略はある程度は予想できたし、それほどの驚きもなかったが、某連合国がわがウィルソン大統領に、徐々に効き目が現れる毒を盛るとか、あるいはインフルエンザ菌を氷の中に入れて呑ませ、暗殺しようとしているという報告の暗号電報を解読したときの私の驚きは容易に想像していただけると思う。この報告をしてきた者は、私が非常に信用している人で、大統領に自重と警戒をしてもらいたいといってきたのであった。

こうした謀略が本当にあったことなのか、またそうであったとしても、果たして成功したかどうかを確かめる方法はない。しかし、ここで否定しきれないことは、ウィルソン大統領が最後に斃(たお)れたあの病気の最初の兆候は、実はパリ滞在中に起こったもので、それが高じてやがて死の道についたものであるという事実である。

わが大統領がパリに着いて、そして興奮した人心もようやく静まると、やがて私たちの仕事もあまりなくなってしまった。事実、多くの仕事をあてがわれた少数の書記官たち、全権委員自身を除いては、平和会議は大きなカクテルパーティーといった状態に変わってしまった。全権に随行している誰も彼もが、やれ茶の会だ、やれ晩餐会だと、招待状を山のように受け取っていた。そして最後のころには、どこの招待でもシャンペンを抜かない会には絶対に行かないという、アメリカ人一流の気質を暴露して平気になってしまったのである。フランス人が私たちの作法を嫌うのも無理からぬことだった。

ＭＩ８の現状については、ワシントンから時折報告がきた。ところが我々が現に平和克復後における強力な暗号局の発足を夢想しているとき、すでにＭＩ８は早くも瓦解の道を急ぎつつあったのである。そこでチャーチル将軍は私に対して、ローマへ行って彼の地で暗号について何らかの知識をつかみ、ワシントンへ帰って平和時における組織施設の計画を立てることを命じたのである。

ウッドロー・ウィルソン大統領

しかしローマではほとんど得るものはなかった。イタリア人は暗号学に通じていると聞いていたが、私は、イタリア人はとてもフランス人やイギリス人には対抗し得ないことを見て取った。

私がジェノバからアメリカへ向けて出帆した日に、一通の電報がハーグから送られてきた。私がかつてイギリス人もしくはフランス人から得ようとしたドイツの外交暗号が、六千ドルであるドイツ人から買える旨を知らせてきたのである。これより前、大使館付の武官からも、パリ出発後の私に、ひとつハーグへ行って協力してもらいたいと頼んできていたのだが、しかしそうすれば私のワシントン帰着は遅れてしまうので、私はとうとう意を決して帰国することとし、他の人を遣わしてその暗号を調べさせることにしたのであった。

# 第十一章　ロシア革命政権の情報戦

## 巧妙なロシア革命政権の諜報活動

一九一九年四月、私がワシントンに帰ってみると、ＭＩ８の状態は実に惨憺(さんたん)たるものであった。文官の暗号専門家や書記を置く財源は全くない。多くの士官たちは、早く市民生活に戻りたいと熱望しているありさまだった。

しかし、平和時にもこの機密室を維持していきたいという気持ちは各方面にあった。というのは、いずれの省の当局者も、アメリカは他のいかなる方法をとろうとも、この機密室以外に他国の為政者たちの真の感情や企図を正確に知る手段を持っていないことを十分に認めていたからであった。また他の強大国はすべて暗号局を持っており、アメリカが同じ立脚点に立とうとするならば、熟練した多くの暗号専門家を置かなければならないことを感じていたからでもある。

国務省、陸軍省、海軍省の責任者と数次にわたる会合のあと、我々は速記係、隠しインク係を除隊復員させ、暗号編集係を信号隊に移し（読者は陸軍法規によって、信号隊が暗号を編集することを規定されているのを承知されたい）、通信係を陸軍副官本部へ戻すことを決定した。こうして暗号解読係だけが機密室に残ることになったのだった。

私の計算では、優秀な機密室を維持していくには、一カ年十万ドルは必要であった。国務省は海軍とその秘密を同じにすることを望んでいなかったため、もし機密室から海軍を除外するならば、陸軍諜報部のために特別財源から年間四万ドルを出そうということになった。そうなると六万ドル不足になるが、それは陸軍諜報部が議会の有力者のある議員と懇意になって、議会から支出してもらうよう工作した。ところが私は、国務省には特別財源の使用には規定があって、それを首府ワシントンの所在地であるデストリクト・オブ・コロンビアでは使用できないことになっているのを知った。

デストリクト・オブ・コロンビアにいられなくなったので、私はニューヨークへ行って適当な場所を探し、この有名なアメリカのブラック・チェンバーを設置して外国政府の目を避けようと考えた。

エドガー・アラン・ポーの『盗んだ手紙（パーロインド・レター）』の推理方法にならって、ニューヨークの真っただ中、五番街（フィフス・アヴェニュー）からわずか数歩の地点、東三十番地付近の褐色の前壁を持った石造りの四階家を選んだ。

私はワシントンへ帰ってＭＩ８の最も有能な書記、熟練者の暗号専門家を選抜し、機密室に必要な付属備品である語彙（ごい）統計、辞書、地図、参考書、国際的事物を記載した新聞切り抜きを含んだ我々独特の人名簿等を荷造りした。

私は大戦中、多くの信頼すべき実業家と親密に交際した際、何回も実業界への転身を勧められた。そして相当の地位も申し出られたが、私の心は暗号に占領されていたので、政府が年間七千五百ドルの俸給と、将来にわたって暗号に関する仕事を約束したので、私はこれら新しく選抜した人々を指揮することを承知したのである。

そこで復員した私（私はそのとき少佐に昇進した）は、この少数の男女スタッフをニューヨークの石造り家屋、わがブラック・チェンバーの新ホームへつれてきた。

つまり、これで政府との直接交渉はまったくなくなったわけである。私を含むすべてのスタッフは、機密費で雇われているただの市民にすぎない。家賃、電話、電気、暖房、その他事務所の用品など、一切のものが秘密に支払われているので、政府との折衝は必要なくなったのである。

ところが新しい問題が生まれてきた。我々は自分たちが考え出した方法手段で外国政府の秘密暗号電報を手に入れ、解読しなければならなくなったのだ。もし捕らえられたらそれまでの話だ。我々は警備員も雇った。錠前も直した。そして、いよいよこの秘密活動を始めるばかりになった。ところがどうだ、解読すべき暗号電報がない。

大戦が終わったために検閲は廃止され、電報の管理権はすべて民間電報会社の手に戻っているのである。我々の目前の問題は、電報そのものをいかにして手に入れるかなのだ。いったいどうしたらいいのだろうか……。

私はこの難問に直接答えることは差し控えよう。その代わり、私の手に渡った文書によって発見したロシア革命政権の諜報の方法について少々書き添えることにしたい。これを読めば、読者はアメリカ政府がいかにして列国政府の外交暗号文書を手に入れたかが、自然と理解できることであろう。

私がニューヨークの事務所へ移って間もなく、ワシントン駐在のスタッフが思いがけなくやってきた。

「どうだい、この場所は?」

私が尋ねると、彼は、

「この錠前を見るとぞっとする」と言った。

　この家に入る誰でもがそうなるように、彼も神経過敏になっていたのだ。私が「いったいワシントンで何をしていたのか」と聞くと、彼は一からげの紙束を取り出して私に渡した。それは七枚の暗号信書であった。

「どこでこれを手に入れたのかい？」と尋ねると、

「国務省から回ってきたのだ。ドイツの飛行機がロシアへ飛ぶ途中、ラトヴィアで着陸させられたとき、乗員が持っていたものだ」とのことであった。

　私はその文書を研究してみたが、その中の例を次頁に挙げておこう。

「国務省から、大急ぎで君に解読してもらうように言えとの命令であった」と彼は言う。

「なるほど、しかし君はどうしてこんなに多くの錯綜(さくそう)した文字が読めると思うのかい」

　私は多少の皮肉を込めて言った。

「さっぱりわからない。私はただ命令を復唱するだけさ」と彼は言う。

「いったいワシントンにいる君たちは、ただもう秘密文書の内容を知りたいとあせっている。全力を尽くしてはみるが、しかし我々の仕事はただ隠された秘密をあばいて悦に入っているとばかり思わせてはいけないよ」

　私はこう言って、さてこの文書がどんな意味のものかを知ろうと思い、彼に座る席を与えて私から遠ざけた。

## ロシア革命政権の暗号文書

Fortsetzung4. 27001. enere donea zneie
stuna ittft velds henrs 304. ptlzz
tnadm nsdti uikgt vrpit eschs agert
levwi otnis edsai ahnao tdoiu ngctn
reros anmrc heeeg nennn etkkv iucit
osbic eiren keaof iehtg ungsr omtre
rnpie esoek eruhu nlben tdlkk lotte
eoiae lrasn eeson rerlh rdtrs rrbra
hhrpn knlnr zdmhe tisri drdes ieebl
tanta sehge enare uiish gkdrh gamio
rlhha ebrac gnaei baikl eces.

Fortsetzung5. 27003. intnt eroci tthhl
mtprn rarde ehsnb eosnt nhgzi loioi
herar easme uantr 340. eseec keeij
elrtn naece ronsl tvirg bkhos ncaei
zanta rnrmn esoha ilaki tirct wanwv
lsgeh egimn obshd nshro pngfm ecieu
sbrsp irger wirui eelah eekos perwt
duthm cegdu ebabu dasie eavef dierm
tsaai rgoss ohbne eraet omhti dttni
brarm rnnfs zsnur dsrda bekiv crelw
tlobe athnl onheu scans fhhbi viubr
laeir aioaj ruigk cafcc tmntf laatj

27003. ksffr remib tuane sgneo eiscc
ebhee etnee ntize 940 apnze eipic
dohua elzun ghgnr mreri etfeg oiati
esetr etndu tedin rnthh nudek laakw
vzgnk llems heser rnncw enehe encne
eregu rttrg iotae eaeee oipmr redsa
gkhlg aleet ntlat uahke tehad lllse
gtesz ihree ginei aeimi eamlh ecldu
srnkr gthov baies raoei iudrn gwdsm
ssner ntssu gihsu nnhii eehlo euatu
deedn nagej zdtre abebh etrml uimre
lireo aabrc iggie gbeut nclel ucrpo
rugac oreto zuams oleso dlcoi ottri
nonvu iikid wxten aeruo onwgr gneen
meiil hegkl toscz isuua esdbi dcbne
oeiie nrgen geeta rdeai tense errhd
tctim wbrzr iilem ithhf tflon skzum
eorle eposi ztmrc efebh eieki cckia
dglrd ietka aefht goeca bssee ifwte
cfleu iihir rvwxv ghnhe egrru reucd
aeest iihak uarne nricr litef deeen
braes theim garlh sehin ugnie vunai
rkvhe bssmb inuau ewdrn ntaer uibdv
nrone ugile uwbtb eesdm dtnif etaec
ianse ndiyp fmvre nhbac srnti nnnub
nrnri vauer oerog hnsnc kaarn ieees
gsemi fnrui rnths ngtno aeviu lheru
nitte agnhu icggh nraar hddgr thuev
thort aencl oylms maera nnnke efnre
rlgmf hleln hkonw nslhl snedu ntatt
gltmh ihmln gukra hciea tgeut tseal
nwttb neent iatri eane

後にわかったことであるが、ラトヴィア政府は、この文書を解読しようと努力したがとても歯が立たず、リガのアメリカ領事に頼んで、アメリカの暗号専門家の手で何とか解決してもらいたいと申し出たのであった。

私はワベルスキー文書を解読したときと同様の分析方法で、これらの暗号は最初ドイツ語で書いたものを転置したものであることを発見した。おそらく読者は解読方法などはさほど聞きたくはないと思うので、あまり細かなことは記さない。が、もし暗号解読学を手がけたいと思う人は、有名なパブロ・ワベルスキー暗号の分析を研究するがよいと言っておこう。しかしアマチュア暗号解読者にとっては、この暗号は解読するのは非常に面倒だと告げたい。それは暗号文字で書かれた多くの長方形の文字群の長さが不ぞろいであるからだ。長方形の各行を正しい位置に置くには、かなりの能力が必要である。しかし、今ここに解読した暗号の訳を載せておくから、おそらく立派にやれることと思う。

この文書はソビエト・ロシアの秘密委員から、その上司に対して発信したもので、おそらくベルリンに滞在している者であろう。その飛行機はロシアへ飛ぶ途中であった。二番目の通信に「わが名は目下トマスと称す。よろしく、ジェイムス」とあるのを見ると、名前はすべて偽名であろう。同人は全世界に散らばっているソビエト・ロシアのスパイたちを指揮している者と思われる。文書の末尾近くの「グラルスキーはアメリカへの途次、資金を持って当地に到着せり」とある文句は特に注意を要する。
次に掲げるのは、右の文書をドイツ語に解読し、さらに英訳したものである。

December 23, 1919.

*Send money*, Italy and France are urgently in need. *Large pearls sell well here; sapphires in England.* The Secretariat asks urgently for material. Money should be distributed through this Zentrale before the conference. In November, Secretariat elected PAUL LEVI, BRONSKI, ZETKINISH. Secretary is in touch with Holland. The Communistic is issued here and I am also publishing the Russian Correspondence.

A branch has been installed in Vienna. At present no news from CARLO; he works extremely well, ABRANOWITCH, Paris, was there. Contact already established from here with all countries. Good progress is being made. Congress will meet surely January, February. RADEK will make detailed report to you. RADEK or BUCHARIN is absolutely needed here. Please send larger sum, as soon as ready. KOPP is really not able at present. My name now is THOMAS. Regards, JAMES.

The conference in Holland turned out a fiasco owing to the carelessness of the fellows there. KLARA and SYLVIA were arrested. The Dutch Press speaks of the sale of diamonds and of the executive decision of twenty millions. Increased activities by the police against the Secretariat is also noticeable. BRONSKI'S photos have fallen into their hands in an inexplicable manner. We suspect through Poles who are with you. LEVI and ALEXANDER have been arrested recently. Advise if you have the shorthand system of Stolze Schrei or Gabelsberger; in that case I would send shorthand notes. I have prospects of seeing you as a member of a medical mission or as a member of an emigrant' s delegation. Please advise if satisfactory to you. *Radio station finally finished. Expert engaged. Next week we start in receiving. We need sums of money urgently for Bulgaria, Serbia and France.* The delegates are waiting here. *The fellow from Triest arrived with money from Italy.* He had been arrested in Vienna. *Money will shortly be sent from here to Italy. GURALSKI arrived here with money on his way to America.* German Government permits exchange of journalists from here. The "Frankfurter Zeitung" is taking advantage of the opportunity. Urgently needed capable talent.

**日本語の訳文**

資金送れ。取り急ぎイタリアおよびフランスで必要になった。大真珠は当地にて、サ

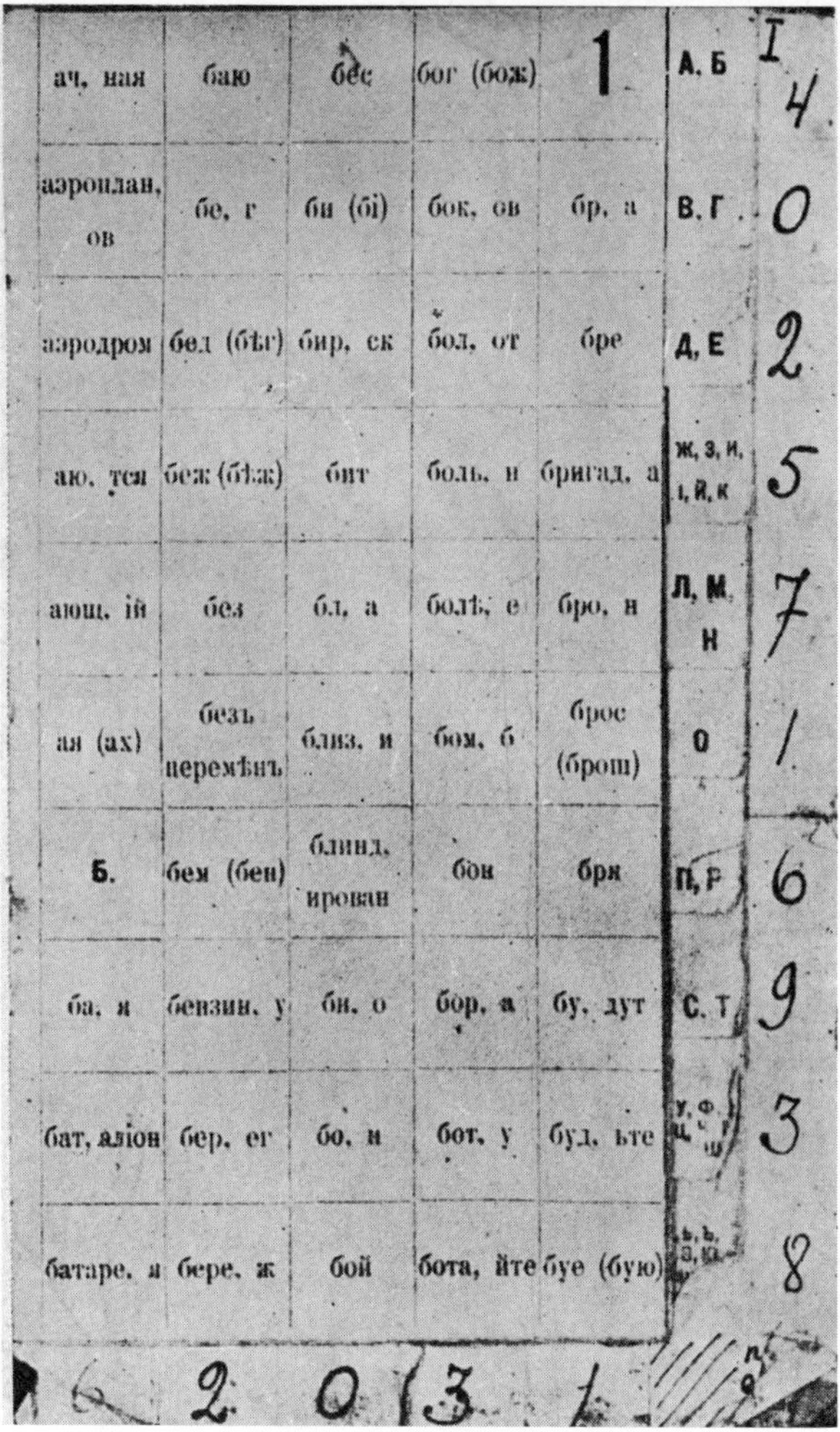

| ач, ная | баю | бес | бог (бож) | 1 | А, Б | 4 |
|---|---|---|---|---|---|---|
| аэроплан, ов | бе, г | би (бі) | бок, ов | бр, а | В, Г | 0 |
| аэродром | бед (бѣг) | бир, ск | бол, от | бре | Д, Е | 2 |
| аю, тся | беж (бѣж) | бит | боль, н | бригад, а | Ж, З, И, І, Й, К | 5 |
| ающ, ій | без | бл, а | болѣ, е | бро, н | Л, М, Н | 7 |
| ая (ах) | безъ перемѣнъ | близ, и | бом, б | брос (брош) | О | 1 |
| Б. | бея (бев) | блинд, ирован | бон | бря | П, Р | 6 |
| ба, и | бензин, у | би, о | бор, а | бу, дут | С, Т | 9 |
| бат, аліон | бер, ег | бо, и | бот, у | буд, ьте | [illegible] | 3 |
| батаре, я | бере, ж | бой | бота, йте | буе (бую) | [illegible] | 8 |

ロシア革命政権の秘語帳の第１頁

ファイアはイギリスにて売却してよろしい。書記局は物品を大いに要求している。会議前に資金を本部より分配されるであろう。書記局は十一月にパウル・レヴィ、ブロンスキー、ツェトキンを選出した。書記はオランダとの接触を保っている。『コミュニスティク』は当地で発行した。自分はまた『ロシア通信』を発行するつもりだ。

ウィーンに支部を設けた。目下カルロからは何の通信もない。彼はよく働いている。

パリのアブラノウィッチは彼地にあり。当地と各国との接触はすでに成功している。万事都合よく進捗（しんちょく）しつつある。会議はおそらく一月か二月に開かれると思う。詳報はラデックから伝えられよう。ラデックもしくはブハーリンは、当地に絶対必要なり。工面でき次第さらに多額を送れ。コップは目下のところ調達できず。わが名は目下トマスと称す。よろしく、ジェイムス。

オランダにおける会議は、彼地の者たちの不注意によって失敗した。クララとシルヴィアは捕まった。オランダ新聞はダイアモンドの販売および執行員の二千万決定を報じた。書記局に対する警察の活動はますます活発になっている。ブロンスキーの写真は何らかの方法で警察の手に渡っている。君と行動を共にしているポーランド人の線で渡ったのではないか？　レヴィとアレキサンダーは最近捕まった。もしストルツェ・シュライ、あるいはガベルスベルゲルの速記法があれば通知せよ。そうすれば小生の方から速記文を送る。小生は医師もしくは移民代表の一員として、君に会おうと考えている。了解ならば通知せよ。ブルガリア、セルビア、フランスにて資金、至急必要なり。ラジオ局はついに終わった。専門家も招いた。来週、通信を始める。代表等は当地で待機しつつあり。トリエステから来られる者は、イタリアから資金を渡された。彼はさきにウィーンで捕らえられた。資金はいずれ当地からイタリアに送る。グラルスキーはアメリカへの途次、資金を持って当地に到着した。ドイツ政府は当地から新聞記者の交換を許可した。「フランクフルター・ツァイトゥング」は機会を利用しつつあり。有能なる者、至急必要なり。

一九一九年十二月二十三日

これらの通信は、国際間におけるソビエト・ロシアの活動を示した書類中、初めてアメリカ政府の手に渡ったものだったので、ワシントンの官憲筋では一大センセーションを巻き起こした。

MI8は、またレーニンがハンガリーに白色革命がおこった当時、ベラ・クンに送った電報原文をも手に入れたが、これは長文なので、ここではとても紹介できない。

しかし、ここにソビエト・ロシアの真相をよく語っていて、見過ごすにはとても惜しい文書がある。私はソビエト・ロシア政府が、いかに徹底した巧妙な方法で諜報活動を行っていたかを知り、そうした実行力のある政府に雇われなかったことを常に遺憾に思っている。
次の文書は私にとって、実に珍しいものである。諸大国で使っている探知方法と異なったところはないが、しかし秘密通信員への訓令の中で、このように明瞭かつ大胆なものはまことに少ない。

公使館においてスパイを雇うについての派遣員に対する訓令

日本、イギリスおよびアメリカの公使館において、中国人の雑役人もしくは雇員を雇うに際しては、次の事項に最も注意すべし。

一、諜報員として我らの仕事をさせるために雇う者は、まず何等かの点において有用なるを要す。すなわちその者が、公使館内の大切な、もしくは秘密の仕事に従事する者(公使館の首脳者、武官、書記官等)と接触させられる者であるか、あるいは公使館の翻訳係、タイピスト、もしくはボーイとして雇われている者であること。

二、その者が裏切者でないこと、その報告が信頼できるものであることを確かめよ。

三、ロシア公使館のために働くことを、その者に絶対知らせてはならない。中国の一政党のために働いているものと信じさせせよ。

四、その者に、諸公使館にしばしば来る著名な中国人、外国紳士について、その訪問の目的、それらの人々と公使館内の責任ある地位にある者との会話の内容について報告させよ。その者はまた公使館において、秘密軍事探偵に従事する人々、および中国人、もしくは外国人スパイの発見に努力させよ。その者には、その働きに対して所定の給料以外、特別の賞与を与えるから、秘密文書もしくは秘密通信文等がどこに保存されてあるかを発見し、これを盗み取るか、写し取る手段を考案させせよ。

この文書を見て驚くことは、ソビエト・ロシアの探偵方法の巧妙なことと、その手先として使う工作員に対しては、ロシアのために働いていることすら知らせない用意周到なことである。

モスクワの革命政府は、この文書が本物であることを否定するに相違ないが、しかし彼等は心中これを承認するであろう。承認すると同時に、私がもっとセンセーショナルな文書、たとえば、外国人を惨殺する命令等々の内容あるものを持っていることを認めるに相違ない。ソビエト・ロシアの委員に告げる。実際、かつて私は右のような文書を持っていたのだ。だが、私は咽喉を斬られるのが嫌だから、それを公表しようとは思わない。いや事実はそれを引き破ってしまったのだ。これを了承せよ。

# 第十二章　日本の外交暗号はいかに解読されたか

## 難解な日本語暗号

一九一九年の七月、私たちはドアを堅く閉ざしたニューヨークの新しい「機密室」に落ちつき、合衆国政府にとって欠くことのできない重要な仕事に取りかかっていた。

私は助手の幾組かには各国政府の外交暗号電報の解読にあたらせ、私自身は一番困難な日本の暗号電報を解読する仕事を開始した。読者はこの年一九一九年、世界中に排日感情がみなぎっていたことを思い起こすだろう。そして日本がパリ平和会議で、欧米列強には禁物の人種平等案を提案したというので、アメリカでは大変な問題になり、第一次大戦で日本が占領したドイツの租借地であった中国の山東(さんとう)半島を、中国に還付することを拒絶したとき、アメリカの新聞はこぞって大きな見出しで騒ぎ立てたものだ。

のみならずアメリカは、当時なお効力のあった日英同盟に対して恐怖を抱いていた。事実、私たちはどの国民に対しても疑惑の念を持っていた。というのは、アメリカがドイツに対して宣戦布告をしたときに、今までアメリカが全く知らない秘密条約が連合国間に存在したことを、ほとんど毎日のように新聞で読んでいたからだ。だから国務省の上司たちが、特に日本のコードに注意を払っていたことは想像に難くない。そして彼等は日本の暗号電を解読するよう全努力を傾けよと私に求めてきたのであった。私も勢いこんで、一年以内にきっと成功してみせる、さもなければ自分の職を賭けるという堅い約束をしてしまったのである。

私の前には、世界各地の日本大使館等の間で取り交わされた、百通を超える日本の外交暗号電報が積まれた。次のものはその一通で、東京の日本外務省からワシントンの日本大使館へ送ったものである。


9月15日、内田（うちだ）外務大臣発電、幣原駐米大使宛

From Tokio　　　　Sept. 15.
To Koshi, Washington.
60427　pkxpm　berimacaem　puupemceda

yotomatoma naugdyikna detogoisuf kemaetoik
ovajneisuv upuemiegto yuxomakuar maulonedzy
upoymapalo tiirgoetsu miabikuexo yuwakydape
ugantoemkn otdecatude arpulivuzy siufovetur
etdaseozyo fyiskunaug toemkunauf ovucdexiuw
ofzuevozne zuununigro ogupolerze upotulizto
gocaotdeca tydearkuli kulokutoda kufexedeis
reoziyanow xedeozneoy maeljezyab upuggeyoty
deofkuchfa heuptosuog suetkyyoiy gozyfuirum
ikxetoempu upkewuetaw yootoeyoup upbupelik
etyuwaupow mimukukyek lepeokoyma pyokmoemis
ikmozetoda mietweowpu sizysizyog izuykuyaoz
peugannaku wudeogliup --culiikku ugofdaewty
nenakyiyem maumtonego Uchida JA.:8041

右の電文を一目見てわかることは、この暗号電報は十字ずつの組み合わせになっていて、半母音のYを母音とも子音とも見れば、この電文の語はたしかに母音と子音、あるいは子音と母音との組み合わせになっていることである。私がまだ海外にいた間、いろいろこれらの電報の解読が試みられたということだが、いずれも失敗に終わったそうだ。もちろん私としてはどんな隠語でも、どんな秘語でも解読し得る自信はいつも持っていたけれども、一年以内にすっかり解読してみせるというような、景気のいい約束をしてしまったことを、その後いくたびか後悔したものである。

私がアメリカに帰って来てから、これらの電報の研究をやっていたが、七月に入っていよいよ本式に、組織的な研究を始めることになったのである。私はここで、日本の暗号解読についての詳細をくどくどと述べるつもりはない。というのは、そうしたくどくどしいことは専門家には興味があろうが、一般の人には大して興味があるとは思えないからである。

しかし、わが暗号解読の機密室が、それから二年後、すなわち一九二一年にワシントンで開かれた海軍軍縮会議中、日本側の暗号電報、全権本部への秘密訓電も含めて、およそ五千通を解読して合衆国政府へ送ったことを読者が知ったならば、読者は必ずや、わが機密室がいかにしてこの歴史的会議において重要な役割を演じたかを知りたくなると思う。

では、まず世界のあらゆる国語の中で最も困難な国語といわれる日本語で書かれたこの暗号の解読にあたって、私が経験した非常な失望の二、三から紹介しようと思う。

この大事業を始めたとき、私は日本語というものを少しも知らなかった。だから、それらの暗号電報を分解・解読に取りかかる前に、日本語の組織について勉強しなければならなかった。

日本語は、話し言葉と書き言葉では全く違う。文法においても、その語彙(ごい)においても異なるのであるが、ここでは書き言葉の日本語の形式のみを取り扱うことにする。

日本語は九世紀ごろから中国の文字の助けを借りて用いられてきた。この中国文字(漢字)は、私たちが中国人の洗濯屋から品物の受領書としてもらう紙片には必ず刷り込まれている。ローマ字圏の人間は、こんな奇妙な文字でどうしてお客のシャツやカラーの見分けがつくのだろうかと思うかもしれないが、この中国文字は読者もご存じのように絵画的な表象記号なのである。

たとえば⊙は太陽を示す一つの絵画記号で、発音文字ではなく、それ自体には音はない。だから、これを英語でサン(太陽)と発音してもいいし、それぞれの国語に従って何と発音してもいいわけだ。いずれにしても太陽の意味には違いないのである。

英語には1、2、3、?、!、等のシンボルがある。これらの記号が他の国語でいろいろに発音されるにしても、そのもつところの意味は同じである。しかし日本人は、やがて中国文字だけを用いてその国語を表現するという方法が不便であることを知り、仮名文字を発明

ム MU　ウ U　ヰ WI　ノ NO　オ O　ク KU　グ GU　ヤ YA　セ SE　ゼ ZE　ス SU　ズ ZU　ン N

ザ ZA　キ KI　ギ GI　ユ YU　メ ME　ミ MI　シ SHI　ジ ZI

ド DO　チ CHI　ヂ JI　リ RI　ヌ NU　ル RU　ヲ WO　ワ WA　ヱ YE　ヒ HI　ビ BI　ピ PI　モ MO

カ KA　ガ GA　ヨ YO　タ TA　ダ DA　レ RE　ソ SO　ゾ ZO　ツ TSU　ヅ DZU　ネ NE　ナ NA　ラ RA

マ MA　ケ KE　ゲ GE　フ FU　ブ BU　プ PU　コ KO　ゴ GO　エ E　テ TE　デ DE　ア A　サ SA

イ I　ロ RO　ハ HA　バ BA　パ PA　ニ NI　ホ HO　ボ BO　ポ PO　ヘ HE　ベ BE　ペ PE　ト TO

して漢字の代わりにこの簡単な記号を混在して用いる方法を発明した。

仮名文字は、日本のアルファベットといってもいいのであるが、これが濁音、半濁音を入れ全部で七十三字、日本音を写し、あるいは中国音を表すのに役立ったのである。その後、ローマ字を用いる運動が日本に起こり、文字はローマ字化された。

日本人がローマ字を用いてその国語を表現する方法がいかに進んできているかは、次の例を見ればわかる。

"Independence:" 独立（漢字）

ドクリツ（片仮名）

Do ku ri tsu（ローマ字）

仮名には多くの欠点がある。その一つは、仮名には音声の抑揚なしには、テキストを見てからでないとその意味がはっきりとわからないことである。

一つの仮名に十五くらいの異なった意味があったりするのである。それに日本人はLとかqとかvとかxのローマ字を用いなかった。というわけは、これらの発音は中国語にも日本語にも現れないからである。

かくして、もし日本人が一つの外国語を綴ろうとするときは、なんとも変な綴り方をするのである。たとえばIrelandのことを日本の仮名では「アイルランド」と綴る。Irelandのrelaに最も近い音はルラだからである。

## 暗号文解読は日本語分析から

読者はすでに一つの日本の暗号電報を目にし、日本語の組織の大要をのみこんだから、私が一年間でこれらのコード暗号を解読してみせると威張ってはみたものの、その仕事がいかに困難なものであったかは想像していただけるものと思う。

最初はどの電報を取ってやってみてもうまくいかず、失望の連続だった。もし私が一年間で成功したとすれば、七年もかかって私が受けた注意深い訓練と経験との賜物であったといわなければならない。そこに多少なりとも成功の希望があったとしたら、まず第一にしなければならないことは、文字、シラブル（音節）、語の組織の綿密な統計を集めることであった。

幸いにも私はローマ字綴りの日本の電報が二十五通手に入り、それを材料にして調査に取りかかることができた。

次の一通の電文はその一つの例である。

北京から東京の外務大臣へ宛てた電文

04301 beisikan nankinjuken kaiketu nikansi toohooen yeikanjisi ronpyoogaiyoo sanogotosi sinshoo ……

私が第一にしたことは、これらの日本語を一字一字に分けて、タイピストに特別の紙に全部書きとらせて、いちいち頁を打ち、一行一行に文字の対象索引をつけるということであった。そうすると、先に引用した電報は次のようになる。

a行　04301 be i si ka n na n ki n ju ke n ka i ke tu

b行　ni ka n si too hoo e n ye i ka n ji si

c行　ro n py o o ga i yoo sa no go to si si n shoo

日本語の普通電報を集めて、一万の仮名を採集することができた。そしてタイピストがきれいにこれらの電報を打ち直してから、索引を作るために仮名を一つずつ三インチに五インチ幅のカードに写させた。一枚一枚のカードには一つの仮名を大文字で写して、それに前駆する四つの仮名と、それに続く四つの仮名を併記し、それに参考のため頁と行数とを行側に打たせたのである。

その方法を示すために、ここに何枚かのカードを取り出してみるが、横の各行が各カードにタイプライターで打たれたものである。

・　・　・　・　BE　i　si　ka　n　I-a
・　・　・　be　I　si　ka　n　na　I-a
・　・　be　i　SI　ka　n　na　n　I-a
・　be　i　si　KA　n　na　n　ki　I-a
be　i　si　ka　N　na　n　ki　n　I-a
i　si　ka　n　NA　n　ki　n　ju　I-a

si ka n na N ki n ju ke I-a
ka n na n KI n ju ke n I-a
n na n ki N ju ke n ka I-a
na n ki n JU ke n ka i I-a
n ki n ju KE n ka i ke I-a
ki n ju ke N ka i ke tu I-a
n ju ke n KA i ke tu ni I-a
ju ke n ka I ke tu ni ka I-a
ke n ka i KE tu ni ka n I-a
n ka i ke TU ni ka n si I-a
ka i ke tu NI ka n si too I-b
i ke tu ni KA n si too hoo I-b
ke tu ni ka N si too hoo e I-b
tu ni ka n SI too hoo e n I-b

こうした仕事が完成したときに、一万枚のカードができた。これらのカードは仮名の同一性に従って分類された。かくてbe,bi,boなどを整理分類した。またそのbe,bi,boなどについても、前に先駆する仮名のアルファベット順に集められた。

さて、一万枚のカードを調査することは面倒なことである。そこで私はこれらのカードから得た統計を一定の紙にタイプするように、タイピストに命じた。もし私たちが、すでに引用された二十枚のカードを取って、それを前述の方法で整理し、その結果を一枚の紙にタイプしてみると次のようなものになる。

・ ・ ・ BE i si ka n
・ ・ be I si ka n na
ju ke n ka I ke tu ni ka
na n ki n JU ke n ka i
n ju ke n KA i ke tu ni
i ke tu ni KA n si too hoo
・ be i si KA n na n ki
ke n ka i KE tu ni ka n
n ki n ju KE n ka i ke

ka n na n KI n ju ke n
ke tu ni ka N si too hoo e
be i si ka N na n ki n
ki n ju ke N ka i ke tu
n na n ki N ju ke n ka
si ka n na N ki n ju ke
i si ka n NA n ki n ju
ka i ke tu NI ka n si too
・ ・ be i SI ka n na n
tu ni ka n SI too hoo e n
n ka i ke TU ni ka n si

さて読者のみなさん、二十行ぐらいの短いものではなく、一万行という分量を頭に浮かべて下さるならば、私が日本語について作った統計がどんなものであったかは想像できるであろう。先の二十行について、いつもｎが五個、この五個のうち二個のｎは、ｋａという仮名が前に来ていることを発見するであろう。言い替えれば、これでＮという音が一番多く出ることがわかり、同時にｋａｎという続き具合の語がその中で一番多い組み合わせであることも気付くであろう。

まずカードをそれぞれの仮名の語尾によって整理した。かくして私の前には、二万行にわたる言葉の初めの字と語尾とを記した表が広げられた。

次に、すべての電文の初めと終わりを対照して写しを作り、どんな句がよく初めに来て、どんな句が終わりに来るかを見いだすことができたのである。

その表を全部ここに記述したいと思ったけれど、面白い例だけを紹介する。

まず最も頻繁に出てくる主な仮名は、次のものである。

n o wa

i ni ru

no shi to

さらに研究の結果、一番共通のシラブルと語句は次のようなものであることがわかった。

ari　（アリ）　aritashi　（アリタシ）

daijin（ダイジン）　denpoo（デンポー）
gai（ガイ）　gyoo（ギョー）
hon（ホン）　honkan（ホンカン）
hyaku（ヒャク）　hyoo（ヒョー）
jin（ジン）　kai（カイ）
kaku（カク）　kan（カン）
ken（ケン）　kiden（キデン）
koku（コク）　kooshi（コーシ）
kore（コレ）　koto（コト）
kyoku（キョク）　Kyoo（キョー）
kyuu（キュー）　man（マン）
migi（ミギ）　moshikuwa（モシクワ）
mottomo（モットモ）　narabini（ナラビニ）
nen（ネン）　nichi（ニチ）
nikanshi（ニカンシ）

また、日本語には次のような、音を重ねた語の多いことを知った。

ruru（ルル）　gogo（ゴゴ）
nono（ノノ）　tsutsu（ツツ）
koko（ココ）　mama（ママ）
shishi（シシ）　kaka（カカ）
oo（オオ）　momo（モモ）
daidai（ダイダイ）　kokukoku（コクコク）
sasa（ササ）　tata（タタ）
kaikai（カイカイ）　wawa（ワワ）
kiki（キキ）　toto（トト）

言葉の初めと終わり、私のいわゆる接頭語と接尾語の表をつくることによって、私はどういう仮名にはどういう語が前駆し、どういう仮名にはどういう語がその次に来ることが多いかを知った。

(私のいわゆる接頭語)

| | | | |
|---|---|---|---|
| mo | (モ) | no | (ノ) |
| to | (ト) | no | (ノ) |
| kyooyaku | (キョーヤク) | no | (ノ) |
| dan | (ダン) | no | (ノ) |
| go | (ゴ) | no | (ノ) |
| seifu | (セイフ) | no | (ノ) |
| ryoo | (リョー) | no | (ノ) |
| koo | (コー) | no | (ノ) |
| suru | (スル) | no | (ノ) |

(私のいわゆる接尾語)

| | | | |
|---|---|---|---|
| no | (ノ) | kan | (カン) |
| no | (ノ) | go | (ゴ) |
| no | (ノ) | ji | (ジ) |
| no | (ノ) | do | (ド) |
| no | (ノ) | ki | (キ) |

no（ノ）　shu（シュ）
no（ノ）　to（ト）
no（ノ）　i（イ）
no（ノ）　gen（ゲン）

そして、こういう語句の頻度の数と挿入の箇所（行、頁数）は、もちろん注意深く記録された。

こうした作業が進んでいる間に、私は同僚から、善意ではあるが憫笑（びんしょう）するような、くすぐったい笑いを浴びせられた。従来、日本語の暗号電報を解読することはとうてい不可能のこととされていたからである。しかし、読者はすでに日本語にも、他の国の言語と同じように日本語特有の一定の字なり、シラブルなり、語なりがたくさん用いられている事実を、どういうふうに私が立証したかをみたわけだ。もちろんタイピストの一団の助力なしには、この仕事は頭の中で考えることさえもできないほどの大事業であった。

だが、いったい暗号電報の方は、どうなったんだ？

読者には、まず本章の最初の部分に掲げた九月十五日付の暗号電報を、再び注視してもらわなければならない。そこで私たちが日本語の表を作り上げたとして、それを用いていかように電報解読を行ったかを順次説明していこうと思う。

## 暗中模索の日本語暗号解読

四月以来（そのときは七月であった）、日本はどんなタイプの暗号を用いているかを発見しようと、私は暇にあかして多くの暗号電報に眼を通した。そして私は、日本代表の打つ暗号電報なるものは、二字式暗号であると決めてかかった。どうしてそういう決定をしたかについて、細かいことを記述していては、とうていワシントン軍縮会議には（少なくともこの本では）行き着きそうもないので、ここでは省かせていただく。

そのことが正しいかどうかは知らないけれども、とにかくある点から出発することが必要であった。私は十語ずつ並んだ暗号を、二字ずつに並べ直すようタイピストに命じて、前に述べた方法と同じやり方でタイプを打ってもらった。タイピストたちは、こうして一万のグループを作り、それぞれのグループを一枚ずつのカードに書いていった。そして、そのカードにはその字に先駆する四文字と、その字に続く四文字ずつの「私のいわゆる接頭語」と「いわゆる接尾語」を書き取ってもらった。それは前に日本の仮名のカードを作ったときと同じやり方である。これらのカードは「私のいわゆる接頭語」に従って分類し、さらにタイプに取り、また「いわゆる接尾語」分けにして、タイプを打った。かくして私の手元には二万行の日本語の資料のみならず、二万行のコードの資料も揃ったわけである。

全部で六万行のものをタイプで打って索引を作り、さらに訂正したものを再びタイプで打ち直し、索引を作り直すという作業は簡単なことではない。そして次第に簡単化された表を編集していったのだが、これが科学的暗号解読の基礎となるのである。

読者は、私が国務省の一役人としてこれらの外交文書の暗号を解読していたときに、私が経験した困難がいかに大きいものであったかは、すでに十分にわかってくれていることと思う。それは、いよいよ解読作業に入るとなれば、当時は自分一人で仕事をしていたから、こんな面倒なこともすべて自分でやらなければならなかったからである。

それはさておき、私が想像したように、これら日本の暗号の字句を「私のいわゆる接頭語」と「私のいわゆる接尾語」によって索引を作ってみると、まるで絵で示されるようにさまざまな長さの同一の語が、繰り返されているのを発見した。私はまず、すべての電報に一応眼を通して、色の違った鉛筆で四つ以上の文字が繰り返されているもの全部に傍線を引いた。この仕事は人手に任せずに自分でやった。というのは、自分でそのテストに慣れたいからであった。私のタイピストたちは、これらの反復される言葉のテーブルを編集して、大変な苦労をしながら何頁、何行というふうに印をつけた。おかげで私は、どういう箇所にそれらの語が出ているか、その正確な位置をいつでも参照することができたのである。

これらの表の示した最も驚くべき点の一つはｅｎ（エン）というグループが十一回出ていることで、その位置は多くの場合最後の十字群に含まれていたことである。私が二次式暗号が果たして可能なのかどうかについて不安を感じた理由の一つは、この最後の語がいつも十文字になっている事実であった。そして二次式暗号においては十文字で分けられる字が終わりにくる電報は、五通のうちたった一通あるきりであった。二次式コードで電報を作り、しかも常に最後の群が十文字であるというふうにするには、どうしたら可能だろうか。ｅｎのつく群は、文章の終わりを示す「ピリオド」または「ストップ」のことでなければならないというのが、ただ一つの解読方法である。そしてその場合、その次にくる字は何字あってでも無視されるべきものである。ただ無理に十文字にするためにのみ用いられるもので、日本が用いている暗号が何であるかについて、解読者を不安に誘うための手段と考えるべきではあるまいか。これが私の結論であった。

私はまずen = stop?（エンはピリオドに等しい？）という公式を作ってみた。

いかに日本人が聡明な人種であるかをここに示すために、私の結論として、電報は現実にｅｎ（エン）で終わっているけれども（これは日本の暗号が解読されてからわかったことだが）、ｅｎは日本暗号ではstop（終止）を意味しなかったことを述べるのは興味あることと思われる。

ｅｎはローマ字のｐの代わりになっていた。ａｂ（アブ）という暗号文字がstop（終止）であった。この点、まことに重要なことである。なぜなら、ａｂが何であるかすでにわかっていたら、そして日本人が暗号電報の終わりに、この群（グループ）を用いていたとしたら、すべての電報がどこで始まり、どこで終わったかをすぐにでも知り得たであろうからだ。

私の手元にある日本語の表を見ると、日本の電報でどういう言葉が終わりに一番多く用いられているかということがわかる。そしてこの言葉はaritashi（アリタシ）であった。一つの動詞の変化である。もしこの言葉を暗号で打つとしたらaritashiは暗号の文字四個、あるいは八個が必要になる。だから当然の結論として、こういう電報の字句は終わりに近く、同じ八文字が繰り返し使われていなければならない。

私は「使われていなければならない」とあえていう。事実、他にこんなに多く同一文字が繰り返し用いられることはないのである。

けれども暗号のｙｕ（イウ）という言葉はｅｎ（en = stop）の前に何回も繰り返されていることを発見した。おそらくまた「イウ」というのはaritashiということだろう。このことは後になって、私の推察が正しかったことがわかったが、そのときにはただ一つの推察にすぎなかった。私の最初に作った二枚のカード（すべて推察したところを別のカードに書きつけて）は、次のようなものであった。

"En = stop?——see message endings"
"YU = Aritashi?——see YU-EN near message endings"

〈右の訳文〉

エン＝終止符？——電報の終わり参考
イウ＝アリタシ？——電報の終わり近くYU-ENとあるを見よ

しかしこれについて私が全く失望したことは、stop（終止符）とaritashi（アリタシ）とに関する私の説は、一部正しかったけれども、結局、棄(す)ててしまわなければならなかった。おそらくそれは二次式の暗号ではなかったのだ。その言語は日本語ではなかったかもしれない。英語かフランス語であったかもしれない。帝政時代のロシア政府は、外交文書にフランス語を用いた。現在のソビエト政府の電報にはドイツ語がときどき用いられる。中国政府の暗号は英語になっている。私がまったく失望したことを、ここに告白しなければならない。

私はこれらの電報を毎日、そして毎夜遅くまで研究したが、合衆国政府から絶えず受けた激励は私にとって大いなるインスピレーションだった。しかしそれは具体的には何らの助けにもならなかった。

私はジョン・M・マンリ博士に長い手紙を送った。博士はそのころシカゴ大学で自分の研究を再びやることになり、大学に戻っていた。私は、もしマンリ博士が私の側にいて助けてくれるならばと、博士の独創的発想に期待するところ大であった。博士は私の手紙に対して心からの同情を示し、私が進めている方法が正しいことを認めた返事をくれたことは、私にとって大きな激励になった。

「貴下がこういう〝重要な電報〟に関する仕事に就いたということを聞いて、誠に慶賀にたえない。そして貴下が着々と成績を挙げていることを聞いて、ますます嬉しく思う。貴下の発見した方法は全く素晴らしい。貴下の方法は立派だ。その方法は正しいと思う。さまざまな語彙について、おそらく一万のうち解釈のつかなかったものは一字もあるまいと思う。私も貴下と一緒に働けることができたらと、それのみを遺憾に思っている」

私としても、博士が助力してくれればと思ってはいた。しかし、それは無理とわかったが、博士の手紙は私を大変激励してくれた。

## 試行錯誤と失敗の果てに

私は何度かニューヨークの日本領事館へ行って実地検分をした結果、領事館の金庫室に入って日本のコード・ブック（暗号帳）を盗み見しようと決心した。私の立てた方式が間違っていないことが立証されたら……、そう思った。しかしニューヨークでこんなことをやるのは危険だろう。冒険をやるなら、捕まっても怪しまれない国でやった方がいい。某氏に会って意見を聞いてみよう。ただ一つ確かなことは、それは合衆国政府が私に仕事をくれたということだ。日本の暗号電報を解読する仕事をだ。とにかく一つの方法で失敗したら、他の方法でやってみるべきだと思った。

私はエジプトの古代碑文のエジプト文字が読めるようになったそもそもの最初が、ロゼッタ・ストーンの解読であったという歴史的事実を思い浮かべてみた。そのロゼッタ・ストーンの問題は、今のところ全く私の問題だ。しかし学者が手をつけた方法は全く幼稚で初歩的なもので、私にとって大した参考にはならなかった。ある与えられた文字を正当に読むことについての証拠というものが、疑えばいくらでも疑えるもので、はっきりしない。幾世紀にもわたって、いろいろな学者が説を公けにしているが、それが後になってナンセンスに終わることが多かった。

一八二二年に、ついに正当な解釈を下し得たシャンポリオンさえも、その前年の一八二一年に（そのときはロゼッタ・ストーンの発見後すでに二十二年であったが）翻訳を公けにしてみたが、一年後には前の翻訳が全く純然たる想像にすぎなかったことを認めざるを得なかった。こんな空想的なことをして全世界を驚かしておいて、後になってそれを取り消すなどということは学者には許されることかもしれないが、暗号解読者には許されない。もちろん暗号解読者が他国政府の秘密外交文書を不正確な読み方をして、自分の政府に提出することもあり得ないことではないが、学者の仕事はそれで世間の人を面白がらせてすむが、解読者の仕事は、そのことのために戦争の開始となるかもしれないのである。けれども、その学者たちの研究の方法がいかに初歩的であり、そしてしばしば空想を公けにしたとしても、認めなければならない厳然とした事実はある。それは二十三年かかって、初めてロゼッタ・ストーンの正当な解釈に到達したということである。その学者たちがかくも長い間かかったとしたならば、私が短時日の間に日本の暗号電報を解読しようとしていることは愚かなことに思えてきた。

私は一つの説を作ってはそれを破り、また他の説を作るというようにしてこの困難な仕事を続けた。この仕事で私が受けた最大の激励は、私の妻からの物静かで信頼をこめた視線と態度であった。私は夜遅くまで働いたが、私が一番上の階の私の部屋に入ろうとして階段を昇って行くと、どんなに遅くても妻はいつも本を読んでいるか、勉強をしているか、あるいは編物をしているかして私を待っていた。彼女は決してどんな質問も私にすることはなく、また黙って私の長い失敗話を聞きながら、何か食べるものを私のために用意していた。そして私が食べたり、ブラック・コーヒーを何杯も飲んだりしている間（そうしないと眠れないのが私の妙な癖だった）、私は彼女にいく度もいく度も、私はとうてい成功できないだろうということを話した。

「チェッ、こいつは日本語じゃないぞ」と私はぶつぶつ言ったりした。

「こいつは二字式暗号じゃないな。お前はどう思うね？」

「もうおやすみになった方がよろしいですわ」

「だいたい私にこの暗号が解決できるかなあ。ねえ？」

「もちろん、できますとも」

「もちろん？　すべてのことは白紙さ。成功か否かはわからないんだ」

「いつもあなたは解決がつく直前になると、そうおっしゃってよ。まあまあ、おやすみになった方がよろしいですわ」

　私はそうしてベッドに入るのである。しかし二時間もすると、またいい考えが浮かんで、ベッドを這い出して階段を降り、自分のオフィスに行って金庫を開けて解読のやり直しをした。そのとき、私はもう全部の謎が解けたような気がした。ところが、これがまたいい加減な解決にすぎなかったのだ。かくして月また月が過ぎていった。

　こうして私が悩みに悩んでいるころ、チャーチル将軍はしばしばニューヨーク市にやってきた。将軍は真夜中の汽車できた。私は将軍と五番街のロバート・W・ゲーレットの家で会った。いつもそこで将軍は朝飯をとることにしていた。

私がとても失望していたある日、急に一つの案が浮かんだ。これなら大丈夫だろうと思った。私はチャーチル将軍に、ワシントンの日本の駐在武官がわが陸軍諜報部と日本の陸軍省との間の情報の交換に関係しているかどうかを尋ねた。

将軍が「関係している」と私に告げたとき、私は言った。一通の通信を海底電線で日本の政府へ転電してくれるよう、その日本武官に渡してくれないかと頼んだのだ。

私は、もし我々がその電報の内容を事前に知っていれば、暗号群と普通電報の原文とを照らし合わせて、いくつかの言葉が解決できるだろうということを将軍に説明した。

「君の考えはわかった、ヤードレー君」

と将軍は言った。

「そいつは、うまい考えだ。だが、我々の頼んだ電文がどれほど原文に忠実に翻訳されるかどうかもわからないから、果たして有力な参考になるだろうか」

私はここぞとばかり熱を入れて言った。

「そのことを言おうとしていたのですが、まず第一に、武官に頼んでもいいほど重要に見える電文の原稿を作らなければならないんです。そして、その電文に『至急』と書いて、それを是非打ってもらうように頼み込まなければならないんです。電文の中に出る固有名詞は暗号で打つか、普通文字で打つかはわかりませんが（暗号には、そういう固有名詞が入っていないからです）、もし、その電報が日本語に訳され、日本の暗号で打たれ、しかも固有名詞がちゃんと入っていたら、私はきっと暗号が発見できると思うのです」

将軍は、ただ人が好さそうにニコニコ笑っていた。

「君には簡単かもしれないが、わしにはまだ合点がいかん」

「では」と、私は無理に例を探そうとしながら、再び言った。

「最近、東京からアメリカへ来た人の名前を探し当てたとします。たとえば一人のロシア人を。そして、そのことについて一つの電文を作ってみます。『一人のロシア人、ハーバート・チャーリーあるいはハーバート・ヤードレー（これは、たとえですが）の東京においての政治的活動に関して、貴下あるいは日本陸軍省の知る限りの情報を求む、横浜よりサンフランシスコに向けて十一月一日に出発した者なり』というような電文を作って、至急打電方を頼むのです。そしてその電報の中で、そのロシア人の名前を探し出すことができさえすれば、それが電報解読の鍵となるわけで、その鍵とするに理想的な幾度も繰り返されている文字といえば、文の初めによく出る文字でもなく、文の終わりによく出る文字でもなくて、繰り返し繰り返し用いられているのが、そのロシア人の名前となるわけなんです。だからその暗号電報を見れば、ロシア人の名前を見つけ出すのは、私として難しいことではありません。

そうはお考えになりませんか？　こうすれば、私は必ず解読に成功するに違いないと思います。何か本当に打電できるようなものはないでしょうか」

私のたとえ話を聞いて、チャーチル将軍は主旨をわかってくれたようだった。将軍は生まれつきの軍事探偵とでもいうべき人だったからである。

数日後、将軍は「うまい例文を見つけることができなかった」と言ってきた。しかし私は、そのうちに何かあるだろう、決して日本人に気付かれないようにしなければならないと、自分を引き締めた。

チャーチル将軍は、私の考えでは大戦中にアメリカの参謀本部が生み出した最も傑出した偉才だった。将軍には、どうすればいいかちゃんとわかってはいたけれども、その部下に仕事を命ずる際は「いつでも応援するよ」といっていた。

読者はここで、私は助太刀がなければ日本の暗号電報を解く希望を棄てたのではないかと思われては困る。私に希望を棄てるなどということはあるはずもない。私の方法は実際うまくいかなかった。そのことは後でわかるが、私の方法は駄目になったのだ。だが、私は失敗する気でやり続けた。せっぱ詰まるまでは独力でやり続けるつもりでいたのだ。

考えてみれば、私は長い間、暗号電報の解読に従事してきた。過去の一つ一つの電報、その一行一行の暗号の字句は、今でも私の脳裏にはっきりと印刷されている。私はベッドに横になっても眠ることができず、いつも真っ暗闇の中でああか、こうかと考えていた。そして突然起き出しては解読作業を始め、失敗し、また続けては何度も何度も失敗した。

ある晩のこと、私は真夜中に眼を覚ました。その晩は早くベッドに入ったせいもあった。ベッドの中である確信が出てきたのだ。それは二字式暗号の文句の一組が必ずやAirurando（アイルランド）でなければならないという確信であった。他の言葉が引き続き電火のごとく私の前に踊った。dokuritsu（独立）、Doitsu（ドイツ）、Owari（ストップ）……。ついに大発見だぞ！　私は興奮のあまり自分を失いかけていた。私はベッドからぬけ出して、ほとんど滑り落ちるようにして階下へ降りていった。

指を震わせながら、私はダイヤルを合せて金庫を開けた。綴込(とじこ)みの文書をつかんだ。そして急いでノートを作りはじめた。

暗号の文字　　WI　UB　PO　MO　IL　RE
アイルランド　a　i　ru　ra　n　do

「独立」の語はアイルランドに続かなければならない。なぜならば、アイルランドは独立のために戦っていたからである。

アイルランド、ドクリツ　WI UB PO MO IL <u>RE</u> <u>RE</u> OS OK BO

a i ru ra n do do ku ri tsu

解読が正しい唯一の証拠は、RE, RE の反復である。

そして暗号電報で反復されているものの一つは do, i, tsu だ。私はすでに ub（イ）、re（ド）、bo（ツ）であることを知っている。これを挿入すれば次のようになる。

RE UB BO（暗号の文字）

ド イ ツ（独逸）

私は長い間 as, fy, ok（暗号の文字）の文字がたびたび電報に見えるが、これは stop（終止符）のことだと思っていた。日本語は ri（リ）で終わることになっている。それは独立という語の中のリにあたる ok がわかっていたので、それからわかってきた。それで、

AS FY OK（暗号の文字）

o　wa　ri（オワリ）

というように当てはめてみた。ちょうど、うまくできた。もちろん絶対に正しいかどうかは不明である。

私は、私がいかに正しかったかを示すために、ここで表を作った。そして同じ意味が何回繰り返されるかを見ようとした。次頁の図表がそれである。この表から、私の方法は間違っていなかったという確信を得た。一時間かかって私はこれらの語を挿入してみた。そして、ついに全部がうまくいった。

もちろん私は仮名の一部分しか当てはめることはできなかった。しかし暗号の大部分は、ちゃんと意味のまとまった言葉になっていた。これも仮名全部が適当に当てはめられた今となってはなんでもないことだ。

かくして最も困難な部分が完成された。私はやれやれと、重荷を下した感じがした。私は疲れきっていた。私は書類を金庫の中に戻して鍵を掛け、椅子によりかかって「ああして失敗もやった、こうして失敗もやった」と考えながら、同時に、これが合衆国政府にどんな役割をするだろうかと思い浮かべていた。これらの電報にはどんな秘密が隠されているのだろうか。チャーチル将軍は私の解読完成を待っていることだろう。今、電報で将軍に知らせた

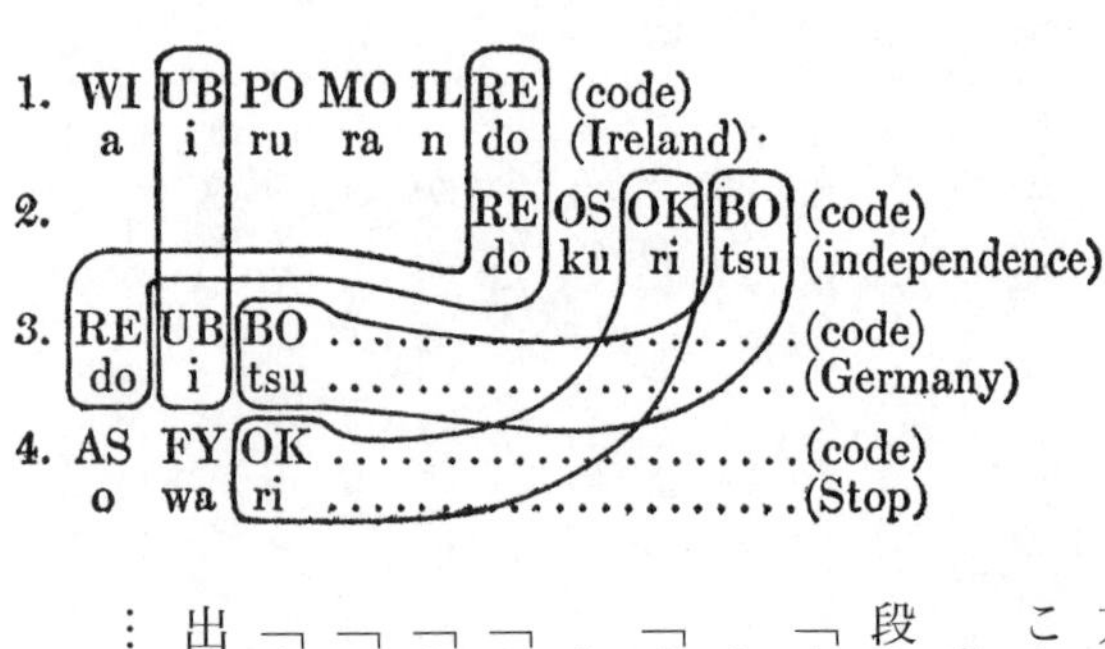


方がいいだろうか。いや、明日まで待って手紙で一切を知らせることにしよう。

私は想像もつかないほど疲れていた。そしてぐったりとして階段を昇っていった。妻は起きていた。

「まあ、どうなすったの？」

と彼女は尋ねた。

「やってのけた！」

私は言った。

「きっと成功するだろうと思っていましたわ」

「ありがとう。わしはお前の気持ちは知っていたが……」

「まるで死人のようね」

「本当に疲れた。さあ、何かひっかけてきなさい、一緒に飲みに出かけよう。この牢獄にとじこもってから幾月になるだろうか……」

### 日本語の専門家育成

翌朝、というよりは、むしろその朝といった方が当たっているが、私はチャーチル将軍宛の長文の手紙を書記に口述筆記をさせて、読者諸兄がすでに熟知しているような事柄を詳細に伝えた。

私がこの手紙を認めさせたのには、二つの理由があった。一つはチャーチル将軍が、私の管下の解読係の業務に対しては細大漏らさず、常に興味を抱いていたからだ。もう一つは、私は日本の暗号解読に成功したことを少なからず誇りに感じ、陸軍省の文書綴りの中に記録を残してやろうなどと思っていたからであった。また、チャーチル将軍が陸軍諜報部の経費をとるために議会に出かけた際のことだが、将軍は「二、三の日本の解読暗号電報をこの手に握っていたい」と要望したことがあった。私は、時日は要するが、必ずそれを手に入れることを約束していたからでもある。

私は将軍への手紙がいささか血気に満ちたものであったことを疑いはしない。しかし当時の興奮を追憶して、私は今でも無上の喜びを感ずるものである。

チャーチル将軍は私の手紙を受け取ると、さっそく電話を掛けて寄こして私に祝意を述べると同時に、各関係筋の重鎮たちに対して、わがＭＩ８の新しい成功について、しかるべく報告する旨を伝えてきたのであった。チャーチル将軍の電話の語調から判断すれば、将軍の方がむしろ我々以上に興奮しているのがわかった。

私はチャーチル将軍宛の手紙を口述してしまってから、部下の最も優秀な暗号解読者であるチャーンズ・マンジ（もっといい仮名が見つからないので、私はしばらく彼をこう呼んでおく。というのは、もし彼の過去の経歴が判明すれば、彼が現在持っている地位は危殆に瀕するかもしれないようなものだから）に、私は呼んでいると伝えるよう秘書に命じた。

彼は私の部屋に入ってくると、度の強い眼鏡越しに私を凝視した。その小さな眼差しの輝きから、彼は私がすでに日本の外交暗号を看破したことを察知しているのを知った。実際、私は事務所中が興奮の空気の中にあるのを感じていた。誰も彼も日本の暗号が看破されるのを待ちわびていたのだ。だから私の態度から、もう疑いもなく成功したことを誰もが察知していたのであった。

私がチャールズ・マンジに私の暗号解読の一部を示すと、彼は会心の微笑を漏らした。

「ロシアの暗号の方はどのくらい進行しているかね？」

と私が聞くと、彼は言った。

「まだ原稿の研究中なんですが、この方は大して難解じゃなさそうです」

そこで、私は彼に言った。

「僕の考えは間違っているかもしれんがね、とにかく、この日本の暗号は歴史になるような大仕事ができるような気がするんだ。そこで僕は立派にそれを読みこなす日本語学者が必要だと考えている。僕はいままで誰かいないものかとアメリカ中を物色したんだが、一人も見あたらない。しかし、とにもかくにも、なんとかして一人だけでも見つけ出すつもりだ。ところが暗号解読者というものが、どんなものであるかっていうことは君もご承知の通りだ。翻訳者の頭が暗号解読の働きを発揮するということは、万に一つの場合だからね。そこで僕の意見ではだね、日本語学者に暗号解読法を覚えさせるよりも、むしろ暗号解読者に日本語を習わせる方が容易じゃないかと思うんだ。

僕はここの課員の誰かに日本語を学習する機会を与えるつもりでいる。一年か、もし必要なら二年くらい暇をやって、日本語を研究させるんだ。費用の点はワシントン政府から特別の予算を出してもらうことにする。そこで、この仕事のために僕が選ぶ人間は、以後はなんらの束縛を受けることなく、自由に日本語の学習をすればいい。ただ月に一回だけ僕に報告をして、自分の研究が進歩したことをはっきりさせてくれれば、それでいいんだ」

私は彼の小さな両眼が、希望に燃えているのを見て取った。私は今までに、彼ほどいろいろな言語の不思議な複雑さに魅了される男を見たことがない。

「どうだね、ひとつやってみたいという気はないかね？」

私は水を向けた。

「これ以上面白いことは、私には想像できませんね」

彼は躊躇なく答えた。

「よろしい、じゃあ君を選抜して、ここの日本語専門家になってもらおう。ロシアの暗号の方は誰か他の者に引き渡すことにしよう。そして当分の間、机を僕の部屋に運び込んで、この日本暗号の解読を二人で片づけてしまおう。その間に、君が師事すべき日本語学者が見つかるか見つからないか、ひとつ探してみることにしよう」

すでに八月以来、私は米国インターナショナル・コーポレーション、スタンダード石油会社、在東京アメリカ大使館付陸軍武官、外交官および領事館方面、アメリカにある諸外国の布教本部、その他各種の団体を通じて、アメリカ人の日本語研究者を探してもらいたいと頼み込んであった。さらに、あらゆる方面に約五百通の照会状も出していた。それに対する回答は、在外宣教師たちから来たものが大部分を占めていた。その例をあげてみよう。

「私は十五年間日本に居住いたしましたが、日本語の知識にいたってはきわめて浅薄なものです。小生の承知するところでは、××監督の令嬢が日本語を流暢に操られるようです」

その監督令嬢の手紙は次のように述べている。

「私は日本語の会話は流暢にできますが、日本の文字については全く知識がありません。父こそは日本文字をたやすく読みこなせるものと存じています」

この監督は、私に次のような手紙を寄こした。

「自分は来週、日本へ出発するつもりです。△△師は新約聖書を日本語に翻訳された方であります。師こそ最適任者であると考えます」

その師の手紙。

「小生、最近手術を受けましたところ回復はかばかしからず。××の許を離れることを必要とする仕事には一切従事いたしかねる状態です。小生の知友中、この仕事を果たし得るべき者はいずれも皆比較的重要な地位に就いている者ですから、彼等が貴下の仕事をお引き受けするかどうかは確信が持てません」

私は日本の暗号が看破された場合、英文への翻訳家がすぐにも必要になると考え、あちこちに翻訳家探しの手配をしていた。ところが私の計画は前記の例のようにことごとく難関に突き当たってしまったのである。

それはこういう事情からであった。当時、本当に日本語がわかる人々は宣教師たちだったが、しかし彼等はたとえ一時的（私は彼等に、単に翻訳者として働いてもらうにすぎないということを告げた）にせよ合衆国政府と直接関係を結ぶことに躊躇した。というのは、朝鮮および日本内地において伝道事業のために毎年一千万ドルという大金が消費されている裏には、合衆国政府の諜報機関が控えているからだと、日本政府が以前から信じ込んでいた事情があったからだ。私は宣教師たちと合衆国政府が関係（いかに軽微な関係であろうとも）を結んでいるということを、もしも日本政府が知ったならば、いかなる宣教師といえども朝鮮や日本内地で成功する望みはないということを聞いていた。

私は先にチャーチル将軍と、どこかの大学の東洋語学部に補助金を出して、約十名の学生に四カ年の語学課程に就かせ、その上で成績優秀な学生を三年間日本に送り、その中からさらに二、三名を選抜してわが機密室で働かせるという方法はどうだろうかと相談したことがある。しかし、この計画は日本語で何を言うにも七年は要するといわれ、結局実現しなかった。

私は日本語学者の探索を続けた。そして、とうとう六十歳前後の元宣教師を見つけ出した。なんでもその人はアメリカで最も優れた日本語学者の一人だということであった。私は彼に旅行の費用を支給してニューヨークまで呼び寄せた。そして、その人物の鑑定をした後で、私のカード類を全部机上に持ち出して、電信の符号や暗号の神秘で彼の心を魅了しようと試みた。

彼は最初躊躇の色を示した。それを私は、外国政府の秘密を探っている情報機関に身を投ずることに彼が恐れを抱いたものと思った。ところが私は、彼が実は立派な伯楽で、私が最初に申し出た報酬よりももっと金が欲しくて取り引きを渋っていることに気がついた。結局、双方の条件が折り合い、彼はすぐに家族をニューヨークに移した。

そこで私は部下の暗号解読員の所属替えを行い、また仕事が最も迅速、且つ正確な助手たち（正確な仕事をする助手がいることは、暗号の解読に当たって数カ月の無駄な努力を省くことも珍しくないものだ）を選んで、日本係に振り分けた。

私は事務所の中で一番大きな部屋を選んで、くだんの長い頬髭（ほおひげ）の宣教師先生と、度の強い眼鏡をかけた暗号解読の天才青年を隣り合わせに座らせた。

我々の「機密室」は非常に大勢の変わり種人物の寄り合い世帯（じょたい）で、ほとんど動物園のような観があった。それにしても私は、日本係の部屋に入って行って、この慈悲深い顔をした頬髭の長い老宣教師が、日本の言葉の「仮名」や暗号の群に頭を悩ましているのを眺めるたびに、いつも忍び笑いを禁じ得なかった。彼はたちまちのうちに全暗号係の愛嬌（あいきょう）者となった。彼は大変温厚で、そして非常によく神秘と秘密に対して恐れをなした。私はいまだかつて、私の生涯の中で宣教師が諜報の仕事をするのを見ようなどと予期したことはなかった。私は彼が己のしていることを、はっきりどんなことだと悟ってはいなかったのだろうと思うのである。

しかし彼は良い翻訳者であった。おかげで一九二〇年の二月に、私は日本の暗号電報の解読翻訳文を初めてワシントンに送付することができた。それらの通信文を受け取ったチャーチル将軍は、早速それを参謀総長と国務省の役人に持って行くと同時に、個人的に私に対して、今度の日本電報の解読はアメリカの暗号解読史上最も卓越した業績だと思うといって寄こした。なお将軍は、私を助けた部下の両名に対して、将軍自身の個人的な祝辞と政府の公けの祝意を伝えてくれと私に言った。

私が以上の記述をあえてするのは、「機密室」の業績を誇張するためではない。それは歴史が決めてくれることである。私は我々がその下で働いていた立派な部長に対する功徳として、以上のことを引用したにすぎない。私たちの部長チャーチル将軍は、暗号解読の仕事を成功させるには、暗号解読学そのものに対する情熱と同時に、理解ある指導者の激励とに俟たなければならないということを、よく心得ていた人であった。実際、この後者の理解と激励がなければ、どんな人間だってその心身を消耗して働く気になれるものではない。

### 海軍軍縮会議を目前の諜報戦

一九二〇年六月十二日に、わが老宣教師は東京の日本外務省から在ワシントンおよび在ロンドンの各日本大使に宛てた、次のような日本の暗号訓電の翻訳をした（文中の傍点は著者が施したもの）。

日本外務省から在ワシントンおよび在ロンドンの両日本大使館宛暗号訓電

シベリア各地より日本軍一部撤退の件、閣議において決定を見たり。右決定事項の内容は通牒（つうちょう）第一〇四号（第三〇九号）掲載の通り。

右各地よりの撤兵に際しては、日本軍と特別の関係を有するセミョーノフ政府の将来について慎重な考慮を要するものなり。もし撤兵政策が不用意、且つ早急に実行されたならば、セミョーノフ政府は絶望、且つ極度の不満状態に陥り、かえって我軍の安全に対して憂慮すべき事態を惹起（じゃっき）するような行動をとるかもしれない。よって極東地方の民族をもってする暫定的緩衝国の設定を一時的方便として、我が陸軍側において唱道しつつあり。

一方、ウェルフネウージンスク議会と交渉して、中立地帯設定の努力中なり。軍部代表者に加え、松平（まつだいら）政務部長右交渉のため派遣せられたり。

右に関し事実の一部といえども各国政府に漏洩するにおいては全計画に対し、面倒なる事態を生ぜしむべきものにつき、本通牒は厳に閣下一人の極秘に付されたい。

〔訳者注〕第一次世界大戦下の一九一七年（大正六年）十一月七日、共産主義革命に成功したレーニンのソビエト政府は、ドイツと単独講和を結び、連合国と対立関係に入った。そして翌一八年八月、日米英仏伊など連合国はシベリア地方に取り残されたチェコスロバキア軍を救援するという名目で軍隊を派遣した。いわゆる「シベリア出兵」である。連合国の本当の目的は共産主義政権の壊滅と反革命政権の樹立であった。特に日本は反革命政権の樹立に積極的で、チタ市を根拠地にする白系ロシア軍のセミョーノフ将軍を援助していた。

一九年六月二十八日にベルサイユ平和条約が締結されるや、米英をはじめとする連合国軍はシベリアから軍隊を撤退させたが、日本はソ連の勢力が満州や朝鮮に波及するのを懸念して軍隊の居座りを続けた。しかし共産主義革命が成功したとはいえ、まだまだ国内に多くの反革命勢力を抱えているソビエト・ロシアには日本と戦争する余裕はない。そこでソビエト政府は極東地域に民主主義を標榜する緩衝国「極東共和国」を創設して、日本のシベリア進出を食い止めようとした。一九二〇年四月六日、ウェルフネウージンスク（現ウランウデ）で開かれたザバイカル勤労者大会で「極東共和国」の創設が宣言された。

一方の日本も緩衝国の創設を考えていたが、それは日本を事実上の宗主国とする反革命政権の樹立だったが、ソビエト革命後続々誕生していたコルチャック政権やセミョーノフ政権といった反革命勢力は急激に勢力が衰え、日本の頼みとはならなくなっていた。そこで日本はやむなく「極東共和国」を受け入れ、シベリア派遣軍の松平恒雄政務部長（外務省から出向）を代表に任命して派遣軍撤兵や通商関係の交渉に当たらせていた。

この最後の一節の「右に関し事実の一部といえども各国政府に漏洩するにおいては……面倒なる事態を生ぜしむべきもの」という文句は、わが老宣教師の温厚な心に重苦しい負担を与えたのであった。彼は初めて自分が情報の仕事に従事しているということを覚ったらしかった。そしてとうとう辞職を願い出たのであった。我々と一緒に働き出してから、ちょうど六カ月目のことだった。

わが「機密室」はこの温厚な好々爺の情誼と親切とを失った。とはいえ、彼の辞職は日本電報の翻訳の不断の流れを妨げたものではなかった。なんとなれば、この六カ月の間にマンジが日本語を読むことを完全に修得するという前代未聞のことをやりとげてしまったからである。彼は、日本在留の陸軍将校たちが三年かかってもろくにできないようなことを、六カ月間で見事にやってのけたのである。

彼は私が今までに知っている者の中では、最大の語学の天分を持っていた。一九一七年に彼がＭＩ８に初めて現れたとき、すでに彼は語学に対する才能を多分に持っていたのだが、その上に暗号解読の仕事に従事したことが、彼の知能をより鋭敏にしたのであった。だが、彼は暗号解読者としてはむしろ独創的な頭はなく、新規の暗号問題に当面した場合には他の助力を必要とした。しかしながら異国語を吸収するスポンジとしては、彼に並ぶ者はいなかった。

私の看破した暗号は、参照上の便宜のためにJaと命名した。JはJapaneseに対するJで、aは便宜上の区別で、その次に我々の解読した暗号はJb、またその次のはJcといった具合に順々と名付けられることになったのである。

ところが、日本側では我々を勝利の座にいつまでも座らせておく意思は持っていなかった。一九一九年から一九二〇年の春までに、日本は十一種もの違った暗号を作ったのだ。

我々は日本がポーランド人の暗号専門家を雇って、日本の暗号組織を改正したことを知った。このポーランド人が編み出した新暗号を解読するために、我々は持てる全能力を傾注しなければならなかった。おかげで今の私たちは、日本の暗号解読に関しては、どのようなものでも読むことができる技術を身につけることができた。理論的には、日本の暗号は今や一層科学的に組み立てられるようになったが、実際上は最初の暗号よりもかえって解読が容易になった。もっとも、新暗号中のあるものは二万五千からのおびただしい「仮名」や、綴りや、単語を含むものであったりして、我々を悩ました例外もあるにはあった。

日本が雇ったポーランド人技師は、陸軍暗号の専門家であったらしい。というのは日本大使館付陸軍武官の暗号が、突然、日本政府の他のどの部門の暗号よりも一番難解なものになったからであった。この新しい暗号組織は、なかなか面倒に仕組まれていて、十種からの違った暗号を使用するものであった。すなわち、日本側は最初通信文中のある文言を一つの隠語によって暗号に綴り、それから隠語表の索引を用いて別の隠語に飛んでまた数語を綴り、というように次々と別の隠語に移って一つの通信文を暗号化していた。そこでは十種の隠語が全部使用されるといった具合だった。

当初、この日本陸軍の暗号電文は、私たちの最大の難問題となった。だが数カ月間綿密に研究した結果、私は通信文が十種の隠語表を用いて暗号に綴られるものだという事実を発見した。この発見をしてから、私は隠語表の索引をただちに識別することができた。この点から解決点に到達することは、もう難しいことではなかった。

G・M・セミョーノフ将軍　A・V・コルチャック提督

日本政府は私たちの解読成功についての情報を受け取ったに違いなかった。なんとなれば、日本政府は単にポーランド人の暗号技師を雇って暗号の改正を行ったばかりではなく、日本政府の暗号電報が発信局に差し出された後で、そのコピーを合衆国政府が手に入れることができるかどうかということについて、電信会社に対して巧みに計画された秘密調査を連続的に開始したからだ。

この種の情報は、常に私の手許に入ってきた。というのは、私は単に機密室の事務の管理者であり、暗号の解読者であるというにとどまらず、機密室の全責任を負う主宰者でもあったから、私自身の諜報機関を持つことを余儀なくされていたからである。

一九二一年の初頭は、列国の海軍軍備の制限と縮小に関する軍縮会議の風評で騒がしかった。疑いもなくそれを予想して、日本では再び新しい型の暗号を作ったが、それがまた私たちに少なからず困難を与えることになった。

しかし私たちはこの新暗号の解読を迅速に成功させた。それは日本の杓子定規（しゃくしじょうぎ）式な電文構成法のおかげだった。日本の暗号電文は冒頭なり末尾なりを予想させる文句が必ずあり、その語句が我々にヒントを与えてくれたのである。ヒントさえ与えてくれれば、新しい暗号における少数の語群を識別することは比較的容易だったのである。

ところが日本側は、突然その慣用語句を使わなくなってしまった。我々は数週間、絶望の淵におちた。今回の日本の改善に対して、我々は解読を成功させるために新しい技術を開発する必要に迫られた。

この日本式（あるいはポーランド式）の方法は、ここに書き記すだけの価値があるものと私は確信する。それはこうだ。この電報を暗号化するために暗号係員の手に渡された場合に、係員はまず電文の長短に従って二つなり三つなり、あるいは四つなりに分割するのである。それらの各部分に今度はアルファベットの文字で符牒（ふちょう）をつける。二つに割られた場合は、各部分はYとZ、もし三つの部分がある場合にはX、Y、Z、そして四つの場合にはW、X、Y、Zというふうにする。

それから係員は、それら各部分の位置を置き換える。最後の部分を初めに持ってきて、最初の部分を終わりに置く。するとYZという順序はZYという配列になり、XYZはZYX、WXYZはZYXWとなる。こういう順序に電文の再配列を行った後で、係員はそれを各部の符牒の文字と一緒に暗号化していく。そしてそれを電信局に送って打電するのである。

この配列法は電文の冒頭と末尾の関係を破壊したものであった。しかもこの冒頭と結末こそは、いかなる暗号通信においても最も貴重な箇所であるのにだ！

しかし私たちはこの暗号を解いた。そしてひとたび各部分部分の位置を変更するという法則を発見したので、我々はこの配列法の法則を同型の他の暗号の解読にも大いに利用したのであった。新しい暗号に接した場合、我々はその中のW、X、Y、Zに当たる語群を今やほとんど即座に発見するようになった。一見、非常に巧妙なこの方法も、事実は我々のつけ込みどころだったのだ。よくあることだが、表面的には巧妙な考えも、実際には科学的な暗号解読者が問題解決の鍵として握る弱点にほかならないものだといったような場合は、決して珍しくないのである。

新聞は差し迫ってきた海軍軍縮会議の記事を満載していた。私はある宣教師の娘をわが班の勢力に加え、また翻訳の方にも一人の男を加えた。書記も増員した。そして、やがて電話線を独占してしまうに違いない外交機密電報の潮を待ちうけながら、控えていた。

この修羅場を目前に、チャーチル将軍が病気が重くなって辞職した。「機密室」にとっては非常な打撃であった。なにしろ議員の大半は個人的に将軍を知っていた。将軍を嘆賞し、尊敬していた。そして我々も将軍の聡明な指導力を頼りにしていたのだから。

我々の新しい監督官になったノーラン将軍が、わが班の検閲のためにニューヨークにやってきた。将軍は大戦中、在仏陸軍諜報部長を務めていたことがあるので、すでに暗号事務にはよく通暁(つうぎょう)していた。しかし外交上の暗号電信は、将軍にとって多少別なところもあった。将軍は大戦後暗号解読に関する知識が異常な発達を遂げていることに驚嘆した。そして「機密室」の各員に対して、私たちの政府に対する仕事の価値は、いかに高く評価されても評価され過ぎるということはあり得ないと、激賞の辞を述べられた。さらにワシントン政府は、軍縮会議においてわがMI8の演ずべき役割に対して熱烈な期待を持つものである、とも語った。

# 第十三章　盗まれた日本の軍縮会議暗号電

## 筒抜けだった日本の外交訓電

私たちが解読した電報で、極東問題解決のため列強の間に太平洋会議開催の意向があることを的確に示した最初のものは、一九二一年七月五日付のロンドン駐在日本大使（林権助）から、日本政府へ打電した第八一三号電報である。日本大使と故ジョージ・N・カーゾン卿（時のイギリス外相）は、アメリカにとって重大な関心事である日英同盟について協議していた。

カーゾン卿は、もし日米英三国が承諾するならば太平洋会議を開催して、懸案の諸問題の解決をはかったらどうだろうかと言っていた。カーゾン卿の希望は、まず最初に極秘に日本

ジョージ・N・カーゾン卿

政府の意見を求め、しかる後にアメリカ大使に通達したいというのであった。卿はさらに中国、フランスおよび南米諸国の参加をも希望していた。

日本大使は、カーゾン卿の意見にはウィンストン・チャーチル氏の意見に似た点も含まれているから、政府全般の意見と見られると報告した。さらに彼は付言して、アメリカの態度は明瞭ではないが、日本政府さえイギリスの提案に異議がなければ、アメリカは当然参加の意思を示すだろうと述べている。それから三日後発信のロンドンから東京への日本大使の電報第八二五号には、カーゾン卿と重ねて会見した顛末を報告している。

「カーゾン卿は米国大使と会見し、米国が太平洋会議を主催し、日英仏中の諸国に招待を発して、会議は米国で開催するようにするのが至当だと思惟し、且つ招待は米国政府から発せられたもので、英国政府の計画だと思わせないように希望する」と。

なにゆえにイギリス政府がこのように希望するかは、私にはわからなかった。

次に挙げる一九二一年七月十日付の、ワシントンから東京の日本政府への電報第三八六号こそ、海軍軍縮会議に関する合衆国国務長官の計画を私たちが最初に知った、そして具体的な言葉であった。

幣原駐米大使発、内田外務大臣宛

シベリア問題に関し、七月十日本官が国務長官と会見したところ、同日、日英仏伊駐在の米国使臣宛、米国政府は米国において軍備制限に関する会議開催の希望あるも、これらの諸国に公式招請状を発送するに先だち、該諸国の意向を承知いたしたく、各任地国の意向を非公式に照会報告方を訓電せる旨の報告ありたり。

同長官は右の事実を一般に知らせた場合、問題を紛糾させる恐れがあるので、これを厳秘にしておるものの、本官の参考のために報告する旨の付言ありたり。右会談中、国務長官ヒューズ氏が「軍備縮小」なる言葉を使ったので、本官が陸軍の縮小も含むものなのかとただしたところ、彼はしばらく考慮の後、訓令は一般的なる旨を答たり。さりながらなお不明瞭なるをもって、本官がさらに追及したところ、陸軍も含むことを言明せり。（以上）

日本政府は、この会議に参加すべきかどうかを決定するのに、かなり長時日を要した。

内田康哉外相

パリ、ロンドン、ワシントン駐在の日本大使は、本国政府に決定を急ぐよう何回も請訓を発して督促した。次の二通の電報は、日本政府の意向を明らかにするもので、また同時にワシントン会議開催にいたった予備交渉の顚末を明らかにするものである。

一九二一年七月十三日、内田外務大臣発
幣原駐米大使宛、極秘第二八三号

七月十二日付貴電二八一号に関し、本大臣は米国代理大使との詳細な会見内容を、閣議および外交調査会に報告し、代理大使の説明並びに国務長官が七月九日、閣下との会見において軍備制限問題にのみ言及せる事実より、米国政府の注意は主として軍備制限にあるものなることを述べたり。同時に英国外務大臣は林駐英大使に対し、日英同盟と関連して太平洋会議開催の意を伝えて、中国および米国代表をも右会議に参加させるべき旨を提案せり。

これらの事実を総合すれば、米国政府は第一の訓令を発した後に英国の提案に接し、軍備制限問題に極東問題を付加して第二次訓令を発したもののように思われる。英国の提案は日英両国の他にフランス、米国、中国を含み、さらに、もし希望すれば南米諸国をも参加させるよう申し出たるも、米国の提案は南米諸国を除いてイタリアを付加したものなり。この点特に考慮の要あり。最後に付電第二八六号に記された決定は、米国の招請に対する帝国政府の態度を表明するものにして、本日中に右趣旨の回答を米国代理大使に手交すべし。本電並びに付属電報は駐中国公使に打電されたり。（以上）

ここに記された第二八六号とは次の電報である。

一九二一年七月十三日、内田外務大臣発
幣原駐米大使宛、極秘第二八六号

前電第二八三号参照、帝国政府は討議の範囲を軍備制限に局限したい意向なるも、極東および太平洋問題の討議を必要とする場合は、中国の領土保全、門戸開放、商業上の機会均等のごとき一般原則の問

林権助駐英大使

題並びに単に中国に関する既成事実および問題に限ることとすべし。
右とりあえず閣下のご参考までに電報す。(以上)

さらに二通の東京発電報が同日付で発信され、合衆国政府にとって日本政府の見解を知るのに参考になっている。

一九二一年七月十三日、内田外務大臣発
幣原駐米大使宛、厳秘第二八七号

閣下は国務長官と会見し、左の如く伝達されたし。帝国政府は軍備制限問題の討議に対しては喜んで応諾するものなるも、これと関連して極東および太平洋問題の討議を行うことに関しては、もしこれら全部の問題について行うものとすれば、徒らに事態を紛糾させることになり、会議の所期の目的を達成することは困難になるものと考える。

それ故に帝国政府は問題の種類および範囲に関して、英米両国の腹蔵なき意見をまず承知したき希望を有す。

閣下は右に関する国務長官の意見を求められたし。もし同長官が目下の問題全部について討議を行うかのような言動を漏らした場合は、往電第二八六号に示されたごとくご回答いただきたし。その結果を電報されたし。

一九二一年七月十三日、内田外務大臣発
幣原駐米大使宛、極秘第二八九号

幣原喜重郎駐米大使

英米両国政府はさきに軍備制限の原則を承認し、一般軍備制限に関する国際協定、特に日英米三国間の海軍協定締結がきわめて緊要なることに意見の一致を見たるもののごとし。右のごとき事情の下において、もしわが方が米国の提議に応諾しない場合は、国際平和確保の途(みち)を妨害する責任を負うことになるであろう。かかるうえは米国に対し帝国政府は積極的に会議に参加すべき旨回答することが最善の策であると認める。

一方、同会議において太平洋および極東問題が上程され、参加国全部の見解が討議されることになるならば、徒らに事態を紛糾させるだけである。討議がいかなる方法によるのかは予測できないが、わが方の中国及びシベリアに対する政策が何らかの掣肘（せいちゅう）を受ける可能性あることは言うを俟（ま）たず。すなわち帝国政府は会議の目的を可及的に局限することによって、会議の成功を期待するべきであるとの見解に基づき、討議の範囲を軍備制限に限ることを至当とするものにして、且つまた極東および太平洋問題に関する討議の性質及び範囲を米国政府が暫定的に明らかにしない限り、米国の提案に対して具体的な意見を開陳することは困難なりと思惟（しい）す。

これらの問題に対する貴任国政府の真意を詳細に承知いたしたく、まずこれらの性質及び範囲について、日英米三国間に腹蔵なき意見の交換を行いたきわが方の意向なる旨、併せてご回答いただきたし。（以上）

このように当時の日本政府は会議の討議範囲を軍備制限に限定したい意向であったが、合衆国政府がついに日英同盟、ヤップ島、山東半島、太平洋の防備及びドイツの海底電線の処分等の解決を承諾させたということを今考えると、まことに興味がある。

**日英予備交渉も盗まれる**

前記のように予備交渉がかなりの段階まで進んだとき、日本は急に一部の電報に新しい暗号を用いるようになった。この発見はわが「機密室」をパニックに陥れた。もっとも、この以前からYU式の新暗号を用いるということはわかっていたのだが、それも容易に解読できるものと思っていた。ところが新暗号はまったくの新式であった。日本政府は、この世界的に重大な問題の会議を予期して、新しい暗号システムを取り入れたばかりではなく、まったく新しい原則による組み立てをしたのだ。私たちは手がけている仕事をすべて中断して、この日本の新暗号の解読に全力を注いだ。

解読作業は困難をきわめていた。その理由は、新暗号がきわめて科学的な組み合わせから成っていたからだった。暗号電報は一見従来のものと変わりはなかったが（いずれも十字の組み合わせであった）、暗号の言葉の長さがどうしてもわからなかった。今までは暗号語は二字及び四字の長さになっていた。十字の一単位をありとあらゆる長さの組み合わせにしてみたが、どうしてもわからない。

最後に電文中に三字綴りの暗号が、あちこちに点綴（てんてい）されているのを発見した。それが入っていない暗号語は二つに区分できるが、三字綴りの新しい方法があったため、すっかり私たちは惑わされてしまったのだ。

しかし、一度この三字式が発見されるや、私たちは容易に解読を進めることができるようになった。その電文に初めて接してから四十日後には、私たちは日本人自身と同じ早さで電報を読んでいた。少なくとも解き得た瞬間には、「機密室」の誰もが一様にほっとした。私たちはこの新暗号をJP式と名付けた。私が初めて暗号解読に成功したものから数えて十六番目の暗号だった。日本とソビエト・ロシアだけが、不揃いの数字暗号の組み合わせを試みたということは興味あることだ。それは暗号解読係員を迷わす有力な武器であって、私は一再ならず、この式の使用を合衆国政府に力説したが、不幸にも容れられなかった。

次の電報（新JP暗号による）は東京からロンドンへ打電されたもので、ロンドンから東京へカーゾン卿との会見を報告した電報に対する東京の意向を漏らしたものである。

一九二一年七月十五日、内田外務大臣発

林駐英大使宛、極秘第四三六号

既電にてすでにご承知の通り、わが方は太平洋会議に関するカーゾン卿の提案に対し慎重考慮中なり。右提案は英国政府の十分なる考慮の結果なされたものであって、会議の構成、議題の範囲等について具体的成案が存するものと思われる。尚、また駐米大使より米国政府の提案に関する報告に見るも、すでに米国側とも何等かの諒解が存するものと思われる。

米国はともかく、英国政府に関する限りにおいては、中国に関する日英間の諒解が現存する以上、わが方に何等の通告なくして中国を加えることは不当なりと言わざるを得ない。この間、新局面を誘致すべき何等かの意図、あるいは日英同盟廃棄をもって改訂に代えようとする意図があるのではないかと思惟されるにつき、閣下は十分この間の事情をご調査の上ご報告下されるよう切望してやまず。特に帝国に及ぼす影響の甚大なるに鑑み、わが方は本件を各方面からの情報をもって慎重考慮中なり。閣下においても十分ご諒解の上、責任国政府との折衝においてこの点ご留意の上、訓令の範囲内において先方の意向を十分にただされたく、特にご配慮いたされたし。

現在のわが方の意向は左の通りにて、閣下のみご参考とされたし。

一、日英同盟更新に関して英帝国会議において何等の決定を見ざりしをもって、英国政府は同件を将来の解決事項として保留するため、にわかに最初の法律的解釈を一変したものであるとの閣下の解釈は、わが方においても同感なり。太平洋会議の提案は同件解決の方法として案出されたものと信ずる。もしそうであるならば、太平洋会議の経過いかんは帝国の地位、特に日英同盟の将来に関して重大なる影響あるのみならず、同盟の価値を実質的に破壊し、名目はともかく、あるいは全然これを廃棄するに至るやも計りがたし。

二、貴電により、英国の提案はまず太平洋問題を協議しようとすることにあるも、米国の提案は特に軍備制限に関する会議を開催し、同時に太平洋及び極東問題をも討議しようとするところにあるものと認めらる。軍備制限の討議に関しては、帝国政府は参加を拒むものではない。列強の現勢並びに既往の帝国の宣言等に鑑み、参加の方針を欣然宣言すべし。他の問題に関しては参加か否かの予備条件として、まず討議議題の性質及び範囲を知らなければならない。ある一国のみに関する問題、あるいは少なくとも帝国に不利になる問題を参加国のいずれかによって上程されるかもしれないが、これはわが帝国にとってはまったく同意できないことである。

閣議並びに外交調査会における考慮の結果、わが方は中国における門戸開放、機会均等など各国に一般的関係ある問題の討議に対しては何等の異議はないが、既成の事実並びに日米または日中両国間のみの係争問題（たとえば満州における帝国の地位、二十一カ条、山東問題など）の討議については容易に参加することはできない。

以上は往電第四三五号の末尾と併読相成りたし。

尚、次の電報はカーゾン卿とのロンドンにおける予備会議の計画を示している。また同時に日英秘密協定をも示すものである。

一九二一年七月二十一日、林駐英大使発
内田外務大臣宛、極秘第八七二号

カーゾン卿より至急の招請により、本官は七月二十一日午後一時、同卿と会見せり。カーゾン卿より先週金曜日に米国大使に対し、ロンドンにおいて太平洋会議予備会議開催の提案をするも、本日に至るも何等の回答もないとの報告を受けたり。なお新聞の伝えるところによれば、帝国政府は米国政府と意見の交換を行いつつある由なるも、米国政府に回答を発する以前に、その内容を秘密に英国政府に通告されたい旨、同卿より希望ありたり。右至急ご報告まで。尚、カーゾン卿との会見詳細はさらにご報告致すべし。

七月二十一日付のロンドンから東京への第八七四号は、日英秘密協定に関してカーゾン卿と日本大使との間に行われた長時間の会見内容を報告している。次の一節は特に興味あるものだ。

「さらにカーゾン卿は、もし帝国政府が太平洋会議に関し、米国政府に何等かの提案をなす場合は、その内容を秘密に英国政府に通告されるよう切望する。もし帝国政府が事前に討議事項を決定したいとの希望ならば、何らかの方策はあるだろうと述べたり」

他の二通の電報も、日英秘密協定に関するものである。

七月二十三日、林駐英大使発
内田外務大臣宛、極秘第八八二号

往電第八七四号の末尾参照。二十三日カーゾン卿はさらに重ねて帝国の回答が米国政府に発せられる以前に通告されたし旨、依頼あり（以下略）。

七月二十三日、林駐英大使発
内田外務大臣宛、極秘第八八四号

（前略）同卿（カーゾン）はこの事態においては、英国政府は帝国政府が米国に回答をするに先だち、右回答の内容を承知する必要があると言えり。帝国政府が無条件承認を与えることに決定したとの新聞報道などもあって、同卿は再び本官をわずらわし、右提案を帝国政府に提出するよう要望せり。英国は米国に対し、この会議への招待を率先して発することを勧めてはいるが、米国が討議事項まで立案すべきだとは考えていない。以上、記述の提案に鑑みれば、米国は事態を諒解していないものと言わざるを得ない。ロンドンにて会議を開催することは、各自治領首相にとって便利なだけではなく、会議開催地としてはロンドンは米国以上にさまざまな条件を備えていると、同卿は思っている。

カーゾン卿は、太平洋会議の目的は日英同盟に相当する平和保障協定を締結することが目的であると言えり。しかしながら、同卿は会議の議題の範囲に関する問題が起こったのちに、右の目的を案出したもののようである。もし右の目的が真実ならば、同卿は最初から本官にかように語ったはずである。同卿は従来、会議の目的を明快に説明したことは一度もなく、現在にいたって突如、前記のような「目的」を口にするにいたったものである。総括的にみて、ここに矛盾と問題の余地があるとはいえ、単にこれが他の過去における錯誤に関連するものとするならば、本官は敢えて右を問題にする意思はない。同時にまた、英国政府の立場たるやほとんどわが方のそれと同じく、英国政府はわが方と緊密なる関係を保つことをきわめて必要としている。本官はこの件に関する閣下の特別なるご配慮をわずらわしたし。

本官は右の精神に基づき、わが方の米国に対する回答を英国に示し、会議に先だって、日英両国間の完全なる諒解を成立させることは機を得た政策であると思考す。

七月二十八日、ワシントン駐在の日本大使はヒューズ国務長官を訪問し、カーゾン卿の提案について語るところがあった。この会談についての日本大使の東京への報告は、六頁もある。その最後の数行は、相当はっきりとカーゾン案に対する国務省の意見を示しているものと私は思う。

七月二十九日、幣原駐米大使発
内田外務大臣宛、第四四三号

（前略）退去に際して本官は国務省の廊下にて英国大使と面会せり。本官は、大使がすでに英国の提案を米国政府に提出したのかどうかを質問すると、英国大使は、前の晩、右を書式による覚書として国務長官に手交した旨、回答せり。

本官が、ヒューズが右提案を受理するとは思えないと言うと、英国大使は彼自身も国務長官の同意が得られる見込みはないと思うと、本官に耳打ちせり。

アメリカがカーゾン卿の「予備会議をロンドンで開く」という意見を冷淡な態度で聞き流したのでカーゾン卿はさらに予備会議をワシントン以外のアメリカのある地で開催することを提案し、日本の駐英大使に向かって本国政府の意向をただすことを依頼した。これに対する東京からの回答は非常に長いものである。私はその最後の二節だけをここに引用しよう。

一九二一年七月三十日、内田外務大臣発
林駐英大使宛、極秘至急第四六四号

（前略）従って閣下はカーゾン卿に対して、帝国政府はもし米国が同意し、そして協議が討議事項についての一致を見ることを目的とするならば、ワシントン以外の米国の地において日英米三カ国の代表者が相会し、非公式予備会議を開催することには何らの異議も持っていないと回答されたい。同時に閣下はロイド・ジョージ氏が希望する両国政府間の密接なる協力の達成を帝国政府も望むところであり、帝国政府はまず討議事項に関する両国間の忌憚（きたん）のない意見の交換を希望し、もし英国政府が討議事項と太平洋協定とに関する何らかの案を持っているならば、報告を受けたき希望なることを伝えられたい。

閣下は貴任国政府当局の意向洞察に極力ご尽力されたし。万一予想に反して何らの案も用意していない場合には、閣下がすでにその細目を秘密にカーゾン卿に漏らしたる交渉を米国と開始するについて、カーゾン卿は何ら異存はないものと閣下（林大使）は信ずる旨を伝えられたし。閣下はカーゾン卿の意見を確かめ、ただちに電報されたし。

**会議開催前の列強の舞台裏**

一九二一年七月三十日に東京からロンドンへ飛んだ電報は、日本政府がカーゾン卿のワシントン以外のアメリカの地で予備会議を開くという意見に同意することを伝えている。しかしアメリカはすでにこのような予備会議は望ましくないと思っていることを回答していた。各新聞はイギリスのこの行動を非難した。アメリカ側の意見は、万一、日英米の三強国が本会議に先だって秘密協定に到達してしまうようなことがあれば、アメリカの一般世論は承知しないに違いないと思ったらしい。

一九二一年八月四日にロンドンから東京へ打たれた第九〇九号の電報は、それまでの交渉の顚末を三千語に摘要したものである。その中の三節は日英両国間の諒解に対するアメリカの意見を論じている点で、特にわれわれの興味を引く。そのうちの第二項を紹介しよう。

「本官の見るところによれば、この会議の主要参加国である日英米の三カ国は、現在のところ相互に不信頼感をもって相手方を見ているようである。

すなわち英国政府は、わが帝国政府（日本）は英国が率先して会議を招集するのは、英米両国にはある種の諒解があり、この両国間には日本を圧迫する何らかの成案がすでにできている結果ではないかと考えており、さらに帝国政府は、英国が非公式意見交換を提案したのは、英国がすでに確定案を持っていて、その受諾を日本に強いるための秘密計画ではないかと疑っているからではないか——そう想像しているようである。

他方、駐米大使発、閣下宛電報第四四三号によってこれを見るに、米国は日英両国が米国に反抗して意見の非公式交換を行おうとしていると勘ぐり、一方英国は、日米両国が英国を除外してある種の交渉を進めつつあるものと考えている（中略）。

米国が日英両国は意見の非公式交換を行うことで一致したと考えるのは、現在までの事態の推移から明白なりと思われる」

一九二一年八月五日、ロンドンから東京へ打った電報第九一六号は、日英間の諒解をあからさまに描き出している。

「要請により本官は五日午後カーゾン卿を訪問せり。この機会に本問題に関するその後の進展を質問したところ、カーゾン卿はその後何らの進展を見ずと答え、さらに同卿は、米国が英国の提案を拒否したのは大いなる誤謬であり、おそらく米国は近く会議の討議事項に関する同卿の意見を求めてくるだろうと言えり。かかる場合、同卿はすでに米国が非公式会合を開き、意見を交換し、討議事項を決定しようという同卿の提案を拒否した以上、討議事項は米国が決定すべきであると答えるだろうと言えり。

次いでカーゾン卿は、会議開催提案以後の大要は東京駐在英国大使に打電してあり、英国政府は当初から事の全部を日本政府に提示し、日本政府と緊密な関係にあることを切望している旨を十分説明するよう訓電してあると言えり。カーゾン卿は、本官が八日に開催される連合国最高会議に出席するのかどうかを聞いてきたので、本官が出席の旨答えるや、同卿は非常に好都合なりと言えり。

仏国政府は上部シレジア問題に関して多少神経質的に興奮しつつあり。しかし該問題は相当困難なる問題の一つなり。カーゾン卿は該問題について英日伊が同一の態度を採ることを希望しているものなり」

八月三日、パリ発東京宛電報第一二〇四号を見ると、フランスが上部シレジア問題について日本の支持を求めていることがわかる。

「八月三日、本官は要請により首相ブリアンを訪問せり（中略）。首相は太平洋会議に言及して、再三、本問題に対する仏国の目的は日米の友誼にあり、仏国は両国の感情融和に努力すると語れり。同時に帝国に対してもシレジア問題に関し、同様の友誼的精神を仏国に示されるよう希望すると、間接的に要望された」

次に掲げる電報、一九二一年八月七日付、ロンドン発東京宛電報第九二三号は、アメリカの提案に対するカーゾン卿の真意を如実に物語っている。

「貴電第四六九号に関し、カーゾン卿は明日パリに向け出発のため今日は繁忙をきわめ会談の機会なく、よって本官は大使館員を同卿秘書官宅に差し遣わし、八月五日、東京駐在米国代理大使が閣下を訪問し、十一月十一日からワシントンで開催される会議に関し、日本政府の意向を質した旨を伝えさせ、同時に英国政府はすでにこの提案を受け入れたか否かを聞かせたり。秘書官はこれに対し、米国大使館参事官〔訳者注、姓名汚損〕は八月五日夕刻カーゾン卿を訪問し、口頭をもって米国政府の同様なる提議を伝達してきたが、いずれにせよ米国政府が意見非公式交換に関する英国の提案を拒否した以上、討議事項の決定、会議の日取り、その他すべてにわたって米国のビジネスであるから、カーゾン卿は単に提案を聞き置いたにすぎず、同卿はもとより書面による回答などはせず、また秘書官の見るところ、この提案に関してはいかなる方法による意思表示もしなかったものと思われる。しかしながら秘書官自身はその場に居合わせなかったので、カーゾン卿の回答がどのようなものなのかは知らない由。本官は明日カーゾン卿とパリに同行するにつき、この点直接同卿に質すつもりである。なお正確を期すため極東部部長に質問するに、右と同様の回答を得たり。本官は明日パリに赴く途中、再び右につきカーゾン卿に問い、パリから事実を打電する予定なるも、英国は米国提案に対し多少皮肉な態度に出てはいるが、該提案には反対はしないものと思われる。表面の状況からこれを見れば、帝国政府が日本のみに関する限り、該提案を受理する旨回答することは差し支えないものと思われる（以下略）」

今や一カ月にわたって行われた交渉に対する日本政府の態度は、以下の電報にかなりよく表れている。日本もまたこの会議に際して、その全権大使たちがとるべき道の大筋を作り上げている。

一九二一年八月七日、内田外務大臣発
林駐英大使宛、極秘第四七〇号

予想に反し今回の会議に関しては、英米間には初めより何ら確固たる諒解事項はなかりしもののごとく、ことに貴電九〇二号、並びに在米大使四四三号所報の予備会議案の成りゆきに鑑みるも、英米両国間の関係は最近面白からざるもののように観測される。従って右両国間に介在する帝国政府の態度は慎重考慮を要する次第なり。いわゆる非公式予備会議案のごとき問題については、本大臣のたびたびの電示にてご承知のごとく、帝国政府は英国案を拒否しないと同時に、必ずしも米国の態度にも追随しないものである。この際の事情においては、帝国は英米いずれにも偏（かたよ）らない中間の立場を守り、公平な態度を維持して静かに事態の推移を見極めることが最上の策と認める。さりながらいよいよ会議開催の暁には、極東並びに太平洋問題の討議については、わが方の既得権利に関し、主として英国と歩調を合わせる必要の場面が多々あると思われるから、英国との間に忌憚（きたん）のない意見交換を行い、問題の円満進行を期する要あり。

帝国政府は終始虚心坦懐（きょしんたんかい）、会議の目的達成に貢献することを旨とし、日、英、米間の完全なる協調維持に努力しつつあるにもかかわらず、英米両政府が、わが帝国が二股政策を弄（ろう）しつつあるかのごとき誤解を招くことありては甚だ好ましからざる次第なるをもって、閣下は貴任国政府当局との折衝において、常にわが方針の好都合なる貫徹に極力ご尽力いたされたし。

この時点までも、そしてこのとき以後においても、すべての交渉は非常に混雑した様相を呈している。しかし私はこれを説明することができる。ロンドンにおけるイギリスの暗号解読者が、これらの通信をすべて解読して外務省へ回していたことはいうまでもない。だがイギリスは、合衆国政府もまた同じ通信の解読文を受けていることを理解しなかったものらしい。その結果、イギリスはワシントンで行われる会談を読み、アメリカはロンドンで行われる会談を読んでいた。ここに後世の歴史家がロマンスを書くべき謎が存在する。

八月十二日付の東京発ワシントン宛電報第三五八号は、再び日英間の諒解に言及している。

「往電三四九号の後半に関し、ご承知のように帝国政府は会期中を通じて英国政府と間断なく連絡を保ち、ことに討議事項の性質と範囲とに関しては隔意なき意見交換を行うことを希望するものなり。閣下は米国政府と討議事項に関する協定を行うに当たり、この点常にご留意ありたし。よってわが方においては、時間の切迫をきたすような事態を防ぐため、英国政府との諒解到達に対し十分時間に余裕のあるよう、極力ご尽力くだされたし」（以下略）

八月十五日付パリ発、東京宛電報第一二八八号を見ると、カーゾン卿はまたしてもアメリカ人に対して腹を立てている。

「カーゾン卿、当地滞在中、本官は同卿と太平洋会議に関し二回会談せり。左の通りご報告す。カーゾン卿は『米国政府当局は英国が彼等に与えた機会を利用する途を知らない』と語れり（中略）。さらに『事態がこのような状態である以上、英国は積極的に発議すべき立場にはない』と言い、在米国大使が討議事項に関する意見を求めるや、同卿は断固として『主催国は米国なり。従って米国は自分で満足な討議事項を決定すればよろしい』と言えり」

（以下略）

## 手の内を知られる日本の軍縮委員たち

一九二一年（大正十年）十一月十一日が太平洋会議（通称「ワシントン会議」）の先陣を切る海軍軍備制限に関する会議の開会日と決定された。討議事項を決めるために非公式予備会議を開くという議論が盛んに行われたが、それは結局何の結果ももたらさなかった。

新聞記者、専門家、政治家、スパイ等が、今やワシントンへの旅に出発し始めた。

ワシントン当局は、「機密室」の部員に手紙を寄せ、我々の迅速さと技術を祝い、また感謝し、同時に我々が同じような通信の潮を同じような速さでワシントン政府へ流し込むことを希望してきた。

さらに一名の代表者がやって来て、ニューヨークとワシントンとの間に連日特使の往復を行うことを打ち合わせて行った。

「ワシントンでは、みんな喜んでいるかね？」と私は尋ねた。

「そりゃ、そうさ」と、その代表者は微笑して答えた。

「連中、朝飯前に往復文書を読んだからな」

何千通という文書が我々の手を通過する。閂（かんぬき）をかけ、隠蔽され、護衛されている「機密室」は、すべてを見、すべてを聞く。窓には鎧戸が下り、熱いカーテンが重々しくかけてあるのだが、どこまでも見える「機密室」の両眼は、ワシントン、東京、ロンドン、パリ、ジュネーブ、ローマの秘密会議室を透視し、その敏感な耳は世界中の首都でのきわめて低い囁き声までも聞きつける。

ローマでは晩餐会の後で二人の大使が一隅に引きさがり、低い声で有名な新聞記者フランク・シモンズと彼の明徹な記事が軍縮会議に及ぼす効果について議論している。二人とも文筆の士としてのシモンズの力に恐怖を感じているのだ。

ジュネーブではある大使が、ルイズ・シーボルトの打つ電報が好評を博することに異常な興奮を示している。この有名な新聞記者もまた怖れられているのだ。

パリでは公式晩餐会の席上、フランスの海相が日本大使に身を寄せて、日仏両国は潜水艦問題については最後まで頑張らなければならないと囁く。

ロンドンではカーゾン卿が、アメリカが彼から今回の会議を盗み去ったといって、いまだに不機嫌である。

東京では秘密の諮問会が開かれ、日本の指導者たちが会議へ持ち出す彼等の要求を立案している。

ワシントンには世界の隅々から集まってきたスパイたちが雲集している。そしてアメリカはここで冷静に、自信に充ちた態度で会議が開かれる日を待っている。

ニューヨークではわが機密室が、もしやどこかの国が突然新しい暗号を採用しはしまいかと思って、極度に緊張している。そしてワシントンとの間を往復する飛脚を雇い、開幕のベルが鳴り響くのを待っている。

十一月十二日（十一日は公休日なので予定を一日遅らせた）、世界中の主要政治家がキラ星のごとく並んだコンチネンタル・メモリアル・ホールで、わがハーディング大統領の開会演説に続いて、国務長官ヒューズ氏が正式に開会を宣言した。国務長官は非常に重大性を持つ極東諸問題の研究と、それらの解決とを促しもしたが、彼は演説の大部分を軍備縮小問題のために費やした。彼の演説は初めから終わりまで熱心に傾聴され、しばしば熱烈な喝采を受けた。会場にいた上下両院の議員たちの猛烈な拍手はことに目立った。彼の演説は万人に深い印象を与えた。

海軍軍縮に関するヒューズ案は、英国との均等、日本との十対六の比率を指示した。十一月十四日朝、軍備縮小委員会がパン・アメリカン・ビルディングで最初の会合を行い、日本の加藤友三郎、アメリカのヒューズ、イギリスのバルフォア、フランスのブリアン、イタリアのシャンツァー各全権諸氏が出席した。そしてヒューズ氏司会の下に討議が開始された。

この最初の会議では、今後委員会は秘密に行われること。ただし首席秘書官たちはコミュニケを作成し、司会者並びに各国全権委員の承認を経たのち、これを発表することが決定された。

十一月十六日、軍備縮小委員会はアメリカの提案を討議した。この会合で何が話し合われたかはわからないが、日本全権加藤大将は、同日、日本政府に向かって、日本が日米勢力の比率を十対七とし、この七割という数字を最小限度として主張することに決したと打電した。さらに加藤大将は日本の新聞特派員と会見し、七割という比率は日本の国防には絶対に必要であり、かつまたこれが海軍当局によって、あらかじめ定められた方針であると発表した。

今や各新聞は何段もぶち抜いて、アメリカ側の十対六の提案と、日本のこれに対する十対七の要求とについて論議した。十一月十八日、ヒューズ氏とアメリカ並びに諸外国の新聞記者との会見において、記者の一人が日本が提出した修正案に関するヒューズ氏の意見を求めた。これに対してヒューズ氏は、彼の名を公表しないことを約束させた上で(少なくとも日本の暗号電報ではそういうことになっている)、非常に用心深く言葉を選びながら、アメリカの提案は各国の現存海軍力に対し十分公平な注意を払っての上のことであり、各国に割り当てたトン数はこれに基礎をおいたものであるから、この割り当てに実質的変更をもたらすような修正案のすべてに対して、アメリカは全力をあげて戦うつもりであるといった意味のことを語った。

ワシントン会議の軍縮専門委員会

十九日の各新聞は、国務長官のこの言葉をアメリカの意見として発表し、筆をそろえて会議が障害物にぶつかったと報道した。

これらのすべてが、ただちに日本政府に報告されたことはいうまでもない。一九二一年十一月二十二日、事態の推移に不安を感じた日本政府は、加藤全権に訓電を発し「何等の変更なし」に十対七の比率貫徹に努力するよう申し渡した。その電文は以下のようである。

十一月二十二日、内田外務大臣発
日本全権宛、極秘至急第四四号

貴電第二八号に関し、加藤海相が先に外交調査会において日米海軍間の総括勢力は十対七を限度とせざるべからずと述べられたる儀に之あり。この事実は当方においてすこぶる重きを置くところなるにつき、何等変更なく、この主張の貫徹に尽力されることと信ずる。

アメリカの新聞各紙は、いかなる協定にも到達することはできまい。また日本全権の洞察しがたい眼には、いささかの弱気も見えないと書き立てたが、しかし加藤全権が日本政府に宛て発した秘密電報は、会議室や新聞紙上では十対七の比率を依然固執していたにもかかわらず、同提督の腰が挫けかけてきたことを明瞭に物語っていた。

しかしながらフランスのブリアンが、フランス陸軍の縮小を考慮することを拒絶したとき、日本は陸軍軍備縮小に関して確然たる勝利を収めた。次の電報に表われているブリアンが佐分利貞男参事官（駐米大使館）に語った言葉は、特に啓蒙的である。

十一月二十五日、ワシントン全権発
内田外務大臣宛、会議第七七号軍縮委員第二号

軍備縮小委員会は二十三日朝、首席全権委員会は同日午後、それぞれ会合せり。海軍軍縮問題につき討議するところありしが、英、米、伊の各国は全軍備の問題を討

議する必要ありとし、イタリアは特に熱心にこの点を主張せるに、ブリアンはフランスの立場に関し反復して説明し、絶対反対の意思を表明し、もし陸軍軍備制限がフランス一国のみの問題なるにおいては、各国からの強要は主権の侵害であり、断じて許すことはできないとさえ極言するに至れり。

ブリアンはヒューズ提出にかかる毒ガス及び航空機の問題を討議するについては、何等の支障を認めず、フランスが精神的孤立を望まない以上、陸軍軍備に関する一般的声明には反対を表明するものではない。しかれども、かくのごとき声明には、フランスの現状をもってしては軍備縮小は不可能事に属する旨追加されるべきなりと論じた。

ブリアンが一般軍備制限の討議には参加しないとの態度に固執しているため、この問題は発表されている議題中から保留され、航空機、毒ガス、及び戦争に関する法規の三件に関する専門家委員会を設け、右委員会の報告に基づいて首席全権委員会において右各問題を討議するに決定せり。

閣下においては田中(たなか)少将からの報告により、右討議の情勢をご承知相成りたし。本日午餐(ごさん)の席上、ブリアンは佐分利参事官に対し「雄弁は銀なり、沈黙は金なり」なる諺(ことわざ)は、単に…〔訳者注、電報原文には ousoo とあり〕のみに限られずといい、沈黙を守りたる日本がその目的の大部分を達成したことを暗示せり。わが全権は会議の雰囲気が陸軍軍備りしなり。

の問題を ousoo 問題として扱う傾向があるのを認め、右の討議には参加することなか

田中陸軍少将〔訳者注、国重=ワシントン会議随員〕の報告は、日本の暗号の中でも最も解読困難な暗号で綴られたものだが、内容は次の通りである。

十一月二十四日、陸軍会議第一一五号

会議終了後ブリアンは各国全権に離任の挨拶をし、一両日中に帰仏のはず。同氏が奔走した結果、陸軍軍備制限に関する一般的討議は行われないことになったが、これは仏国の大いなる成功と認めらる。

二十日(?)、ブリアンは佐分利参事官に冗談めかして「雄弁は銀なり、沈黙は金なり」と言った諺は独り言に限らずといえり。ブリアンの奔走により帝国は労せずしてその目的の大半を達せりとは一般の感想なり。

ワシントンでかようなことが行われているとき、ロンドンでは同日、またカーゾン卿が日

アリステッド・ブリアン全権

ヒューズ国務長官

英同盟を論議している。

十一月二十四日、林駐英大使発
内田外務大臣宛、第一二〇四号

往電第一二〇三号〔訳者注、J六一〇二号ならんも後半のみ着信〕ご報道通り本官はカーゾン卿との会見において、日英同盟に関し、英米新聞の一部、特にノースクリッフ系諸新聞が加えつつある非難は虚構の事なり。さりながら過去の功績は何人も認むるところなれども、世界の趨勢の変化に伴い同盟の性質も最初締結されたるときと同じものではなく、主として道徳的な協力及び相互援助の約束的なものにすべきである。しかも日英両国において、これを尊重するならば相互に補い合うところ大なるべしと語れり。さらにまた同盟の当初の目的は消滅せるも、米国において不評なりとの理由をもって、今ただちにこれを解消し廃棄することは諒解できないことで、本官も同意できない。もし両国がこの同盟解消に何等の異議がなければ、現存の友好関係を維持する精神に基づき、両当事者間において協議し、両国民に悪感情を残さないようにするのが当然なる旨を、十分開陳してカーゾン卿の意見を求めたり。

カーゾン卿はこれに対して、同盟に対する英国政府の態度は従来と変わるところなく、また近い将来に変更されることもない。タイムズ一派の非難は新聞の政策によるものなり。もし同盟に代わるべき何物かを設けるとすれば、両当事者間で協議が行われるべきものであることは言を俟(ま)たずと回答せり。

## 対米戦艦保有率六割の内諾電報

一九二一年十一月二十八日にいたり、わが「機密室」は私たちが今まで扱った中で最も重大と思われる暗号電報を解読した。それは日本の外務省からワシントンに滞在している加藤友三郎全権に宛てたもので、日本の七割要求緩和の最初の兆候を示したものである。この電報こそ日米両国の海軍勢力を決定したものなのだ。もしアメリカがあくまで強制すれば、日本は第一案を放棄し、次いで第二案をも譲り、太平洋防備の現状維持を条件として、六割をも受諾しようということを示したものである。

一九二一年十一月二十八日、内田外務大臣発

加藤全権宛、会議第一三号厳秘

貴電第七四号に関し軍備制限問題について英米、特に米国との衝突はこれを避けることを要すというご意見は政府も同感なり。ついては閣下においてはあくまで妥当な態度により、わが方針の貫徹に精いっぱいのご努力相成りたし。必要やむを得ない場合には対策第二案、すなわち六割五分比率の成立を見るようご配慮ありたし。もしまた閣下非常のご尽力にもかかわらず、形勢の推移と大局の利害を顧み、対策第三案まで譲歩するのやむなきにたちいたりたる場合には、太平洋防備の縮小、もしくは少なくともその現状維持の保障により、太平洋における集中並びに用兵力の制限を図られると同時に、帝国政府の意図はこの条件の下に六割比率に同意するにあることを明瞭にする、適当な留保をなすようお取り計らい相成りたし。第四案はできうる限りこれを避けるを要す。

加藤全権は七割比率要求が、もはや絶望に近いことを報告し始めた。彼の電報の一つは千

語以上の長電で、全文を載せるにはあまりに長過ぎるが、形勢の推移をよく伝えている。そのうちの一節は特に興味深い。

十二月二日、加藤全権発、内田外務大臣宛
第一三一号、至急極秘

海軍専門家会議は何等の決定をも見るにいたらずして、一昨十一年三十日、右の旨報告をなせり。

昨十二月一日、本官はバルフォア氏から会見を求められ、正午ホテルにおいて会見せり。バルフォア氏は甚だしく憂慮の表情を現し、その語調もいささか震え気味だった。同氏はまず専門家会議がなんらの決定をも見るにいたらなかったのを見て、なんらかの妥協案が成立しない限り軍備制限は全く覆される。この結果はさらに四カ国条約をも不可能にし、太平洋協定にも影響を与えるであろうと言い、同氏は私にできるなんらかの局面打開の途はないものかと尋ねたり（以下略）。

この電報で四カ国条約のことが言及されている。当時、討議されつつあった他の問題は、

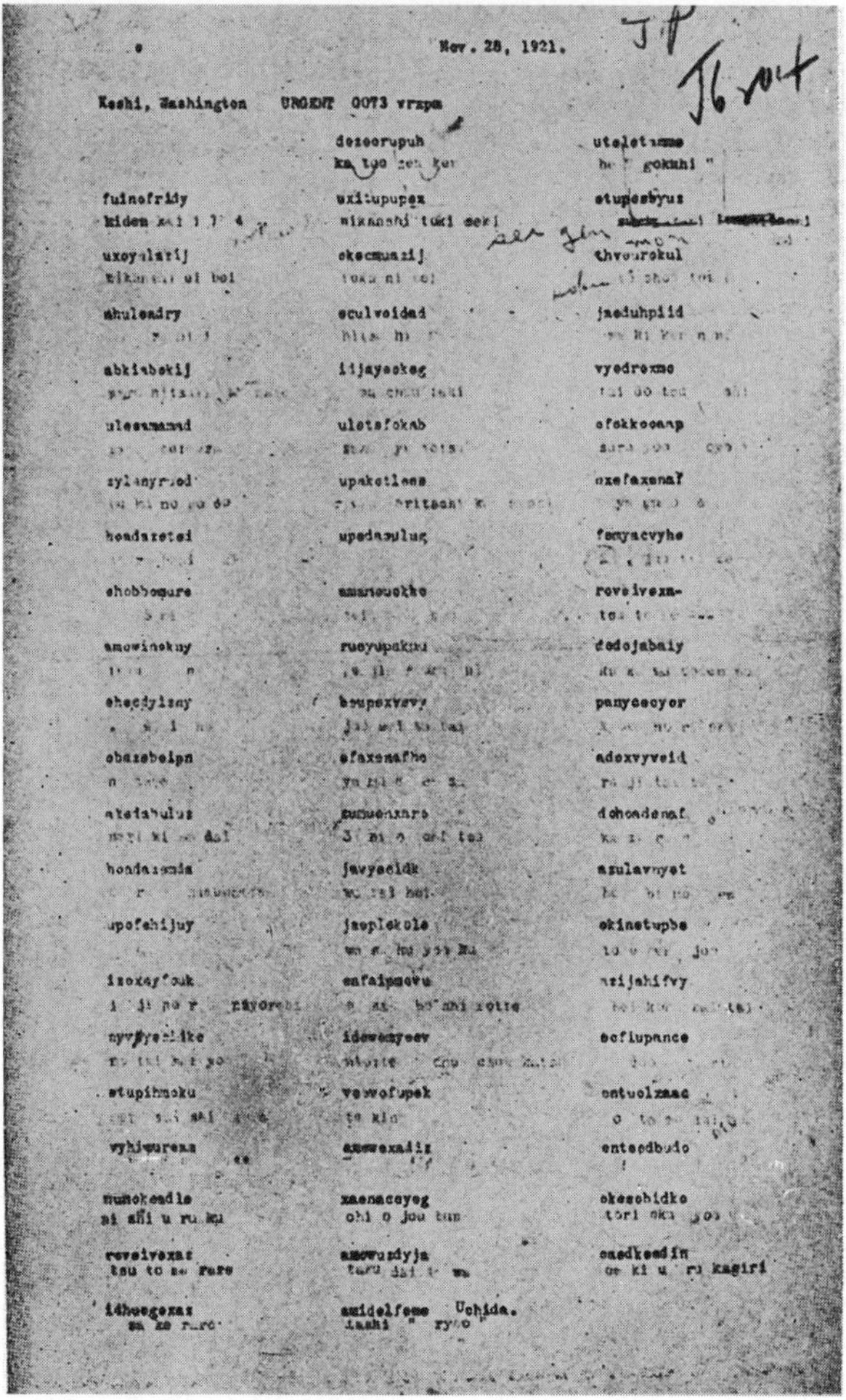

Nov. 28, 1921.

Koshi, Washington URGENT 0073 vrzpa

dezeorupuh
ka too zen kei

uteletamme
gokuhi

fuinofridy
kiden

uxitupupex
mikanshi toki seki

etupesbyus

uxoyalarij

okecmuazij

thveurokul

ahuleadry

eculvoidad

jaeduhpiid

abkiabekij

iijayaokeg

vyedrexmo

uleamamad

ulatafokab

afokkooanp

zylanyrzod

upakotleos

oxefaxenaf

hoadaretei

upedaaulug

femyacvyhe

ohobboqure

amamoeokko

reveivexa-

amowinekny

rueyupakuu

dedojabaiy

ohecdyizny

boupexvevy

panyeacyor

obazebeipn

efaxenafho

adoxvyveid

ateiabulus

zumuenxnre

dohoadenaf

hoadaiemia

javyacidk

azulavnyet

upofehijuy

jaoplekole

okinetupbe

izoxayfouk

enfaipmovu

azijahifvy

nyvfyeslike

idewemyeev

ecfiupance

etupihmoku

vewofupek

entuolzaac

vyhiwurean

amewexadiz

enteedbudo

munokeadie
ai ahi u ru ku

xaenacoyeg
ohi o jou tun

okesohidko
tori oku

reveivexaz
tsu to ae rure

amowuzdyja

oaedkeedin
kagiri

idhuegexaz

amidelfeme Uchida.

ついに7割を譲歩する日本政府の11月28日の秘密訓令（10字から成る日本の暗号電報）

太平洋防備、ヤップ島海底電信、山東還付問題等があった。これらの全般にわたる暗号電報の紹介はもちろん不可能だが、山東問題に関する一通の電報を引用しよう。山東半島は読者も記憶されている通り、中国にあるドイツの租借地であって、ベルサイユ条約で日本に譲渡されたものである。しかし中国政府は、日本がこれを中国に返還することを承諾しなかったので、平和条約への調印を拒んだ。アメリカは山東を中国に回復させることによって、日中間を妥協させようと努めていたのだ。日本はこの問題を会議で討議されることを不本意ながら承諾した。次の電報は、日本がこの協議をいかに考えているかを明らかにするものである。

十二月六日、加藤全権発、内田外務大臣宛
会議一五〇号、至急極秘

（前略）本官等は山東問題の至急解決はきわめて緊要なりと思考す。現在において山東処分に関する最も解決至難の点は山東鉄道の共同管理に関することなり。中国全権が第二回会議において極力共同管理に反対なる旨を力説したのみならず、米国も最初からこれを承認せず、往電第一三〇号にご報告の通り、英国委員の発言からも英米両国はわが共同管理の提議に対しては好意がなく、もし会議が停頓状態にいたったならば、英米両国はあるいは妥協案を作って中国を支持する態度に出るやも計りしれざる状態なり。

一方、つぶさにこの問題を考慮するときは、名実ともに完全なる共同管理を行わんとする企ては少なからず実際上の困難に際会すべきものと思われる……（電文欠）の場合のごとく、日中両国人を全く同位置に置くときはいたずらに出費を多くするのみならず、経営の円滑を欠き、とうてい所期の良結果を求め得ることは望めない。この故に本官などはいたずらに名目に拘泥せず、名を捨てて実を取る方がはるかに賢明なることと思い、やむを得ざる場合は共同管理の要求をも進んで撤回して、全問題の解決を促進することを有利なりと思惟するものなり。閣下におかれてもこの点慎重ご考慮の上、閣議の決定を求められんこと切望してやまず。

しかし、これよりも全局の成功は、日米両国がその海軍力の比率について協定するか否かにかかっていた。日米両国とも、この点については一歩も譲らないかのように見えた。しかし日本の暗号電報は、すでに私たちに日本が弱腰になったことを示していた。加藤全権は十二月八日、またも東京に請訓した。

十二月八日、加藤全権発、内田外務大臣宛

第一六八号、極秘大至急

往電第一四二号に関し、今もって御回訓に接せざる結果、会議は軍備制限問題に関しては全く停頓状態にてなんらの進捗を見ず。何人も鶴首(かくしゅ)して帝国政府の回電を待ちつつあると同時に、追々会議行き詰まりの責任をわが方に転嫁する傾向あり。形勢またわが方の不利に向かいつつあり（以下略）。

ついに成功の望み全く絶えたとみえて、日本政府も十二月十日になって屈服し、加藤全権に対し六割比率承認を訓電してきた。その電文の一部は次の通りである。

十二月十日、内田外務大臣発、加藤全権宛
会議第一五五号、極秘至急

貴電第一四二号及び第一四三号に関し（中略）わが方は十対七比率をもって帝国国防の安全保障に絶対必要なりとして主張してきた次第なるも、米国は極力ヒューズ案に固執し、英国またこれを支持している。従って事実わが主張貫徹の望みは全くなきに至れり。よってここに大局に鑑み、協調の精神をもって米国提議の比率を受諾するほか、他にとるべき途なし（以下略）。

かくして、アメリカはついに勝利を獲た。「機密室」のクリスマスは、国務省や陸軍省の役人から私たちに届けられた立派な贈物で埋まり、喜びにあふれていた。それに加えて、会議中の長い間の私たちの苦労は、政府が深く感謝するところであるという、感謝の言葉が添えられてあった。

### ワシントン会議で疲れきった機密室

ワシントン会議中に「機密室」が解読の上翻訳した暗号電報は五千通以上におよんだ。「機密室」で働いていた人々は、ほとんど全員が過労の結果神経衰弱にかかっていた。私自身も急に激しい疲労感にとらわれ、一カ月あまりも寝込んでしまった。そしてやっとベッドを離れてからも、私は以前の健康を回復することができなかった。わずか五、六歩を歩いただけでもすぐにへばってしまった。さらに二月には、ついに医者から静養のためにアリゾナ行きを勧められた。

私はすっかり体をこわしてしまったので「機密室」の役には立たなくなった。しかし私の秘書は長い覚書(メモランダム)を持ってきては私を元気づけようと試みた。ノーラン少将と交替した私たちの新部長ハインツェルマン大佐は、さっそくニューヨークの「機密室」の事務所にやってきた。私がアリゾナに滞在中、私の秘書がくれた手紙は、いわゆる「機密室」の背景をある程度まで示すだろうと思うから、次にその一部を抄録してみよう。

部長スチュアート・ハインツェルマン大佐は、今朝九時本事務所を来訪しました。大佐は正午までおられたが、非常にいい印象を得て帰られたようです。大佐は私たちのやってる仕事に非常な興味を持たれ、できる限り私たちを援助しようというふうに見えました。大佐は特に、ここにいる人々が皆愉快に、かつ満足して働いているかどうかということ、並びにここの機関が円滑にいってるかどうかということに特に関心を持っておられたようです。

(以下、大佐が「機密室」の各部を巡閲した模様)

大佐と私はそれから地下室に行って、さらに半時間ほどおりました。大佐は、大佐自身をはじめ陸軍諜報部並びに国務省の人々が大変あなたの健康を心配しておられるといわれました。大佐は、あなたが肺結核にでもなったらと、それをひどく案じておられました。そこで私は、あなたを診察したエヴァンス医師が、原因は過労にあると言ったということを大佐に伝えておきました。だから二、三週間も静養すれば必ず見違えるようになって帰って来るに相違ないと申しておきました。それを聞いて非常に安心したようです。大佐はくれぐれもあなたのご快復を祈っていると申し伝えてくれと言っておられました。

大佐はまた、あなたの留守中、誰かこのビルディングにおるのかどうか、近所の人々はこの事務所でやっている仕事の性質を知っているのかどうかと尋ねていました。もし私に何か面倒なことが起こった際は、電話をかけて下さればすぐここにやって来るからとも言っておられました。大佐はお帰りになる際、私どもの仕事ぶりに大変満足したと言われ、ワシントンの政府当局者も同様に私たちに感謝しているに相違ないと言われました。大佐は私どものワシントン会議中における非常な努力に感謝し、あらゆる方途において私どもと協力するとも言われました。

ハインツェルマン大佐の来訪は皆に非常な好感を与えました。皆はいずれも大佐が人間味の豊かな好ましい人柄であるばかりでなく、この「機密室」の仕事にいたく興味を持ち、同時にその仕事の重要性と、またその困難さとを十分に理解している人だということを知りました。

大佐はこのビルディングを警戒し、かつ総(すべ)てのことを極秘に付しておくことの必要性を力説されました。大佐は事務所をちょくちょく移転するのがよいと考えておられるようでした。そうすれば近所の人々が、私どもの仕事に気がつかないから、というのです。私は近所の人々が誰一人私たちの仕事の性質に疑問を持っていないと思うと話しました。特に約五、六軒の事務所が同じ町内にあって、この事務所と同じように個人の家で事務をとっているということを話しました。大佐はあなたの留守中、小切手を金に換えるのに困りはしないかと聞かれたが、そんな面倒は少しもないと答えておきました。

一九二二年の六月、私は素晴らしい健康体になってアリゾナから帰って来たが、私が最も信頼していた助手が、恐るべき状態にあるのを発見した。彼は一日に十六時間も働いていたので、変な目つきをしながら辻褄の合わないことを話していた。

暗号が人間の血管にまで忍びこむと、人間は奇妙なことをするものだなあと思って、私はその事務員を一週間以上も監視したのであった。

私自身もこれには弱っていた。そのとき、さらに二人の婦人が極度の神経衰弱にかかって辞職を申し出ていた。一人はたえずブルドッグが彼女の部屋にうろついていることを夢に見るという。彼女はブルドッグをベッドの下やベッド越しに追いかけ、また椅子の陰や洋服簞笥の下などに追い回し、最後にそれを捕まえたとき彼女はその傍らに暗号という文字の書かれているのを見いだすというのであった。

もう一人の女性は、毎晩小石のいっぱい入っている袋をかつぎながら淋しい浜辺を歩いている夢を見るという。彼女はこの重い袋を背負って何マイルとなく歩きながら、その袋の石と同じものを探し回った。そしてそれを見つけると、彼女はその袋からも石を一つ取り出して海に投げ込んだ。これが彼女の負担を軽くする唯一の方法だった。

そんなことがあるので、私はなおのこと私の助手を注意深く監視していた。彼はついに私のところに来て、彼が彼自身を恐れるようになったというのである。そこで私は彼に、二カ月ばかり事務所を離れて隠語とか秘語とかを忘れるように努めた方がよいと勧めた。ところが休暇を終えて帰ってきた彼は、暗号の翻訳をやめて別の仕事をやりたいと申し出た。私たちは彼のために、他所（よそ）のいい仕事を見つけてやった。おそらく彼はいま、彼自身の方向転換を悔やんではいまい。

## 外交暗号解読で勲章授与

私がアリゾナから帰って間もなく、私はハインツェルマン大佐と協議するためワシントン行きを命じられた。大佐は少将に昇進し、近く転任することになっていた。陸軍諜報（ちようほう）部長は将官ではないからである。部長が将官に昇進すれば、その後には大佐が代わることになっている。ノーラン大佐が転任したのも少将に昇進したからであった。

ハインツェルマン少将は言った。

「ヤードレー君、私は君のことを総司令官のパーシング大将と陸軍長官に話した。君は殊勲章を授与されるはずである」

私はそれを聞いて、これは私がワシントン会議中に「機密室」で働いたからだとしか考えることができなかった。私は驚いた。なぜなら私の機関について誰が何といおうと、私たちは誰一人昇進や名誉のために政治を弄(もてあそ)んだのではないからだ。私たちは全く私たちの仕事が合衆国政府の役に立つ限り、誰にも知られず幕の陰に隠れていることを幸福に感じていたのだ。

私は少将が私の立場に配慮していてくれることに感謝した。私の見るところによれば、ノーラン、ハインツェルマン両氏が将官に昇進したことには、「機密室」の活躍があったればこそといっても過言ではない。なぜなら総司令官と陸軍長官が、「機密室」が翻訳した暗号電報に多大の注意を払っていたということは周知の事実であり、かつノーラン、ハインツェルマン両氏は私たちが仕事に成功したことに、かなりの協力をしてくれていたからである。

ハインツェルマン少将はまた語った。

「実は我々は、君に殊勲章を授与するのに、君の殊勲を記録すべき章記をどう書いたものか困っている。それに君の活動された仕事の内容は秘密にしておかねばならん。しかもすべての勲功の章記は、これを公表せにゃならんのだ。君に何かいい案はないかね」

「私はそんなことをまるで考えてみたこともありませんが……」

「じゃ我々が何か適当に書いておくが、君の真の功績は、公けには現せないことになる。君に殊勲章を授与する真実の理由を公表することができないのは誠に遺憾である」

もちろん私たちは、私たちの行動が発覚したところで諸外国の政府から断じて抗議が来ないことは承知していた。なぜなら、私たちは列強がいずれも暗号解読班を設けて、外交電報の解読に努めているということを知っていたからである。これはいわば紳士協定のようなものである。それはちょうど戦争に際し、軍隊が相互に敵の司令部に爆弾を投じようと試みないように、外交上では政治家は互いに外交電報の解読に抗議を申し込まないものである。けれども、もし諸外国の政府が私たちの成功に気がつけば、彼等はただちにその暗号を変更するであろうし、従って私たちは幾年かの苦闘を再び繰り返さなければならないことになる。これがために、陸軍省では私の勲功章記を作成するに際し、外国政府をして「機密室」の巧妙さに気づかないような方法をとったのである。

私は事務所でハインツェルマン少将と二、三の新しい問題を論じ合ったのちニューヨークに帰ったが、その後二、三週間して再びワシントンに来るように命令された。私は殊勲章を受けるため、午後二時ウィークス陸軍長官のところに出頭することになった。その日私は陸軍省に行く途中、ハインツェルマン少将のところに立ち寄って、長官は私が殊勲章を授与される功労を本当に知っておられるのだろうかと訊ねたところ、少将は、陸軍長官は「機密室」の最も熱心な支持者の一人であると保証したのであった。

陸軍長官の前に立ったとき、私はむしろ馬鹿らしい感じがした。それは長官が読み上げた私の勲功章記には、外国政府の暗号電報を解読したことについてはほとんど何も記してなかったからである。けれども長官が私の胸に勲章をつけてくれたとき、私は初めて安堵した。長官は意味ありげに私にウィンクして見せたからだ。そのウィンクで私はすっかり愉快になった。

私の勲功章記に使用された漠然たる辞句や、また私がアリゾナ滞在中、秘書が私に寄せた手紙などから推して、政府側には私たちの仕事が世間に知られることを恐れている気配が窺われた。私たちはときどき事務所の移転を要求されたばかりではなく、私たちの正体を極秘にしておくため幾多の手段が講じられたのであった。たとえば私は隠語や秘語に関するすべての書信に署名する必要があったが、それには〝CHIEF OF MI-8〟と書いておけば世界のどこにでも通用したのである。

アメリカ政府がいまだに暗号解読班を設けているかどうかを、ある外国の政府が知ろうとすれば、その外国政府の秘密探偵はまず私の所在を探すというのが順序だが、私の住所は陸軍の諜報部長の住所とともにちゃんと政府の記録に載っているのだ。だから私の所在を隠すということは全く無駄なことだったが、政府としては、とにかく隠そうとしたい様子だった。現に私の姓名は電話帳への記載を許されなかったし、私への通信はすべて偽(にせ)の住所で送るというようなことである。しかし私は別に抗議はしなかった。

政府は議会が私について調査することのないよう注意していた。内相フォール氏にかかわる疑獄事件の審理中、ワシントンにいた私の通信員は、もし私（ヤードレー）がフォール氏の書簡を解読するために召喚された場合は、後生だから絶対に沈黙を守っていてくれ、そうでないと私たちは破滅してしまうからと電話してきた。

アメリカの上院がハースト系の諸新聞に掲載されたメキシコの暗号電報（それがフォール疑獄事件を生んだのだ）の真偽を調査しているとき、私はワシントンにいる私のある通信員とともに散々嗤(わら)ったものだ。それはアメリカの海軍側がいまだに欧州大戦中における と同様な自己吹聴(ふいちょう)をしなければ、上院はそのメキシコの暗号電報の可否について、海軍側に鑑定など頼みはしなかったろうと思うからだ。それと同時にニューヨークにいた私たちはその電報を解剖し、それらの暗号電報の可否を即座に断定することができたからである。

なぜなら、私たちは何千というメキシコの隠語や秘語の外交電報、領事の電報などを解読していたからである。海軍側では私の通信員のところに人をよこして彼の意見を求めたが、彼は陸軍省には暗号班というものはないから、その問題は少しも知らないと答えた。その海軍士官は、私の通信員が嘘を言っていることを知ってはいるが、しかしそれをどうすることもできなかっただけに、事態はことさら馬鹿らしいものになった。

いわゆる海軍の暗号電報の専門家が、ハースト系の新聞に載った文書について彼等の意見を述べたことは、私たちをひどく驚かせた。どうして彼等は専門家になったのか、私は海軍の暗号電報解読班にはただの一通だって暗号電報が読めないので、その解読班は廃止され、その代わりに連絡将校を私たちの事務所に置いたことを知っているからだ。

# 第十四章　駐米大使の陰謀事件

合衆国政府が、私たちの「機密室」と仕事を極秘にしておこうとあらゆる手段を講じていたにもかかわらず、それが危うくバレそうになったことがある。それは大西洋の沖合いで酒の密輸入業者を密偵中のブルース・バイラスキーを援助しようとした私たちの親切心が原因していた。

## 「機密室」二つの危機

大西洋の沖合い十二マイルの領海外に碇泊（ていはく）していた多数の密輸入船は、その積荷である酒類を密輸入業者の小船に積み替える好機を狙っていた。陸上からそれらの密輸入船に放つ無数の暗号無線電信のため、バイラスキーは思うように活動できなかった。大戦中、バイラスキーは司法省の調査部長として、私はMI８の班長として仕事の上で密接な関係があった。そんな関係から私の現在の仕事を知っている彼は、私に向かって「もし差し支えがなかったら、暗号を解読するため、君の助手を一人貸してもらえまいか」といってきた。私は「私たちの仕事に支障を来さない限りよかろう」と返事をした。彼は私の助手にその報酬として月二百ドルを払い、また私の助手で手が足りないときは、私も手助けをした。

バイラスキーは、私たちが解読してやった数通の暗号無線通信は、アトランティック・シティーの沖合いに碇泊している酒密造船の行動を明示するものと見なした。そこで、その電報を証拠として提訴すれば、同船は必ず陰謀罪に問われるに相違ないと決心し、沿岸監視船を派遣して同船を曳(ひ)いて来させた。同船には約五十万ドルの酒類が積んであったと記憶する。

バイラスキーは訴訟の準備を整え、それから私のところへやってきて、その密輸入船から出した暗号電報の解読に関して専門家の証言を必要とすると語った。彼がこう言ったとき、私はほとんど失神しそうになった。そして私は「そんな証言をするために、私の事務所の者を出すわけには絶対にいかない」と断った。そんなことをすれば私たちの秘密の行動はすぐ明るみに出てしまうだろう。そうすれば新聞は「機密室」の活動ぶりを細大漏らさず報道するだろう。その結果、諸外国の政府は暗号を全部変更し、年来の苦心は水泡に帰してしまう。この事件が原因になって、私たちと酒類密輸入の暗号解読との関係が切れたのはいうまでもない。

私たちが厳重に警戒していたにもかかわらず、一部の人々、ないしは外国の某々政府が、突如として私たちの機密行動に興味を持ち出し、私の予期していたような方法で私たちの正体を嗅ぎ出そうと動き出した。この仕事を始めてから、私は探偵とはまるで関係がなかっただけに、彼等の遣り口にすぐ気がついた。

数週間というもの、私は絶えず監視されていたことを今になって知った。私が日に一度なり二度なり外出すると、いつでも影のように私につきまとう人間がいることに気がついた。私はその影を確かめるために私立探偵を雇った。それから後は、私の歓迎されない友人がどこからか出て来て私の後をつけると、その男の後を、また私の探偵がゆっくりとつけるのである。

もちろん私が監視されているということは、今や疑いもない事実であった。それにしても何のために私を監視するのだろうか。私の探偵はこれを突き止めるため、私が事務所に帰ってからその男の後をつけるのであった。が、彼もまたつけられているということを知ると、適当な機会に私の探偵をまいてしまうのだった。

ほとんど毎夕、私は西四十番街のある酒場に行って、夕食前に一、二杯のカクテルを飲むことにしていた。その酒場はいつも混んでいたので、一面識もない人とうちとけて話をするようなことがしばしばあった。

ある日の午後、私は人好きのする若い男と親しくなった。彼は輸入業者らしい様子だった。それから私は輸入業者用電報暗号の出版業者であると自己紹介をしたところ、話は自然と商業用電報暗号を経済的に使用するというようなことに進んでいった。私たちが「もう一杯やろう」という愉快な場面にまで漕ぎつけたとき、ウェイターが来て、ある婦人が彼に面会を求めているとささやいた。彼はちょっと席を立ったが、にこにこしながらすぐに戻ってきた。

「私の女がやってきたのです」と得意気に言って、

「私たちと一緒にお飲みになりませんか」ときたものだ。

その調子がきわめて自然なので、私は彼について次の部屋に行った。その部屋には十二、三組の客が気持ちのよい籐椅子にもたれていた。そして、その前には小さな硝子張りのテーブルが置いてあった。部屋には一人の若い女が静かに何か飲んでいた。女は素晴らしいスタイルをしていた。私たちが近づくとあでやかに笑って帽子を取った。彼女の耳にぴったりとからみついているちぢれた金髪を見せたいからだろう。連れの男が私を紹介すると、彼女はたいそう親し気にほっそりした手をさしのべた。それから少しばかり話をして私は帰った。私が帰るとき、彼等は親し気な会釈をした。

それから二、三日して、またその酒場に寄ると、

「やあ、来てるね」と、後ろの方で言う者がある。振り返ると例の私の友人で、彼と一緒にあの金髪の女がなれなれしく笑いかけているではないか。彼女は落ちつかない風にカクテル・グラスをくるくると指先で回していた。

「どなたをお待ちですか」

と聞くと、彼女は肩をすぼめたので、私がちょっと照れていると、

「おかけなさいませ」と言うのである。

どんな場合でも、女が自分の魅力を露にすることは、自分自身をよく見せるためのものだと私は信じていたが、それにしても深い椅子に身を沈めている彼女は、少しばかり脚を見せ過ぎている。三杯目のカクテルを乾したときに、私は彼女の脚がとても美しいと思った。けれども彼女の親しさはいささか押しつけがましいので、私は彼女を信用することができなかった。私のような禿頭の男が、こんなにも美しいチャーミングな女から、こんな歓待をうけることはちょっと理屈に合わないと思ったからだ。それにしてもこんな不埒な空気をつくるのは、おそらく酒か、あるいはまた恐らく彼女の濃い碧い眼差し、非常に遠いようでまた非常に近いようにも思われる彼女の碧い眼であるのかもしれない。

話は私の商用電報暗号出版の商売から、私がどうして商用電報暗号を出版するにいたったたかというようなことに及び、そして彼女の質問は私の商売の過去にまで突っこんできた。し

かし数週間も自分の後をつけられていた私が、今度はこの美しい女、しかも彼女の情熱的な眼と、根ほり葉掘り不思議なものを聞きたがる態度に出会ったのだ。私が愉快でありうるわけがない。

彼女はハンドバックを開けて小さな金のコンパクトを取り出し、化粧室に入って行った。私はその間にハンドバックの中を探したが、中には十五ドルばかりの金と鍵が一つ、他に香水をふりかけた二、三枚のハンカチーフが入っているだけだった。

彼女は自分の住所と電話番号を私に教えておいた。もし私が彼女の部屋を捜索することができたなら、私は私の不安を裏付けるものを発見することができるかもしれない。私の見るところに誤りがなければ、彼女は私を酔い潰そうとしてあらゆる手段を尽したようだ。

彼女が戻ってきたので、私は生のウイスキーとジンジャエールを注文した。だが、彼女は依然カクテルを注文していた。私はちょっと酔ったかもしれないが、しかし気は確かだった。そして彼女が本当にカクテルを飲むか、それとも床に捨ててしまうかを注意していた。彼女もまた私の飲みっぷりに気をつけていたように思われる。私たちは食べ物は欲しくなかったので、数時間というものを一杯、また一杯と重ねていた。とにかく、私にできるだけ飲ませて酔い潰そうというのが彼女の魂胆なのだ。

私はまた私で、生のウイスキーをすすっては、その後からジンジャエールをすると見せかけようという、なんとも古いトリックをやっていた。しかし私はウイスキーを飲む代わりにジンジャエールのコップを唇に当てていた。そしてそのジンジャエールをさえ、唇伝いに少しずつコップの中に流しこんでいた。一杯を飲むごとに私は次々とウイスキーのコップを空にしていった。が、実はそのウイスキーはコップの中でジンジャエールと合流していたのだ。

彼女は素晴らしく酒に強い。が、私が少しも酔ったふうもなく、一杯また一杯と重ねていくのでさすがに驚いたようだった。そのうちに彼女の方が非常に酔ってしまったので、私はタクシーを呼んで彼女を東八十番街の彼女の家に送り届けた。車に乗ると、彼女は正体もなく酔い潰れてしまった。家の前に着いて車から降ろそうとすると、彼女は遠慮もなく私の腕にもたれかかった。玄関の郵便箱を見て私は彼女が泊まっているアパートメントを探し当て、やっとのことで最初の階段を昇らせることができた。私は彼女のハンドバックから部屋の鍵を探し、ようやくドアを開けた。彼女の部屋は綺麗な二間続きのアパートメントであった。部屋に入るなり彼女は長椅子の上に横になり、深い眠りに落ちてしまった。

私は大急ぎで部屋の中を探しているうちに、化粧台のハンカチーフの入れてある引き出しの中から、私の探していたものを見つけた。それはタイプライターでたたいたノートで、その前の日に彼女のところに配達されたものであった。ノートにはこう書いてあったが、署名も住所も記してない。

「あなたに話があるので終日電話をかけた。できるだけ早く『相互の友達』に会え。すぐ私たちに知らせてくれることが肝心だ」

私は彼女がまだ眠っているかどうかと、彼女の上にかがんでみた。それからそっと靴を脱がせて毛布をかけてやり、私は静かに部屋を出た。

明くる日、彼女はどこかへ行ってしまって探す術（すべ）もなかった。誰が彼女を雇っていたのか、また彼女を使った者は何を探し出そうとしていたのか、私はそれを知ることができなかった。彼等が何を探そうとしていたかは知らないが、とにかくまんまとそれが失敗に終わったのは事実だった。その証拠には、次の晩、私たちの事務所の扉は打ち破られ、文庫はかき回され、書類は床に散らばっていた。彼等は彼等の探していた重要書類を写真に撮ったものらしい。

## 平時でも怠れない外交暗号解読

「機密室」は単に日本の外交電報の解読にばかり努めたわけではなかった。私たちは一九一七年から一九二九年までの間に四万五千の暗号を解読した。そして私たちは、アルゼンチン、ブラジル、チリ、中国、コスタ・リカ、キューバ、イギリス、フランス、ドイツ、日本、リベリア、メキシコ、ニカラグア、パナマ、ペルー、帝政ロシア、サン・サルヴァドル、サント・ドミンゴ、ソビエト・ロシア、スペイン等の諸政府の暗号電報を解読したのだ。それだけに、前記したように我々の機密を狙うスパイ工作団は雲霞のごとくいたといってもいい。

私たちはまた、諸外国政府の暗号電報を予備的に解剖した。それはいつ国交上の危機が到来して、ある特定の外国政府の外交暗号電報を迅速に解読する必要に迫られるかもしれないからである。かといって「機密室」の人員には制限があり、あらゆる外国政府の暗号電報を解読することは望めなかった。しかし私たちはなんら外交上の危機を予想はしなかったが、暗号電報の解剖については積極的な計画を立てた。私たちはいつ電話か速達便で国務省が興味を持っているであろうなどとは夢にも思わないような電報の解読を、要求されるかもしれなかったからである。

それらの予備的研究の中に、ローマ教皇庁の暗号電報があった。けれども教皇庁の暗号電報を解剖したために、私は危うく面倒な事件に引っかかりそうになったので、教皇庁の暗号電報はごくたまにしかないからという理由の下に、その解剖をやめてしまった。

陸軍諜報部の新部長（実名は差し控える）が任命されたときのこと、私はワシントンに出向いて「機密室」の活動の歴史と業績の概要、並びに私の将来の計画を新部長に述べるよう命令された。新部長と彼の幕僚と私は、陸海軍倶楽部で昼食を共にした。そのとき新部長が私に尋ねた。

「ヤードレー君、君はどこの国の暗号を解読する予定だね」

「別に予定というものもありませんが、ヴァチカン（ローマ教皇庁）の暗号電報はちょっと私の興味をそそりますね。私たちの予備的解剖によるとそれも読めますが……」

すると部長の顔がひどく蒼(あお)ざめてきたので私は驚いた。それと同時に、幕僚が食卓の下でいやというほど私を蹴った。臑(すね)に傷がつくほど蹴られて、私は初めて部長がカトリックの信者だということに気がついた。それを機会に私は自分の狼狽(ろうばい)ぶりをごまかした。私の声は少し震えていたが、しかし私は話し出した。

「私たちの予備的解剖によりますと、教皇庁の暗号電報は読めるには読めます。けれども私一個人としては、私たちが教皇庁の秘密を探るということは非道徳的だと考えるのであります。閣下も私の意見にご賛成を願いたいと思います」

非道徳的という言葉は「機密室」というものの行動にそぐわない響きを与えたが、しかしこの場合は有効であった。なぜなら真(ま)っ蒼(さお)になった部長の顔には次第に血の気がついてきたからである。

「ヤードレー君、君のいう通りだ。私はヴァチカンの暗号電報を邪魔したくはない。私は君が『機密室』を巧みに活動させるのに必要な探偵的必要を越えてはならない、そこには一定の制限があるということを認めているのを大変愉快に思うのだ」

そう部長は言った。

「機密室」は解読を要求されない多くの暗号を予備的に解剖したが、また一方ではある国々の暗号をことごとく解読するよう要求された。そのときには、それらの国々についてはなんらの重大問題も討議されてはいないのだから、それを解読してもわが政府にとってはなんらの価値ある情報を伝えないのであるが、それでも解読を要求された。もちろんこれはごく少数の外国政府に限られてはいたが、しかし少しずつ変更されていく諸外国政府の暗号をその都度知っておくには、不断にその暗号を解読しておかないと、いざというときに役に立たない。

実際、「暗号解読班」が外国政府の新暗号を見破ることができるのは、継続的にその国の暗号を研究していた結果による場合がしばしばある。何年かの間、ある政府の暗号電報を読んでおれば、その暗号が急に変更されても、それを解読するのはさして難しいことではない。その政府が暗号を変えていくのはきわめてわずかずつであって、それは暗号を編纂(へんさん)している専門家が少し推理力を働かせれば、苦もなく解きほぐすことができるのである。どこの国の政府でも、暗号を作成する理論には特殊の型があって、それを同一人が編纂している限り、新しい符号や暗号に出会っても、私たちはそれを解くのにその編纂者の特殊な型を適用して解読することにしている。

メキシコ政府の場合がその適例の一つだ。一九一七年、同政府は使用する電報の暗号をすべてゴールド・バグ型の単式暗号に変えてしまった。そしてほどなくそれを複式暗号に変更したところを見ると、メキシコ政府の暗号作成者は単式のゴールド・バグ型に不安を感じたのに相違ない。メキシコ政府の暗号作成者が採用した複式暗号はビューフォート暗号を修正したもので、この暗号はスライディング・アルファベット暗号、タブロー・ド・ボータ、タブロー・ド・ヴィジネール、システム・ド・サン・シールなど、いずれも似たりよったりの組み合わせになっている。

ヴォルテールが「暗号の秘密書類に使われている基本語やその組み立てを知らないで、それでなお秘密書類を解読する能力があると誇る人々は山師であり、虚言者である。研究をしないでそれでなおある国語を諒解（りょうかい）する能力があると誇る人々についても、同様のことが言える」と言ったあの暗号は、だいたい前掲の暗号である。けれどもヴォルテールの言うところ、必ずしもすべてが正しいわけではない。

この組立法で綴（つづ）られた暗号通信の解読に必要なすべての専門的技術は、ただ暗号解読者にのみ興味があるものである。けれどもヴォルテールの皮肉な言いぐさを引用したついでに、暗号解読専門家がどうして解読の緒を見つけるかを簡単に記してみよう。

## メキシコのビューフォート暗号解読

メキシコ政府は最も複雑なビューフォート暗号を採用した。この暗号の組み立てで最初にやることは、アルファベット二十六文字を基礎として、その中から一つの言葉を選択することである。メキシコ政府はよくRepulsionという言葉を使った。この言葉は九つの文字から成っている。そして残りの十七文字は次のようにそのRepulsionの後に続けて書いてある。すなわちREPULSIONABCDFGHJKMQTVWXYZとなる。この暗号アルファベットは第1図のように二十六文字をもって作った長方形として使用され、二十六字を配列するには、ときに一字を繰り下げる。

第1図の表は次のような方法によって使用する。通信者の間で定めた基本語（キーワード）は暗号通信のテキストの下に書いてある。テキストと基本語の字母と字母は必要に応じて何回でも置き換えて見るわけである。

第1図では、暗号文字はテキストと基本語の交叉（こうさ）したところに見出される。Pという暗号文字はTというテキストとNという基本語の交叉したところに見出されるし、Wという暗号文字はHというテキストとOという基本語の交叉したところに見出される。〈編集部注、上辺がTの列、左辺がNの行が重なる文字がPといった法則〉

第1図

REPULSIONABCDFGHJKMQTVWXYZ<br>
EPULSIONABCDFGHJKMQTVWXYZR<br>
PULSIONABCDFGHJKMQTVWXYZRE<br>
ULSIONABCDFGHJKMQTVWXYZREP<br>
LSIONABCDFGHJKMQTVWXYZREPU<br>
SIONABCDFGHJKMQTVWXYZREPUL<br>
IONABCDFGHJKMQTVWXYZREPULS<br>
ONABCDFGHJKMQTVWXYZREPULSI<br>
NABCDFGHJKMQTVWXYZREPULSIO<br>
ABCDFGHJKMQTVWXYZREPULSION<br>
BCDFGHJKMQTVWXYZREPULSIONA<br>
CDFGHJKMQTVWXYZREPULSIONAB<br>
DFGHJKMQTVWXYZREPULSIONABC<br>
FGHJKMQTVWXYZREPULSIONABCD<br>
GHJKMQTVWXYZREPULSIONABCDF<br>
HJKMQTVWXYZREPULSIONABCDFG<br>
JKMQTVWXYZREPULSIONABCDFGH<br>
KMQTVWXYZREPULSIONABCDFGHJ<br>
MQTVWXYZREPULSIONABCDFGHJK<br>
QTVWXYZREPULSIONABCDFGHJKM<br>
TVWXYZREPULSIONABCDFGHJKMQ<br>
VWXYZREPULSIONABCDFGHJKMQT<br>
WXYZREPULSIONABCDFGHJKMQTV<br>
XYZREPULSIONABCDFGHJKMQTVW<br>
YZREPULSIONABCDFGHJKMQTVWX<br>
ZREPULSIONABCDFGHJKMQTVWXY

**第2図**

（テキスト）　ThisI sTheM essag eEnic phere dInTn eBeau fortC ipher

（基本語）　nowno wnown ownow nowno wnown ownow nowno wnown ownow

（暗　号）　*pwpftepwxr nefjb anlqf yxnwa* qpjec akxkb *ahojq fjxnw*

メキシコ政府ではこの方式で暗号電報を綴り、さらに受信者に特別な基本語を使ったことを知らせるため、多数のわかりやすい言葉を加えた。メキシコ政府では第1図に示したような一つの暗号長方形において、六十の基本語を使い、且つしばしばそれを変更した。

メキシコ政府の基本語や右のような図表や、あるいはその方法を全く知らない暗号電報の解読者は、この暗号電報を見たらすぐ代用式の暗号電報と思うであろう。なぜならx、j、wというような文字がやたらと出てくるということは、どこの国の言葉にもあまり例がないからで、それはまたパブロ・ワベルスキーの文書に見るような転換式暗号ではあり得ないことを示している。

私がイタリック体で記した*qfjxnwa*と*pw*が繰り返し繰り返し使用されていることに注意するがよい。第一との間の間隔〈編集部注、*qfjxnwa*が現れる文字の間隔〉は二十一であり、第二との間隔は六である。

**第3図**

| |
|---|
| *pwp* |
| ffe |
| *pwx* |
| rne |
| fjb |
| ane |
| *qfy* |
| *xnw* |
| aqp |
| jec |
| akx |
| kba |
| hoj |
| *qfy* |
| *xnw* |

**第4図**

| |
|---|
| *TH*I<br>pwp |
| SIS<br>ffe |
| *TH*E<br>pwx |
| MES<br>rne |
| SAG<br>fjb |
| EEN<br>anl |
| *CIP*<br>qfy |
| *HER*<br>xnw |
| EDI<br>aqp |
| NTH<br>jec |
| EBE<br>akx |
| AUF<br>kba |
| ORT<br>hoj |
| *CIP*<br>qfy |
| *HER*<br>xnw |

基本語(キーワード) now

二十一の因数は七と三
六の因数は二と三
である。また二十一と六に共通する因数は三である。それならこれに使用されたアルファベットの数は、これらの反復が一致しなければ三である。この推測を正しいものとして、私は次にこの暗号電報を三様に配列してみよう。

第3図の場合、暗号の反復が同じように行われていることに注意すべきだ。もしその電文そのものをこれらの文字の上に挿入したら、これがなぜ真実であるのかということがさらによく理解できるであろう。〈編集部注、第4図参照〉

this と the という言葉の中にある th のために行われた最初の反復は同じように落ちている。第二の反復 cipher と enciphered という言葉の中にある同じ文字は第一の場合と同様の理由で行われたものである。

私は近年まで解読不可能と思われていた複式アルファベット暗号を三つの文字に縮めてしまった。私たちはすでにエドガー・アラン・ポーの『ザ・ゴールド・バグ（黄金虫）』を読んで、単式アルファベット暗号というものは、長期にわたってたえず集めておけば容易に解読することができるものだということを知っている。

今これを要約するため、仮に私たちは長い暗号電報を受け、それを解読したとする。それからその暗号アルファベットを次のような方法で組み合わせたとする。

**第5図**

（テキスト）ABCDEFGHIJKLMNOPQRSTUVWXYZ
（暗　号）kmqtavwxgyzdrjhbenfpculsio（第1アルファベット）
（暗　号）jkmqntvwfxyczhgarodebpulsi（第2アルファベット）
（暗　号）sionxabepdfrgluyhwejzkmqtv（第3アルファベット）

右のうち二行目から四行目までは小文字のアルファベットである。これがこの特殊な電報を解読させる暗号であるが、しかしそれはメキシコ政府によって使用された独創的な、または主要なアルファベットではない。詳細にこれを点検すると、これらのアルファベットはrepulsionという言葉から作られた主要なアルファベットの暗号には少しも類似点がないのである。

私たちはこの方法による暗号電報にもっと出くわすだろうが、その主要なアルファベットを見出すことが肝心だ。そうすれば私たちはメキシコ政府の当事者と同様、容易にこの暗号電報を解読することができる。まず最初の電報を解読することにしよう。

それにはまず左に三字ずつ二行に記された字母の各行についてその連続関係に注意する必要がある。

fgh
vwx
（第5図のテキストと「暗号第1アルファベット」参照）

fghもvwxもアルファベットの上では順序通りの連続関係である。しかし今もしこの二行の文字を左右に置き換えると、右の行（テキスト）のvwxと相対して、左の行（暗号）に

uls の三字を見出す。その〈編集部注、テキストの〉uls の反対側には cdf の三字母を見出す。今、この方法を続けて私たちの見出した文字の表を作ると次のようになる。〔訳者注、第6図第一欄（上側）のテキストは第二欄（下側）の暗号に等しい〕

**第6図**

| （テキスト） | | （暗号） |
|---|---|---|
| *fgh* | = | *vwx* |
| *vwx* | | *uls* |
| *uls* | | *cdf* |
| *cdf* | | *qtv* |
| *qtv* | | *epu* |

さらに右の表の第二欄（暗号）にある epu と uls とを合わせると EPULS となる。このepuls をテキストを使ってさらに同じ方法を繰り返すと次のような表ができ上がる（第5図のテキストと暗号第一アルファベット参照）。

**第7図**

(テキスト) *epuls* = (暗号) *adedf*

*adedf* *kmqtv*

*kmqtv* *zrepu*

*zrepu* *ovabc*

右の表の第一欄(テキスト)の Zrepu と epuls とを合わせると Zrepuls となる。Z はアルファベットの最後の字で、その位置が普通の順序だ。すなわちアルファベットの最後に置かれてあれば右の暗号の電文は repuls という言葉で始まっていることがわかる。右に述べたような方法で解剖するか、あるいは文字の推断を続けてやれば、どちらでも repulsion という正しい言葉を見出すことができるであろう。

Repulsion という言葉から私たちは今メキシコ政府の使用したものと同じ表を作成したので、次の暗号電報の解読を頼まれたときには、ただ基本語を探せばよいのである。

これで長い電文の場合はさほど困難ではないが、私たちは短い電文の場合でも解読したいのである。このために私たちはもう一つの方法を案出しなければならなかった。その方法を詳述すると長くなるからここでは省略するが、とにかく私たちがこの種の暗号については、メキシコ政府よりも多くのことを知っていたということは確信をもって言える。

メキシコ政府の当事者は、しばしば暗号の基本語を混用したため、その電報が解読不可能となり、さらに後から打電してきたことがしばしばあった。もしメキシコ政府が私たちに頼んできたら、私たちはその基本暗号を知らせてやることができたのに。

この方式によるメキシコの暗号電報をアメリカが解読していることがわかり、アメリカとメキシコの間で物議をかもしたことは一再ならずあったが、ここではこの特殊な暗号型について、直接関係のある興味ある事件を紹介しよう。それはワシントンのメキシコ大使館からメキシコ・シティーのメキシコ外務省宛に打電されたもので、その暗号電報を翻訳すると次のようになる。

「余は貴官に対しある電報を暗号を使用せずに送致したが、どうぞ驚かないでいただきたい。それは無謀に見えたかもしれないが、同電報を明白なテキストで送致したのは、アメリカ国務省をして安心させるためである」

メキシコ政府は国務省を欺こうと試みたのだが、それは功を奏さなかった。なぜなら、私たちは明白なテキストで打ってくる電報は横取りしたり盗み読みしたりはしなかったからだ。私たちは明白なテキストで打ってくる電報には、考慮に価する情報はなんら含まれていないと常々見ていた。だからその電報の写しをとろうとしたことはない。もしアメリカ当局を欺く目的で打ったメキシコ大使館の電報が暗号であったら、当然ながら解読・翻訳の上、国務省に到達していたであろう。それを明白なテキストで送ったため、メキシコ大使館は自分で自分の目的を破ってしまう結果になった。

メキシコ政府は多年ビューフォート暗号の修正したものを使用していたが、突如としてそれが安全ではないと断定した。それで同政府は二十六字の混合アルファベット表を作成した。しかしそれらはすべて同じ字に基づいている。この新方式による暗号電報を解くのは、従前のものにくらべてはるかに困難に相違ない。しかし私たちは進歩した形式による暗号電報を迅速に解読する方法をついに発見した。

ところが一九二三年頃、メキシコ政府は再び暗号を変更したため、同政府では新たに暗号解読者を雇わなければならなかった。それらの暗号はアルファベット順に作成されているので、それを解読するのはそう困難ではない。この暗号の解読は第六章において説明したのと同じような方法をとったのである（ドイツ外務省からメキシコ・シティーのドイツ公使に送った二通の暗号電報）。

今ではこれらの暗号の作成方法は改善され、暗号文字と普通のテキスト語の連続関係は従来の対立形式を捨てて、完全に混合されるようになった。第八章で紹介したドイツの塹壕（ざんごう）暗号のある頁は、その符号がまったく乱雑に並べられていることを示している。次頁に掲載し

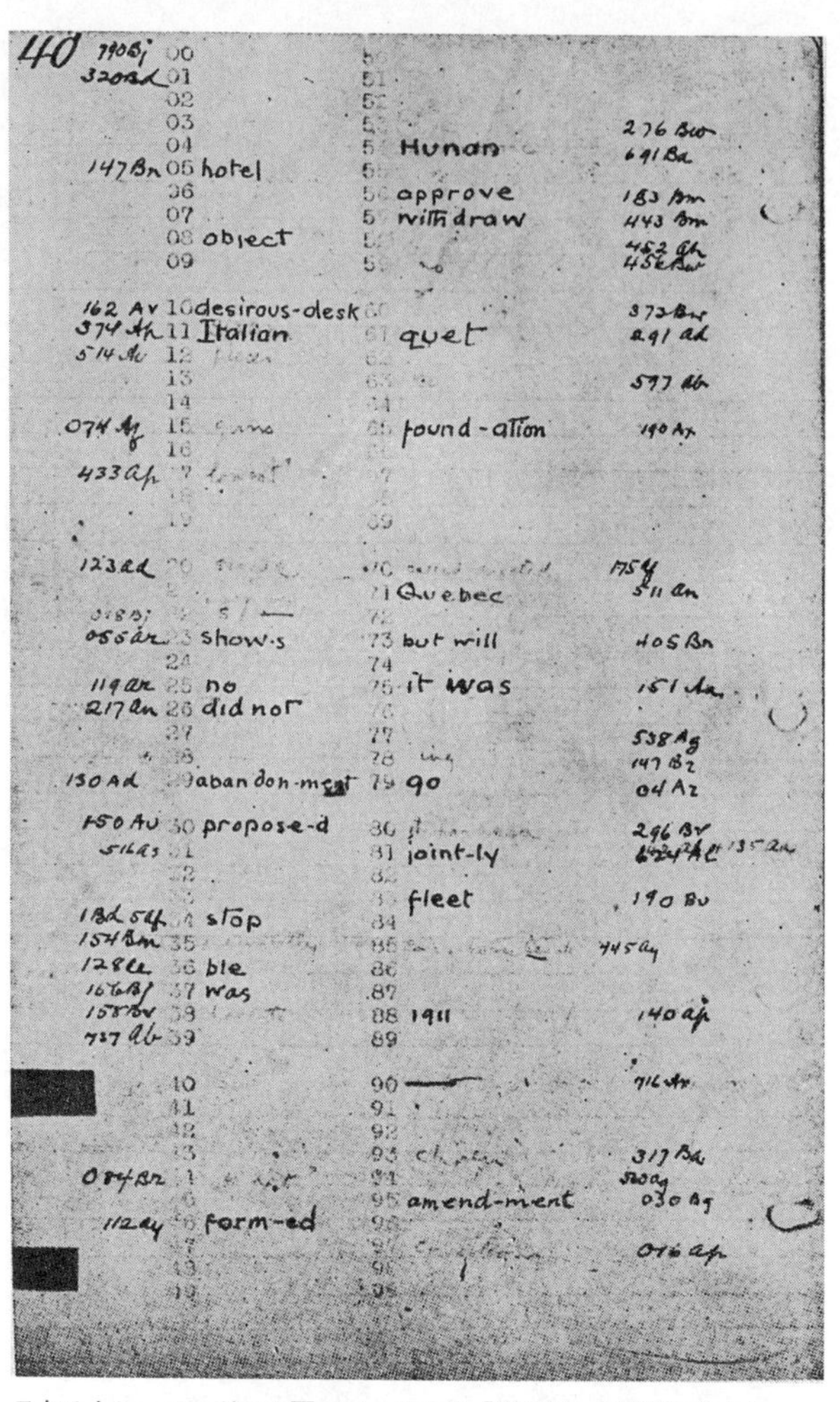

40

| | | | | | |
|---|---|---|---|---|---|
| 790Bj | 00 | | 50 | | |
| 320Ad | 01 | | 51 | | |
| | 02 | | 52 | | |
| | 03 | | 53 | | 276 Bw |
| | 04 | | 54 | Hunan | 641 Ba |
| 147Bn | 05 | hotel | 55 | | |
| | 06 | | 56 | approve | 183 Bm |
| | 07 | | 57 | withdraw | 443 Bm |
| | 08 | object | 58 | | 452 Ah |
| | 09 | | 59 | | 456 Bw |
| 162 Av | 10 | desirous-desk | 60 | | 372 Bw |
| 374 Ah | 11 | Italian | 61 | quet | 291 Ad |
| 514 Ac | 12 | | 62 | | |
| | 13 | | 63 | | 597 Ab |
| | 14 | | 64 | | |
| 074 Ag | 15 | | 65 | found-ation | 190 Ax |
| | 16 | | 66 | | |
| 433 Ap | 17 | | 67 | | |
| | 18 | | 68 | | |
| | 19 | | 69 | | |
| 123 Ad | 20 | | 70 | | 175 |
| | 21 | | 71 | Quebec | 511 An |
| | 22 | | 72 | | |
| 055 Ar | 23 | show-s | 73 | but will | 405 Bn |
| | 24 | | 74 | | |
| 119 Ar | 25 | no | 75 | it was | 151 An |
| 217 An | 26 | did not | 76 | | |
| | 27 | | 77 | | 538 Ag |
| | 28 | | 78 | | 147 Bz |
| 130 Ad | 29 | abandon-ment | 79 | go | 04 Az |
| 150 Au | 30 | propose-d | 80 | | 296 Bv |
| | 31 | | 81 | joint-ly | |
| | 32 | | 82 | | |
| | 33 | | 83 | fleet | 190 Bu |
| | 34 | stop | 84 | | |
| 154 Bm | 35 | | 85 | | 445 Ay |
| 128 Ce | 36 | ble | 86 | | |
| | 37 | was | 87 | | |
| | 38 | | 88 | 1911 | 140 Ap |
| 737 Ab | 39 | | 89 | | |
| | 40 | | 90 | | 716 Ar |
| | 41 | | 91 | | |
| | 42 | | 92 | | |
| | 43 | | 93 | | 317 Ba |
| 084 Bz | 44 | | 94 | | 500 Ag |
| | 45 | | 95 | amend-ment | 030 Ag |
| 112 Ay | 46 | form-ed | 96 | | |
| | 47 | | 97 | | 016 Ap |
| | 48 | | 98 | | |
| | 49 | | 99 | | |

スケルトン・コードの１頁。アメリカの「機密室」で解読の途中にあったイギリス外務省の暗号帳。配列を変えた混成暗号の一例

た暗号帳もまた、ワシントン会議当時、イギリス外務省が完全に混合された暗号を使用したことを示している。これらの混成暗号を私たちは「スケルトン・コード」と呼んでいる。このスケルトン・コードで、私たちに判読できた言葉は三千五百語に達した。イギリス政府は言葉と熟語とを合わせて、わずか一万個の暗号しか使用していないように思われる。

私たちはメキシコ政府が、その外交文書の暗号を徐々に進歩させているのを監視していた。彼等は最初単純な代用暗号を使用していたが、次第に変更して混成暗号を使用するようになった。私たちがそれをたやすく解読することができたのは、私たちが不断にメキシコ政府の暗号を研究していたからである。

私たちはメキシコ政府のいわゆる「解読不可能の暗号」に関し、好んで同政府が使用する方式を何年かにわたって知り得たのだが、それは私たちを大いに助けた。それと同時に私たちはメキシコ政府の電文の表現や用語には馴れっこになっていた。暗号電報解読者はかかる助けを背景として持たなければ、迅速に電文を解読することはできない。のみならず、もし重大問題が勃発(ぼっぱつ)する様子がない平和な時代に、外国政府の暗号解読を怠っていれば、いざというときにその外国政府の真の目的と意思というものを明確に知ることができないのである。また、ある外国政府がいつわが国の利益を侵害するような行動を起こすかもわからないのである。

## 驚愕（きょうがく）する国務省の高官

不断に暗号電報を解読することがいかに重要であるかを、さらに雄弁に物語る実例として、ある外国政府の場合を引用しよう。

当時、わが国とその外国政府との間にはなんら重大な問題はなかったけれども、私たちは規則通りに仕事を続けていた。そのうち実に驚くべき電報を解読したことがあった。もしも私たちが継続的にこの仕事をやっていなければ、私はその電報にめぐり合うことがなかったであろう。

このセンセーショナルな暗号電報は、ワシントン駐在のある大使から彼の本国政府に打電したもので、内容は贈賄事件に関したものである。このエピソードは、その某大使と合衆国政府の某高官並びに高官の秘書の間で行われたもので、そのうち一人は今は故人になったが、他の二人はこの話を聞いたらすぐに自分自身であることに気がつくはずである。現に生存しているこの二人は安心しているかもしれないが、私はいかなる場合にも彼等の姓名を明かし、その陰謀の内容を暴露することができる。

それは一九二…（ママ）年の夏のことであった。私は前夜その暗号電報を翻訳して、政府の当事者に送った。すると翌朝、ワシントンから長距離電話がかかってきたが、私は別に驚かなかった。

「もしもし、ヤードレー君か、聞こえるかね？」

相手は興奮しているので声がはっきりしない。

「そうですよ、続けて下さい」

「君が昨日送ってきた書類の○○号に関してだが……」

私の事務所からワシントン政府に送る書類は必ず番号が打ってある。

「よろしい、あなたの言われることはよくわかっています」

と私は答えた。

「今夜、真夜中の汽車で発って明朝九時に国務省に来てくれたまえ」

相手は早口に喋っていた。

「参りましょう。ですがいやに大仰じゃありませんか」

「僕たちはごった返しの騒ぎだよ。よく聞いてくれたまえ、君にはあの書類の正確さを証明する材料を十分に持ってきてもらいたいんだ」

電話はちょっとの間途切れたが、

「あれは確かだと思うが、そうじゃないかね」

彼はほとんど懇願するように言った。

「本当ですとも」

私ははっきりそう言った。

「それならそれを国務省に対して証明してやるように準備してきてくれたまえ。それ以上は電話で証明できないだろうから」

そう言って彼は電話を切った。

私は彼が興奮しているのを少しも怪しまない。私たちは暗号電報の解読を始めてもう幾年かになるが、いまだかつて私たちの解読に疑義をさしはさまれたことはない。この事件には私の認めた以上に種々の経緯があるに違いない。

私は翌日、九時少し前に国務、陸軍、海軍三省のあるビルディングに着いた。それから長い廊下を抜けて国務省の某高官の部屋に行った。彼は私の「機密室」に関して直接国務省と協議したのである。私はあらゆる事柄について準備していった。

私はあまり彼（某高官）を知らなかった。パリの平和会議以来、実際私は一度も彼に会っていないのである。ただ二、三回仕事の上で交渉があったばかりだが、同氏は誠実で度量が広く、外交団の一員として最も活躍していた一人だった。だから私は同氏が難問題に苦しめられていようなどとは予想もしなかった。

秘書がすぐに私を部屋に通してくれた。私は帽子をかけるなり、同氏が非常に緊張していることに気がついた。私は彼がひどく心配そうな顔をしているのを十分に看破した。なぜなら、昨日私から政府に解読して届けておいた暗号電報は、アメリカ政府の根幹に重大な関係を持っているからである。

私はこのような場面にどう処したらよいものかと考えていた。彼は私に椅子を勧めておいて、彼自身の椅子を少し私の方に進め、身を乗り出すようにして話を始めた。

「この電報は昨晩君から届けてくれたものだが、君はもちろんこの電報の重大性を認めているだろうね」

私は黙っていた。私はアメリカ政府や諸外国政府に関する幾多のセンセーショナルな電報を見ているので、いまさら驚くものはなかった。

「君はこの電報を正確に解読したんだろうね」

「もちろんそうです」

「どうして『もちろん』と言えるのだね、君も誤訳をすることはありうる」

スペリングにおける誤り、タイプライターの誤り、翻訳の誤り……そうだ、暗号解読の際の誤りは「否」という意味を改竄（かいざん）する場合もある。私はちょっと考えてから、

「あなたは私たちの暗号解読に対して疑いを持たれたことがありますか」

「ない」

「あなたは私たちの誤謬（ごびゅう）を指摘する機会はいくらでもあります」

彼は何も答えないので、私はさらに話を続けた。

「ほとんど毎日、あなたは『今日国務長官と会見した。余はかくかく語り、長官はかくかく答えた』というような文句で始まっている大使からの外交暗号電報の翻訳を受けておられましょう。国務長官はご自身で私が翻訳して送るそれらの電報を見ておられると思う。国務長官はまた外国の大公使とそれらの会見において、実際にご自身が述べられたことを知っておられるはずです。国務長官はかつて私たちの解読に誤謬を発見したことがありましょうか。またその結果、国務長官をして私たちの解読が誤っていると信じさせたようなことがあったのでしょうか？」

「そんなことは全然ないと思う」

と高官は簡単に認めたが、続けてこう言った。

「しかし私はこの特異な事件について、私自身満足のいくような取り調べをせよという訓令を受けている。電文の中には、この大使の召還を要求する件に関し、若干の会談記録が記されている。もしこの電文に誤りがないとすれば、君はこの電報がいかに重大性を帯びているかを理解することができるだろう」

私は持参した書類箱から書類をとり出して彼の机上に広げた。

「私は多分これで、私たちがこの電報をどうして解読したかをあなたに理解していただけると思います」

　それから順を追ってその解読法を彼に説き示した。話が進むにつれて、彼は私に身をすり寄せながら要領のよい質問を発していた。説明には一時間ほどを費やしたが、そのとき私はこう言った。

「私たちが暗号の解読を間違うということが不可能であることは、よくご理解されたと思います。私たちは暗号を解読するか、しないかのいずれかなのです。もちろん、ときには私たちは電報の一部分しか解読できないこともあります。またときには私たちは解読した電報の上部に、ある言葉の解読の正確さについて疑問を持つ旨を記すことがありますが、今度の電報のように長文のものが完全に解読された場合には、間違いというものは絶対にあり得ない、ただ正しい解読があるばかりです」

「それでよくわかった。しかし君はどうしてこんな仕事を始めたのかね、これは陰謀だ、君たちはみんな精神を病むことになるだろうと私は思う」

　彼は電報解読の方法を聞いている間は安心したような様子だったが、それが終わると、また渋面（じゅうめん）を作って私を見るのであった。

「ところでヤードレー君、僕は君にきわめて不思議な話をする。昨日この電報の翻訳が着いてから間もなく、国務長官がそれを大統領に見せたのだ。大統領は君の解読した電報をちょっと見てから国務長官に返して、『検事総長がほんの今、私にそれと同じものを見せてくれた』といって出て行かれたのだ」

そう言って彼はチラッと私を盗み見た。彼はそれについて私からなんらかの説明を求めている様子だったが、私は何も言わなかった。私が次に彼が何を言うかを知っていたからだ。するとと彼はついに注意深く、そしてゆっくりした調子で言うのであった。

「検事総長はどうしてこの電報の写しを手に入れたのだろう。わかっているなら話してもらいたいが」

彼は爆弾でも投じたような様子でそう言った。誰か、おそらくは国務長官でも彼を叱りつけたのであろう。彼はかんかんになっている。

「それは簡単明瞭ですよ。あなたはこの説明を納得しないかもしれないが、ご承知のように大戦中、私は陸軍、海軍、司法の三省のために統一された暗号係や隠しインク係を組織しました。当時、司法省は暗号を取り扱う者を一人雇っていました。司法省は私たちの要求に応じて彼に給料を支払っていたが、彼はやがてその道の専門家になりました。それで、戦後私たちがニューヨークに移り、政府から秘密に経費の支給を受け、かつ海軍省とも連絡を保ちながら私設の暗号電報解読所を組織したときに、彼を私たちの方に引き入れました。しかし彼の給料は依然司法省から受けています。あなたの前任者はこれを知っておられたはずです。

これでも私に嫌疑がかかりますか？」

「いやそれで解った、その後を聞かせてくれたまえ」

「で、彼には司法省から報酬を貰っているという口実があります。それでときどき私は彼が検事総長に解読した電報を届けることを許してあります」

「だが、なぜ特にこの電文の送付を許したのかね？」

「第一には、私はこの特異な電報の解読を彼にやらせました。第二にはこの電報は司法省関係の事件らしく思われたからです」

「司法省関係の事件というと……」

彼は叫ぶように言った。

「だが大使の活動は断じて司法省関係の事件じゃない！」

私は彼の言うことを必ずしももっともとは思わなかったが、しかし私が関係することじゃないと思い、返事をしなかった。私はすでに十分悪い印象を与えている。

「我々の方にはこの男を雇うだけの金があるかね？」

「あります」

「が、彼は君の方に移って君から報酬を貰うことを承知するだろうか？」

「承知するでしょう」

「そんなら彼を君の方へ引きとりたまえ。我々は司法省の手先きを君の事務所に置きたくない」

私はすぐにその手続きを取る旨を述べて退出しようとしたが、私は彼のデスクの前に引き返していった。そして、

「この事件で私たちの仕事に影響する点がもう一つあります」

と私は言った。

「そりゃ何だね？」

「もしあなたがこの大使の召還を要求すれば、大使と大使の本国政府は、アメリカが彼等の暗号電報を解読しているということに気がつきましょう。そうすればその政府は新大使を任命すると同時に新しい暗号を使用することになりましょうが、新しい暗号を解くことがいかに難しいかは誰も知りません。私の主宰する機関の技術には自信がありますが、それでもなお新しい暗号を読み切るには最低数カ月の努力を要するということを承知していただかねばなりません。

新大使もおそらく今の大使と同じような意味合いの活動を試みるでしょうが、私たちはそこに何が行われているかを知り得ないかもしれません。だから新大使が来て、しかも彼の活動状態を探知することができないというような事態をかもすよりは、引き続き今の大使がお

られるようにしておいて、つぶさに彼の活動ぶりを見ている方が賢明な策じゃないでしょうか」

「いや全く君のいう通りだ。私の考えでは、この事件は全部このまま葬ってしまわなければなるまいと思う。はたから手を出すには事件があまりに重大すぎるよ」

この重大な暗号の解読の任にあたった男、その男に対する司法省からの支給を私の方に移すことを要求した某高官の計画は、彼の予想以上に効果的だった。というのは、それから間もなく、私たちは検事総長の昵懇（じっこん）者の活動に関係ある重大な暗号電報を解読するにいたったからである。

# 第十五章　時代遅れの米国の外交暗号

## タクナ・アリカ事件の調停工作

ワシントン政府からは数週間便りがなかったが、ある日突然、大急ぎで解読してもらいたい電報がある旨の手紙を受け取った。政府は私たちが何かの機械で簡単に暗号電報を解読していると信じている節がままあった。

一九二六年の秋の一日、ワシントンから電話がかかってきて、急な用件で手紙を出すが、そのうちの一通はすでに投函(とうかん)したということだった。そしてこの手紙は十一時の便で私の手もとへ届いた。封を切ってみると、一面に暗号電報が書かれた数枚の紙が出てきた。この暗号は総数三百九十であったが、最初の数行をここに列記してみると、次頁のようなものだっ

845207440
5400000001
1997N　COTRAL
2116388212
0000178607
4747722681
2212567444
0757021928
2105311032
8151788212
6742358138
4346728381

た。

そして別に宛名もなければ署名も日付もない。ただ「この暗号電報の原本については何も説明ができないのが残念だ」ということと、「解読できたら時を移さず電話してもらいたい」旨が書き添えてあるのみだった。

私はこの暗号は十個の数字を組み合わせて一語としてあるが、実は五文字式の暗号であることを一目で見抜いた。まず00001という数字が二番目と五番目に出てくるので、この点に留意して全文に目を通すと、五つの数字で全く同じ組み合わせのものが、この他にもちょいちょい出てくる。

三番目のNCOTRALという文句は、これはおそらくコード・ブックに載っていない地名か人名の暗号なのだろう。

そこで私はワシントンへ電話をかけた。

「今お手紙を受け取りました。解読できないことはなさそうです。しかし一切説明できないというのはどういうわけです？」

「そりゃ私は知らないんですよ、ヤードレー君」

と向こうでは答えた。

「そうですか、しかしどこから手に入ったかご存じでしょう。何語だというヒントだけでも与えてくれませんか？」

「何語かも私は知りません。ただS・Dから極秘裏に回送してきたんです。そして大至急にやってもらいたい旨をあなたに伝えるようにということでした。どんな些細な点でもわかったら必ず私まで報告して下さい」

そこで私も「オーライ」と答えて電話を切った。これはコンビネーションを知らずに金庫を開けようという難問と同じなのだ。しかし彼はS・Dと言ったから、これはステート・デパートメント、すなわち国務省のことである。国務省が関係している以上、これは外交文書に違いないと私は見当をつけた。しかるに今国際間に大きな問題となっているのは、「タクナ・アリカ事件」だ。しかもこの問題ではアメリカは審判官の役割を演じている。

尚このタクナ・アリカ問題ではチリ・ペルー両国間は今にも交戦しようとしたことさえある。アメリカは両国が穏便に和解するよう調停している。としてみると、この暗号電報はペルーかチリのどちらかの国のものだろうと私は判断を下した。私はこの両国の紛争中、国務省が両国の暗号電報の解読を我々に依頼しなかったことを不思議に思って、どういう腹か突き止めようと長い間苦心していたものだ。

私の事務所には新聞の切抜係があって、ニューヨーク・タイムズを始め、多くの新聞から国際紛争に関する記事のインデックスを作っていた。それで至極簡単に新聞の記事は何日の分でも引っ張り出して見ることができた。そこでこの紛争に関する切り抜きをよく検討した結果、紛争問題の中にアリカ市の所属問題があることを発見した。とすれば、この暗号の中にはどうしても ciudad de Arica という字句が少なくとも一度は出てこなくてはならないはずだ。また我々は大戦中、チリ、ペルー両国の暗号を解いたことがあったため、両方の暗号ともその構造は多少知っていたから、まずこの暗号はアルファベット式になっているだろうという予想がついた。ただ我々が大戦中解いていた暗号はたしかに一語が五つの文字からできていた。しかし数字ではなかった。

分析していくにつれて 36166 という数字が最も頻繁に出てくることを発見した。そしてこの数字は de という字に当てはまりそうだと見当をつけて調べてみると、果たせるかな、どこへ当てはめても全文当てはまる。そこで今度は ciudad de Arica という字があるはずだから、まず Arica に該当する数字を探さなければならないということになる。これは de に当たる数字の後にくる数字でなくてはならないということになるのであるが、コード・ブックによるとこの数字は 00……で始まることになっている。すると 36166 が de に当たるという判断はあやしくなる。この研究に数時間を費やした結果、この36166はdeではなくenに当たりそうに思われたが、結局うまくいかない。そこで一時この36166の解読は打ち切ることにした。

そして今度はdeには27359という数字が該当しそうになってきた。この数字もなかなか頻繁に出てくる数字だが、これをciudad de Aricaと読んで見るとひとまず読める。

このようにして翌日までにde, en, el, que, y, a, などといったものだけ、該当数字を発見したにすぎなかった。私はこれではとても急にはできそうもないと思いはじめた。しかも研究すれば研究するほど問題は複雑になっていく。なにしろ三百九十個の暗号中、二百五十までは全文中ただ一度ずつしか出てこないというのだから。

ところが、その翌日になって「国務長官」と「国務長官曰く」などというような語に該当する数字をうまく発見することができた。これが見つかると、私はただちにワシントンにいる私の代表者に電話をかけて次の意味を国務省に取り次ぐように命じた。

「例の信号はチリかペルーの大使から出た文章であって、内容はタクナ・アリカ問題について国務長官との会談の報告であることはわかったが、もし至急に解読する必要があるとすれば、国務長官が会見したときの会談の控えを一部我々のところへ送ってもらいたい」

元来、国務長官が他国政府の代表と会見する場合、会見が終わると話の要点をただちに文書としてこれに一度目を通すことになっているはずであり、現に今日までこの控えはいつも我々のところへ送ってきている。新しい暗号の解読には大変役立つものなのである。
　翌朝になってこの控えが我々のところへ届けられた。このため数日を経ずして、我々は全文の解読に成功した。果たせるかなこの文章は、ペルー大使からリマの本国政府に送る報告書だったのだ。試みに我々が解読した結果の一部をここでお目にかけることにしよう。

　第三十七号

一、昨夜、余はスタブラ氏と二人だけで会見した。食後、同氏は国務長官は余がかつてタクナ・アリカ問題に関係したことと、余が英語が巧みだから秘密裏に余と会見することを早くから望んでいると語った。従って余は国務省の希望があればいつでも、喜んでただちに出かけて会見しようと答えた。スタブラ氏が円満に問題を解決するには、国務長官並びに余自身の尽力に待つこと多い旨を長々と語った。余は昨夜はこれを報告しなかったが、これは国務長官との会見の方が一層重要であると思考したからである。しかるにスタブラ氏より今朝方電話があり、国務長官は本日余と会見したき旨通告してきた。
二、余はただちに国務長官を訪問し、長時間にわたって会談した。すなわち国務長官は曰く……。

右の電文は数頁にわたって国務長官とペルー大使エリス氏との対話の要点と、これに関するエリス氏の意見とが認められていた。

ところがここに疑問が生じる。国務長官は自分で会見をしているのだから、会談の内容はとっくの昔に知っているはずだ。それにこの電報の内容をなんのために知りたがるのだろう？　またペルー大使の報告書がなんのために問題になるのだろう？

しかし、この答えは簡単だ。国務長官はこのタクナ・アリカ問題を解決しようとしているが、この問題は実に厄介な問題で、ペルーとチリが重大な関係を有しているばかりではなく、実はボリビアも関係している。従って国務長官はこれら三国代表を招いて各国の要求をたしかめなければならない。そしてこの三国が互いに武力に訴えずに済むためには、互いにある種の譲歩をなすべきである。そのためには、国務長官はこれら三国代表と自分との間に交わされた会話が正確に本国政府に報告されているかどうか、またこれらの代表が、自分との会見についてどんな感情を抱いたかを正確に知っておく必要があったのである。

## お粗末な米国務省の暗号体制

私が全文を解読して政府に送り届けると、国務省の某氏から私に会いたいといってきた。

この某氏というのは大戦中スペイン政府の暗号電報の解読に当たって、私がしばしば交渉をしたことのある男である。いったいどうしようというのだろう。この人はきっと心ひそかに何か計画を立てているのだ。そこで私は、これはあらかじめ準備をしておいてから会った方がいいと思った。それである日、朝早く家を出てゴシップならなんでも知っているある外交官の門を、予告なしにたたいた。

この人は私の事務所を知っているし、しばしばやってきてはどんな問題でも全く躊躇(ちゅうちょ)するところなく、きわめてあからさまに私と議論を戦わして行く人だ。誰でもやることだろうとは思うが、私はいつもこんな外交官と会うときには、まず自分の方から相当の秘密を打ち明けて信用させておいてから、知りたいと思うことを聞き出すという方法をとっていた。

この若い外交官は見るからに快活で、その話は実に朗らかだ。しかし今朝はどうしたことなのか、彼は自分のことばかりをしゃべって私には話をさせない。とうとう私は一くさりのオノロケを一時間ばかりも聞かされてしまった。その後でやっと話題が暗号のことに移った。

「僕はもう逃げ出そうと思っているよ。神経衰弱になりそうだ！　今合衆国政府の暗号電報をメキシコ政府が解読しているという報告が来たんだよ。恐ろしいこった。考えても見たまえ、メキシコでさえ解けるような暗号を使用するなんて。国務省のタガの加減は君も知っている通りだろう、これをどうにもできないんだ。メキシコと似たような種類の暗号を使用しておりながら、他国政府が解読できるのかと、驚いているようなありさまだからな。あいつらは皆君のところの仕事だって毎日見ているじゃないか。それでいて君の力を借りて一つうまくやってやろうという考えがつかないのだからね。国務省は外国の暗号電報の解読には金を出していながら、君の力によって他国で解読できないような暗号を作り出そうとはしない。僕には解せないよ。これじゃ僕は国務省のおかげで病気になるよ。僕はもう辞職だ」

こんなことを彼は盛んにしゃべった。

これについては私は何も意見は述べなかった。しかし私は彼のこの言葉によって、国務省の某氏が私に会いたがっている目的はほぼわかった。必ず彼は不可解な漠然とした問を私に発するだろうが、実は私はもう何もかもちゃんと知ってしまっているのだ。

その翌日、私は国務省の某氏に会うため出かけて行った。すると彼はまずペルー政府の暗号電報が大変早く解読できたことを感謝して、なおこれからペルー電報の全部を次々に届けるから、届いたら一つ特別に頑張ってできるだけ早く解読してもらいたいというのだった。それから何語かもわからず、宛先や署名もないのによくも解読できるものだとしきりにほめそやした。彼はやがて私が何か言い出すだろうと思って、数分間黙って待っていた。しかし私はその手には長い間馴らされてきた。だから私は、彼がいかにも打ち明け話をするといった様子で話をし出すまで、知らんぷりをして煙草をプカプカふかしていた。

するとついに、彼は根負けして口を開いた。

「ヤードレー君！　実はね、僕は合衆国政府の暗号が果たして安全かどうかということについて早くから心配していたんだよ」

ここでまた彼は長い間口をつぐんだ。

「政府の暗号電報を数通渡すから、一つ持って帰って君の事務所で解読できるかどうか、ためしてくれないかね」

と言ったが、メキシコ政府によってすでに解読されていることについては一言もふれなかった。

「拝見するのは大変結構ですが、別にその必要もありますまい」

「どうして？」

「国務省の暗号ならとっくに知っていますよ。なにもわざわざいただかなくても私の意見はいつでも申し上げられます」

すると彼は呆気（あっけ）に取られて私を見守っていた。

「いったい政府の暗号で何を知っているのかね？」

「一切合切ちゃんと心得ています」

と言ってその構成や通信方法を詳述した。

「どうして知ったんです？」

「そりゃあなた、暗号学は私の本職じゃありませんか。だって私が外国政府の暗号にだけ興味を持って、自国政府の暗号には興味を持たないということになりゃ、かえって変じゃありませんか」

そう言って私はニヤリとやって見せた。すると彼は、

「それじゃ君は、国務省内の誰かとよろしくやっているんですか？」

と追いかけてきた。私がそんなことはないと答えると、彼は黙って私の顔を長い間見つめていた。

「じゃ政府の暗号がどのようにして解けたのか、要点を一つ書き留めてくれませんか？」

と言い出した。これには参った。というのは、私の意見では政府の秘密通信機関はその全組織を根本から改革しなくてはならない。しかもこんな役所では、従来のしきたりに革命的大改革を加えることなど容易でないことはわかりきったことだからである。

「大してお役にも立ちますまい」

と答えると、

「どうして？」

と詰め寄ってくるので、私は次のように説明した。

「だって、暗号をどうするかという問題は、あなたが想像しておられるよりも深刻なんです。暗号をちょっと変えるというような問題じゃないでしょう。今日ではもう暗号学は立派に一つの学問として確立されている。暗号学の方がこんなに進んできたのに、国務省の方は一向に進まなかったので取り残されてしまった。ご承知のごとく国務省には経験者という者が一人もいません。従って国務省では誰も暗号学のわかる人はいないということになります。これじゃ全く駄目です。といってどうすれば救われるのかと聞かれても、私には見当さえつきません」

「どうしてつかないんです？」

「素直に申し上げましょうか？」

「どうぞ」

「じゃ申し上げましょう。まず国務省の暗号電信責任者を見たってわかるでしょう。この人は暗号電信についてどれほどのことを知っているでしょうか？　どうして彼がそういう地位に任命されたのでしょうか？　経験者という理由からでしょうか。いやそうじゃありません。ただこの人は公文書とインデックスとの専門家だったばかりに任命されたのです。彼がそういう地位についていることが、一種の暗号といっていいでしょう。不可解千万なものです。もっとも彼は就任以来かなりの暗号を組み立ててはいます。それは事実です。しかし暗号学を本当に会得するのは、暗号の組み立てではなくて解読です。もし嘘と思うなら、彼をここに呼んでご覧なさい。きわめて簡単な暗号だって解けないことをあなたの目の前で実証しますよ。暗号学に通じているなどと、少なくとも私の前では口の端に出すこともできないはずです。これは今日まで彼が経験する機会がなかったからです。

しかしこれは彼の責任ではなくて、むしろ国務省の責任です。国務省でたとえ他のあらゆる専門家を採用してみたところで、外交の秘訣（ひけつ）が通信の安全にある以上、外交上の成功はやっぱり素人の暗号学者の掌中に残されることになります。あなたは私と一緒になって他国政府の暗号電報の解読に当たってこられた方です。申し上げるまでもなくご存じのことでしょうが、列国はいずれも優秀な専門家を集め、暗号班を組織して互いに他国の暗号の解読に努めています。それなのにわが合衆国政府は、一人の素人暗号係に暗号の編纂（へんさん）を命じています。その暗号は全世界の一流の暗号専門家たちによって、わけもなく解読されていることでしょう。なんと情けないことではありませんか」

「それで僕は君の意見をお尋ねしているわけだが……」

彼は言葉を挟んだ。

「国務省が暗号学の進歩に遅れまいと思うなら、私の意見だけでは駄目です。あなたは、今私に国務省の暗号解読についての要領を書けというお話でしたが、それをどうなさるんです？　おそらくそれを暗号編纂者にお渡しになるんでしょう。そうするとその男は『承知しました、よく調べてみましょう、そうしてこんな欠陥のないような暗号を作りましょう』というのが関の山でしょう。彼は全般のことはわかりません。たまたま指摘された個所はわかるだろうが、専門家というものは一カ所読破すれば後はわけなく暗号氷解となるということが、素人の彼にはいくら説明してもわかりはしないでしょう。ましてや欠陥は一つだけではないし、そのうえ彼は気づき方がけっして早いというわけでもない。まあ、それでも指摘された欠陥を彼が逸早く直したとします。それでどうなるでしょう。専門家は次から次へ欠陥を発見するのじゃありませんか？

アメリカの外交暗号文書の解読を暴露したのは、アメリカでは私が初めてですが、そのとき国務省はどういう態度をとったでしょうか、私が解読した点を一部訂正したにすぎません。そして現在国務省の通信機関の基礎は、かつて私が年少吏員として暗号室に席をおいていた当時と、なんら変わるところがありません」

ここまで説明すると、彼は非常に緊張して私の顔を見つめていたが、やがて言った。

「それじゃ暗号の解読法についての注意事項はもういいとして、今度はどういう点を改良しなくちゃならないかをご教示願いたい」

私はただ微笑を漏らしたにすぎない。なぜならば、私は現在の暗号では全く駄目だということを知り抜いていたからだ。

「私にはとてもできません。現在のものを絶対に解読不可能なものにしようとする仕事ならご免蒙(こうむ)りたい。それに私ができなければ、素人にできるわけがないということになります。実際のところ、国務省の暗号学者は随分遅れていて、ほとんど役に立たないといっていいくらいです。使用している暗号も、国務省の暗号に関する意見も、十六世紀くらいの程度ですよ」

「十六世紀？」

「そうです。もちろんちょいちょい改良されてはいますが、まあ十六世紀の暗号と言っていいでしょう。旧式なことも、取り扱いの面倒なことも、十六世紀ごろのものと大差ありません。電報に電話と随分早い通信機関が存在する今日、国務省でもこれらの通信機関を使用しつつある一方、急を要すべき暗号電報だけを暗号に直すにも、翻訳するにも、係の者が数時間を要するような面倒なものを使用しているのはどんなわけです？　面倒なことや旧式なことはまあ別として、国務省はどうしても解読不能な暗号が必要です」

「解読不能というような暗号が何かありますか？」

「いや、ないでしょう。だいいち国務省じゃ暗号については知りませんから。しかし盗まれない通信方法が一つありますよ。この方法を採用するには、国務省は暗号に対する時代遅れの観念を全部捨てなくてはなりません。私のいう方法は通信界の革命です。まず暗号電報係を九割までは減らしてよろしい。それで絶対に解読されないのです」

「暗号機ですか？」

「そうです、しかし機械の形はしていませんよ。これは大戦中アメリカ電信電話会社で発明したものですが、タイプライターのキーボードをたたくだけで普通の文章がひとりでに暗号となって発信されます。すると電線の向こうの端ではこれと同時に、この暗号は一人でに解読されてタイプライターで打ち出されてきます。発受信両機の間に盗読者がいて失敬してみたところで何の意味もなさない文字が乱雑に躍り出してくるにすぎません。今すぐ先方へ直接発信ができないとか、あるいは翻訳ができないというような場合には、まず電信会社まで暗号で打っておきます。そしてこの暗号が受信人に届いた場合、受信者は受信機を調節して、キーボードに現れている暗号をたたくと初めて翻訳文が現れてくるということもできます。

この機械は取り扱いが簡易なことと早いこと、正確なことなどのあらゆる条件を備えていますが、しかしこれでもまだ絶対に盗読されないとは限りません。これまでにも随分多くの暗号機が発明されました。特にある機械のごときは四十億の手紙を暗号にするのに、同一の暗号が二度出てくることがないようにできています。それは常に発明者が考えていることです。素人でも円板、テープの具合によって同一暗号を二度用いないようにやれます。このような機械は迅速、簡単、正確という点では申し分ありません。従ってこのような機械をご採用になれば、暗号係を九割まで減らすことができるというわけです。

しかし、実はこんな機械の発明者といえども、同一暗号が絶対に二度と出てくることはないという確証を握っているわけじゃありません。一見すると、どんな暗号でも必ず同一暗号というものはないようですが、これを数字上から調べ上げてみると、必ず同一の暗号というものは出てくるのです」

「もし君のいう通りなら、私は君のいう通りにやってもいい。いったい解読不能の暗号というものはできるものですかね」

「同一暗号が二度出てこないように組み立てようとしたってそりゃあできません。解読不能の暗号というのはたった一つあって、同一暗号が二度出てきてもかまわないという方法です」

「そんな方法がありますか」

「あります」

「ただいまお話のアメリカ電信電話会社の機械ですか？」

「そうです。そして狭い事務所でならタイプライターよりも小型のものでいいのです。政府がこの式のものを採用すれば、絶対に解読される恐れはないでしょう。早晩、各国の政府や電信会社でもこれを採用することになるでしょう。そういうことになると、今度は暗号の専門家は失職することになるわけですね。私が暗号室に解読の要点を書いた書類を提出しない理由は、これでご理解下さったことと存じます。

実際、私は暗号に関しては随分長い経験を持っていますので自信もありますが、従来の方法ではどうしても解読不能の暗号を作り出すことはできそうにありません。しかし、この絶対安全な方法を採用するには、国務省では従来のやり方に大改革を加えなければならないのですから、これは私にはもとよりのこと、あなたにもあるいはできかねることかと思います。どうも、少し失礼なことを申し上げたかもしれませんが、私の意は十分ご理解下さったことと存じます。私は国務省に席をおいていないので、信ずるところを自由に申し上げたわけです」

私の言葉に彼はいささか当惑したようだった。そして言った。

「いや、よくわかっています。大変有益なことを拝聴して結構でした。しかしこれは大問題だけれども、ご承知の通り国務省はなかなか何事にも捗(はかど)らない役所ですからな」

私もこの点に同意して、それで会見は終わったが、私は話が脇道にそれたことを少し後悔した。というのは、言ってみたところでどうにもならないものであることは十分知っていながら、しゃべったからだ。

政府は国際的に大きな背信行為でも起こらなくては、通信の安全、秘密が外交上の成功の基礎となることを悟らないであろう。しかし私としては、今日までの生涯を暗号の読破に捧げてきたので、今度は暗号の作成の方で何か功績を残したいものだと思った。

私は天井の高い広い廊下を入口の方へ向かって歩きながら、絶対に解読されることのない通信法を合衆国政府のために作り出してやったらどんなに誇らしいことだろうと、そんなことを瞑想（めいそう）していた。自分が作り出した合衆国政府の暗号、他国の暗号専門家がなんとかして解こうとあせるが、結局どうしても解けないのを作り、一人であざ笑ってやるのはどんなに愉快だろうと思ったりした。

しかし、それは夢とは限らない。結局、外交官というのは舞台の上の小さな道化役者にすぎないのじゃなかったか。最初はヒソヒソ語り合っていかにも秘密にしているが、一度電報にして発信すると、その秘密を天にも届けとばかりにわめきたてるではないか。

それはそれとして、私はニューヨークに急がなければならない。国務省ではペルー大使がどんな電報を打っているかを知りたがっているからだ。

# 終　章　「機密室」閉鎖される〔苦闘十六年間の終幕〕

## 新任国務長官の鶴の一声

一九二八年の末、新聞の紙面は英米両国の海軍競争に関する記事で埋まっていた。イギリスは一九二七年のジュネーブ会議で、アメリカ全権ヒュー・ギブソンになかなか屈せず上手に出ていたのだが、クーリッジ大統領が巡洋艦十五隻の建造案を議会で発表するに及んで、イギリス側の意見は一変した。アメリカの巡洋艦十五隻建造は、両国の軍艦保有比率上に変化をもたらすことになるので、イギリスとしては巡洋艦の制限問題でアメリカに同意した方が得策であるということに決定したのであった。

かくして一九二九年には、またぞろ国際会議がありそうな形勢になってきたので、私たちは一九二一～二二年のワシントン会議のときと同様、重要な役割を演ずるための準備にとりかかった。これはなかなか簡単なことではなかった。第一、わが機密室は危機に臨んでいた。他国政府の暗号電報を手に入れるのが次第に困難になってきていた。そのためにはかなりの冒険を余儀なくされた。

我々の上司は、電報を手に入れる手段方法についてはなんらの援助をも与えなかった。私は当時よく、他国の暗号解読局は我々のように余計な苦労がなくていいなと羨ましがったものである。外国では大戦当時我々がやっていたように、電報は片っ端から暗号解読局に届けられるのだ。現にイギリスでは政府が電信会社に与える許可の中に、命令があった場合には全電報をいつでも海軍省に回付すべしという一項が定められている。そして海軍省には優秀な暗号係を隠している。しかるに我々は、唯一の材料である電報を手に入れるのにさえ少なからず悩まされている。そこで私は、断固として一気に解決する計画を立てたのだが、いささか無謀なようであった。今、その理由を明らかにすることをはばかるが、その計画は結局失敗に終わった。

私は近づきつつある国際会議の準備に全力を挙げていた。日英両国はこれまでよりも腰が強かった。一九二七年、中国が危機に臨んでいる間に、この両国はアメリカに諮(はか)らずに秘密に提携し、秘密に取り決めをしていた。一方、アメリカは先のワシントン軍縮会議で各国をリードしたと同様、今度も各国を牛耳るための策を練らなければならなかった。それには機密室が再び一役演じなくてはならないということになった。

ちょうどそのときは、すでに国務長官が交替して新国務長官（ヘンリー・L・スティムソン）が就任していた。しかしワシントンにおける私の代表者は、いつも新国務長官が、その仕事にすっかり慣れた上で初めて機密室の活躍を紹介することにしていたので、まだ新国務長官は機密室を知らなかった。

ところが間もなく、重要な暗号電報の解読が国務省から回ってきた。私はこれを解読してワシントンに送りながら、こころ密（ひそ）かに、これが新国務長官に我々の技術を知らせるいい機会になるだろうと思った。

私は非常な興味をもって、その受け取り通知を待っていた。私は国務長官の意向を知る前に内報を得ることになっていたが、それから二、三日して、私の諜報（ちょうほう）者の一人からきた手紙が私の机上に載っていた。私は封を切らずに黙って長い間考えをめぐらした後で、思い切って封を切り、中身を広げた。するとその冒頭に、機密室が廃止される旨が書かれてあった。ひどく興奮して書いたとみえて、文面はごたごたと書いてあり、文字はほとんど読めない。

私はもう少し詳しい事情を確かめようと思って、すぐ受話器を取り上げた。その諜報者のいうには、私が先に送り届けた電報の翻訳文は国務長官の手もとに回され、国務長官は「どうして電報が手に入るのか」と聞いてきた。そうして機密室の説明を聞くに及んで、我々の仕事の一切に反対し、経費の支出を打ち切ると同時に、仕事の関係も断つように命じたという。国務長官は「他国政府の外交電報は、侵してはならないものである」という意見だというのである。

機密室は最近ではほとんど全部の経費を国務長官から仰いでいるので、これを断たれては壊滅するしか方法はない。私は力なく受話器を置き、そばにいる前後十年間も私のもとに勤めていた女性秘書の方を振り向いた。彼女はすでに私が電話口で話したことを横から聞いていたとみえて、死人のように蒼白（そうはく）な顔をしていた。

「どうも、お気の毒だね」

と私はボーッとして言い、

「どこかに、いい（働き）口があるだろう」

と付け加えた。

それから他のスタッフにも右の事情を伝えたが、誰もが理解しかねて、私の顔を見つめているだけだった。ほとんど全員が長年暗号の研究に身を捧げてきた連中ばかりであったが、元来が秘密な仕事だから、親しい友人でさえ彼等の功績を知らない。彼等は今が今まで暗号解読の仕事が職業としてなくなってしまうというようなことは夢想だにしなかったことだろう。長年の独創的研究によって著しい進境を見せているのに、このスタッフ全員から、これから「食っていけるのか？」の質問を受けるのは、実に悲劇であった。いくら説明しても彼等は納得できなかった。ちょうど子供が、説明できない説明を求めるようなものだった。

翌日私は「機密室を閉鎖して、ただちに国務省へ出頭せよ」という正式命令を受けた。私はまず国務省へ出頭して上司のところへ行く前に、事情に通じている連中のところを回った。そのうちの一人は外交官であった。この男は全く違った局の局長だったが、私が解読した電報の内容は彼の管轄に属するものだったと私は思っていた。彼は私が部屋に入っていくと絶望的な笑い方をして、

「凶報をもう聞いたかね？　ヤードレー君！」

と言った。

「ええ、聞きましたよ！」

と私が答えると、彼は用心深そうに、

「恐ろしい斧を振るったものだね。しかし君も知っている通り、私はおやじじゃないからね」と言った。この男は、どの国務長官をも「おやじ」と呼んでいた。

「残念ながら、おやじ殿ではないようですね」

と私も応じた。数分間話をして立ち上がると、彼は溜め息まじりに言った。

「僕の力じゃ、もう及ばないよ、ヤードレー君！　ただおやじがいかんというのだから仕方がない。しかし君の力を借りずには、我々はやっていけそうにもないいんだがなあ……」

「ひとつ、あなたが采配を振るうんですね。じゃ、さようなら、いろいろお世話になりました」

と言って辞去した。最後に私は、私たちの直属の上司のところへ行った。彼は、いろいろ説明してくれて、急に機密室を閉鎖しなければならなくなったことについて、大変気の毒がっていた。しかし二人の意見は、今となっては万事休するのみということで一致した。経費は全部国務省から仰いでいるし、またそうでないにしても、国務省の方針を無視するわけにはいかないということになった。

スティムソン国務長官。太平洋戦争時には陸軍長官として、対独、対日の暗号解読の恩恵を最も受けたのは彼だった

どうしても国務省が他国政府の暗号電報はあくまで不可侵のものであると主張するならば、これは侵してはならない。もし国務省の方針に逆らって活動を続けることになれば、いくら陸軍省でも越権になる。こうなっては機密室は閉鎖して、係員は全員解雇するより他に道はない。かくしてアメリカ合衆国史上、我々の機密室に

関する一章は終末を告げた。

私たちの上司は、私の下で働いていた人たちにそれぞれ感謝状と推薦状とを書いてくれた。私にもまた後日の記念のためにと、一通を認め（したた）てくれた。私は一抹の淋しさを抱いて彼の部屋を去った。十六年間共に仕事をした友と別れるにあたって、苦しい思いをしない者はおそらくあるまい。

もう一人、私は会って行きたい役人がいた。彼は私の親しい友人であって、我々の機密室の最も熱心な支持者の一人だった。彼の部屋をのぞいてみたら、あいにく昼食に出ていて、二時半にならなければ帰らないということだ。

私は十六年間親しんできた廊下を通って街に出た。街路の向こう側の公園でベンチに腰を下ろすと、ひとりでにいろんなことが思い出されてきた。

まもなくまた軍縮会議があるな、今度はきっとロンドンで開かれるだろう。アメリカは機密室なしでうまくやれるのかな……と思った。するとイギリス海軍省の暗号班の緊張ぶりが目の前にまざまざと現れてきた。そこには長い経験を持った優秀な暗号解読者が、いたずらに人ばかり多くして旧式の暗号を使っているアメリカに対して、万端の準備を整えているのだ。アメリカは今度の会議で負けはしないかな？　日英両国の主張が通りはしないかな？　と、とりとめもなくいろんなことを考えた。もちろん私はそのときロンドン会議で補助艦の主砲が六インチになり、潜水艦の保有が均等になり、日米の海軍比率が十対七になるなどと、それほどまでみじめに敗れることなど知るはずはなかったのだが、どうしてかアメリカ全権に対して気の毒な気がしてならなかった。

アメリカは機密室を閉鎖したのだから、自衛上、列国と外交通信を相互に侵さないという条約を速やかに締結すべきであるが、合衆国政府は果たしてそれだけ抜け目なくやるだろうか？

こんなことを考えていたら、ちょうど私が腰を下ろしているところから暗号室（コード・ルーム）が見えるのに気がついた。ああ、あそこで私は暗号に関する手ほどきを受けたのだった……。じいっと眺めているうちに、コード・ブックや電信機、同僚などに対する懐かしさがこみあげてきた。

私は是非一度暗号室を訪ねてやろうと思った。私が初めてそこに入ったのは二十四歳のときであった。今はもう四十歳になっている。してみると、もう十六年にもなるわけだ。この十六年は私にとっては一生だった。しかしアメリカにとっては一つのエピソードにすぎなかった。苦闘の十六年だ。この間に私は病気にもなった。探偵もした。脳味噌（のうみそ）をすり減らすような学問もした。ちやほやした手紙ももらえば、栄誉も得た。

しかし追想にばかりふけっていても果てしがない。もう友人も昼食から帰った頃だったので、行ってみることにした。この友人は私が一九一三年に国務省の下っ端の一員であった頃からの知り合いで、いつも変わらず私を支持していてくれた男だった。私はこの友人に会って別れを告げなければならなかった。

私が彼の部屋に行くと、秘書がすぐ入れという。入ると、友人は不自然な微笑を浮かべて元気なく手を差し出した。まあ掛けたまえと言ったが、様子がどうも変だ。いつも私に好意を持っていてくれる彼とは少し違うようだ。なんだかとりとめのないことを口にする。私はどういうわけだろうと考えてみた。しかし彼の立場に自分を置いてみると、よくわかった。私だって自分が非常に大事な情報を得るために人を雇って、いやな仕事をさせ、しかもその仕事が済んで報酬まで払ってしまっているのに、その男にいまさら会いたいとは思わないだろう。これは無理もないことだと思った。おまけに彼は病気だ。彼のためにも私は悲しみを覚えた。

「ちょっと挨拶に来ました。ご承知の通りニューヨークの事務所は閉じることになりました」と言うと、

「そうだってね」

と答えたが、どこかそわそわしていた。

「親しい友人とか、長い間の同僚と別れるのはつらいと思いますが、なんとも仕方がありません」

と述べると、

「まったく君ともこれでお別れだね。君と一緒に仕事ができなくなるなんて実に残念だな」

と言った。

私が彼と握手をして「さようなら」と言うと、彼はたちまち生き返ったように元気になった。そうして、広い部屋の入口まで送ってきて、しかもドアまで開けてくれた。

かくして「アメリカの機密室」の、秘密の活動は終わりを告げたのである。

# 解説

佐藤　優（作家・元外務省主任分析官）

本書『ブラック・チェンバー』の著者ハーバート・オズボーン・ヤードレー（Herbert Osborn Yardley、一八八九年四月十三日生まれ、一九五八年八月七日死去、享年六十九）は、インテリジェンスの世界では誰でも知っている人だ。

インテリジェンスとは、国家が生き残るために必要な情報を合法、非合法双方の手法を用いて入手し、分析する仕事だ。特に戦時においてはインテリジェンスが死活的に重要になる。インテリジェンスにもいくつか種類がある。ヒュミント（HUMINT:Human Intelligence）は、人間を通じた情報収集活動だ。敵国の内部にスパイを潜入させ秘密情報を入手する際にとられるのがヒュミントだ。非合法なスパイ活動だけがヒュミントではない。ウクライナ戦争が進行中の二〇二三年秋時点の状況では、内閣情報調査室の職員がウクライナ情勢に通暁したジャーナリストや学者と意見交換することも立派なヒュミント活動だ。インテリジェンスには、秘密情報を用いず、新聞、テレビ、雑誌、ウエブサイト上に公開された情報を専ら用いるオシント（OSINT:Open Source Intelligence）という技法もある。政治や経済に関しては（ただし軍事情報は除く）、秘密情報の九十五％程度は公開情報を分析することによって得られるという。もっとも、膨大な公開情報の海から適切な情報を選び出すことは、秘密情報を扱った人以外にはなかなかできない。だからヒュミントで業績を上げた人がオシントに転ずるとよい成果を出すことがしばしばある。インテリジェンスにおいて、重要な役割を果たすのが盗聴、暗号解読などのシギント（SIGINT：Signal Intelligence）だ。世界中の要人の電話（場合によっては事務所や自宅）も常にどこかの国のインテリジェンス機関によって盗聴されているというのが二十一世紀の常識だ。

各国のインテリジェンス機関には得意な分野がある。イスラエル、イギリス、ロシアは、ヒュミントが得意だ。この三国の中でロシアとイギリスは、情報操作（ディスインフォメーション）も得意だ。対して、アメリカはシギントを得意とする。アメリカのシギントの基礎を作った一人がヤードレーだ。

ヤードレーは一九〇七年にシカゴ大学に入学するが、中退した。第一次世界大戦が勃発する二年前に国家公務員試験に合格し、国務省で勤務する。第一次世界大戦中は、シギントを担当する陸軍課報部第八課（ＭＩ８）で勤務する。戦後、ヤードレーは、ニューヨークに

「ブラック・チェンバー」という暗号解読機関を創設する。資金は国務省と陸軍省から出ていたので、事実上は国家のインテリジェンス機関だった。この機関は日本の暗号解読で大きな業績をあげた。特に一九二一～二二年に行われたワシントン軍縮会議で、「ブラック・チェンバー」が解読した暗号をアメリカ政府は最大限に活用し、交渉で日本に対して有利な立場を取ることができた。一九三一年に公刊された本書の内容は日本でも大きく報道され、同年中に大阪毎日新聞社から『ブラック・チェンバ：米国はいかにして外交秘電を盗んだか？』との標題で邦訳が刊行され、政治問題になった。しかし、日本の陸海軍も外務省もシギント能力の向上に力を入れず、これが太平洋戦争における日本の情報戦敗北につながった。ヤードレーが天才肌の人物であったことは間違いない。この種の人物にありがちな短所と長所を併せ持っていた。

短所は、自己顕示欲と復讐（ふくしゅう）心が強いことだ。ヤードレーは自らの仕事がアメリカ政府に評価されると確信し、盗聴と暗号解読の実態についてスティムソン国務長官に報告書を提出した。ヤードレーの思惑に反して、この報告書は長官の逆鱗に触れた（優れたインテリジェンス・オフィサーが有力政治家の琴線に触れるつもりで逆鱗（げきりん）に触れてしまうことは現在もときどきある。恐らく琴線と逆鱗が隣に位置しているからだ）。この腹いせでヤードレーは本書を書いた。

この著書は、私がアメリカ政府に創設し、そして育ててきたこの秘密機関の内容を冷静に、そしてそのすべてを暴露するのが目的である。このアメリカ政府の秘密機関は、その全盛時には百六十五名の男女職員が働いていた。私はこの「機密室」を創設し、その神秘的な活動の采配を振ってきたが、十二年後、新国務長官〔訳者注、ヘンリー・L・スティムソン〕の命令によって「機密室」のドアはある日突然、閉鎖されてしまった。（四頁）

ヤードレーの長所は、部下の人材を育成する能力に長けていたことだ。日本語の暗号解読にしても、常識的に思い付く日本語能力のある人に暗号解読を教えるという手法ではなく、暗号解読の能力の高い人物に日本語を習得させるという意外な方法をとることにした。そしてヤードレーは、「ブラック・チェンバー」に勤務するあるロシア暗号解読専門家に目を付けた。

そこで、私は彼に言った。

「僕の考えは間違っているかもしれんがね、とにかく、この日本の暗号は歴史になるような大仕事ができるような気がするんだ。そこで僕は立派にそれを読みこなす日本語学者が必要だと考えている。僕はいままで誰かいないものかとアメリカ中を物色したんだが、一人も見あたらない。しかし、とにもかくにも、なんとかして一人だけでも見つけ出すつもりだ。ところが暗号解読者というものが、どんなものであるかっていうことは君もご承知の通りだ。翻訳者の頭が暗号解読の働きを発揮するということは、万に一つの場合だからね。そこで僕の意見ではだね、日本語学者に暗号解読法を覚えさせるよりも、むしろ暗号解読者に日本語を習わせる方が容易じゃないかと思うんだ。

僕はここの課員の誰かに日本語を学習する機会を与えるつもりでいる。一年か、もし必要なら二年くらい暇をやって、日本語を研究させるんだ。費用の点はワシントン政府から特別の予算を出してもらうことにする。そこで、この仕事のために僕が選ぶ人間は、以後はなんらの束縛を受けることなく、自由に日本語の学習をすればいい。ただ月に一回だけ僕に報告をして、自分の研究が進歩したことをはっきりさせてくれれば、それでいいんだ」

私は彼の小さな両眼が、希望に燃えているのを見て取った。私は今までに、彼ほどいろいろな言語の不思議な複雑さに魅了される男を見たことがない。

「どうだね、ひとつやってみたいという気はないかね？」

私は水を向けた。

「これ以上面白いことは、私には想像できませんね」

彼は躊躇なく答えた。

「よろしい、じゃあ君を選抜して、ここの日本語専門家になってもらおう。ロシアの暗号の方は誰か他の者に引き渡すことにしよう。そして当分の間、机を僕の部屋に運び込んで、この日本暗号の解読を二人で片づけてしまおう。その間に、君が師事すべき日本語学者が見つかるか見つからないか、ひとつ探してみることにしよう」（三百五十四～三百五十六頁）

これが見事に当たった。この日本暗号解読の専門家に日本の政府も陸海軍も苦しめられることになる。

インテリジェンスに関しては、一定のレベルの高等教育を受けた人ならば誰でも習得できる技術学（テクノロジー）であると考える人と、天賦の才能が必要となる芸術（アート）と考える人がいる。ヤードレーは芸術派だ。

正確な暗号解読者とはどんなものか、それは定義しにくい。あるタイプの心の所有者だ、と言うほかはない。その仕事は今までに経験したことのない、全く未知の世界が相手である。練達の士になろうとすれば、長年の経験を要するのみならず、多くの独創性と想像力を必要とする。私たちはこれを「秘語頭脳」と呼んでいる。これ以上の説明は私にはできない。将来有望な暗号解読者になり得るかどうかを判定する知力試験などというものはないからである。最も有望な研究者といえども、いざ全責任を負わさせると必ず肝心の暗号解読には失敗して、ただ事務的な仕事しかできないというケースもある。

私は後年、イギリス人、フランス人、インド人と共に研究する絶好の機会を持ったが、彼等もまた私と同様の経験をもっていたのを知った。英、仏、伊、米の連合暗号局では、この「科学」に数千の男女がその全知全能を打ち込んでいたが、この人々の中で、我々のいわゆる「秘語頭脳」の所有者はわずかに十二人いるかいないかだった。（百五十一頁）

解説者（佐藤）もインテリジェンスは究極的に芸術と考えている。これは暗号解読のようなシギントだけでなく、ヒュミントやオシントにも言えることだ。新聞を読んでその行間から秘密を抽出することができるのは、天賦の才がある人に限られる。もっとも現在のインテリジェンス機関は、公務員によって形成されている。そのためインテリジェンス教育も建て前は公務員に採用される能力のある人ならば習得できる技術学ということで進められる。しかし難しい実務は天賦の才のある数人の高度専門家によって進められることになる。本書に記されたうち、秘密インクによる通信文の作成というような技法は、もはや日常的には用いられていない（もっとも特殊な状況に置かれている北朝鮮は今でも用いている）。ただし、現在も鋭意活用されている以下のような技法もある。

私がとても失望していたある日、急に一つの案が浮かんだ。これなら大丈夫だろうと思った。私はチャーチル将軍に、ワシントンの日本の駐在武官がわが陸軍諜報部と日本の陸軍省との間の情報の交換に関係しているかどうかを尋ねた。将軍が「関係している」と私に告げたとき、私は言った。一通の通信を海底電線で日本の政府へ転電してくれるよう、その日本武官に渡してくれないかと頼んだのだ。私は、もし我々がその電報の内容を事前に知っていれば、暗号群と普通電報の原文とを照らし合わせて、いくつかの言葉が解決できるだろうということを将軍に説明した。

（三百四十六頁）

スパイ活動によって公電（外務省や武官府［陸海軍の外国での駐在機関］が公務で用いる電報）を入手し、その電報が発信された時間の通信記録（シグナル）と付き合わせて、暗号を解読することは現在もよく行われている。日本外務省は毎年年末に三十年以上経過した外交文書の一部を公開する。このとき公開される公電は、発信時間と受信時間が必ず黒塗りにされている。通信の時間を特定することで、暗号が解読される危険を懸念しているからだ。

二〇二三年八月三十一日

翻訳協力　近現代史編纂会
図表作成　本島一宏
写真提供　近現代フォトライブラリー
（55、223、289〜291、297、303、365、370、372、373、375、397、401、477頁。他は原著掲載）

本書は、一九九九年一月に荒地出版社より刊行された作品を新書化したものです。

底本には一九九九年の初版を使用しました。

新書化にあたり、原本の誤記誤植を正し、一部旧字を新字に改めました。また、一部写真の追加、差し替えを行い、図表も作り直しました。

本文中の〔　〕は訳者による補記、〈　〉は今回の復刊で補記をしたものです。

**H・O・ヤードレー（H. O. Yardley）**
1889年、インディアナ州生まれ。米陸軍情報通信部所属の暗号解読組織MI8を創設し、責任者として活躍する。MI8解散後の1931年、本作の原著である“The American Black Chamber”を発表。邦訳版は当時日本国内でも3万部をこえるベストセラーとなった。1958年没。
**（訳）平塚柾緒（ひらつか・まさお）**
1937年、茨城県生まれ。「近現代フォトライブラリー」主宰、取材・執筆グループ「太平洋戦争研究会」代表に就き、数多くの元軍人への取材を続けてきた。著書に『東京裁判の全貌』『二・二六事件』（以上、河出文庫）、『図説 写真で見る満州全史』（河出書房新社）、『太平洋戦争裏面史 日米諜報戦』『証言 我ラ斯ク戦ヘリ』（以上、ビジネス社）、『玉砕の島ペリリュー』『写真でわかる事典 日本占領史』『写真でわかる事典 沖縄戦』（以上、PHPエディターズ・グループ）など多数。原案協力に『ペリリュー ―楽園のゲルニカ―』（武田一義著・白泉社）がある。


# ブラック・チェンバー
米国はいかにして外交暗号を盗んだか

H・O・ヤードレー　平塚柾緒（訳）

2023年12月10日　初版発行

発行者　山下直久
発　行　株式会社KADOKAWA
〒102-8177　東京都千代田区富士見2-13-3
電話　0570-002-301（ナビダイヤル）
装 丁 者　緒方修一（ラーフイン・ワークショップ）
ロゴデザイン　good design company
オビデザイン　Zapp!　白金正之
印 刷 所　株式会社暁印刷
製 本 所　本間製本株式会社

角川新書


ISBN978-4-04-082486-4 C0231